Minitab Solution Center 활용 기능을 포함한

데이터를 품은 품질개선 사례

현업에 바로 적용할 수 있도록
인사이트를 제시하는 다양한 품질개선 이야기 35가지

신용균 지음

품질개선 컨설팅을 30년 동안 진행하면서
다양한 품질수법을 활용한 품질개선 사례 모음

(주)이레테크

저자소개

신용균 교수

학력) 전남대학교 기계공학(1982)
자격) 품질관리기술사(2003)
이전) 아남산업(1984~1990)
이전) LG 생산기술원(1990~1995)

현재) 한국공학대학교 겸임교수(2001~현재)
현재) 한국품질재단/한국표준협회 출강 (2000~현재)
현재) 한품질경영연구소 대표(1995~현재)

수상) 기술사의 날(과기부장관, 2009), 품질인상(한국품질경영학회, 2024)

blog 「고품박사」(고품해결방법은 여기서!)

전문분야

품질문제해결/ 최적화 컨설팅

- 고객/공정 만성불량 해결
- 제품설계 최적화
- 수율향상활동
- Zero Defect 품질혁신활동
- 6시그마 활동
- 고품(痼品)해결

품질향상 / 최적화 SKILL교육

- 만성불량해결 실무
- 품질혁신활동 실무
- SPC (통계적공정관리)
- DOE, 다구찌기법
- 6시그마 GB/BB/MBB과정
- 고품해결실무

저자가 발행한 도서

2015년 발행

2023년 발행

2024년 발행

2025년 발행

본 도서에 들어가면서 …

글로벌 품질 경쟁이 고도화됨에 따라, 많은 기업들이 명확한 품질 목표를 설정하고 'Zero Defect(무결점)' 달성을 위한 지속적인 개선 활동을 수행하고 있습니다. 그러나 신제품 출시 주기가 짧아지고 공정이 복잡해지면서, 예기치 못한 불량이 발생하는 상황도 점차 증가하고 있습니다.

더욱이 고객의 품질 기대 수준은 단순한 '불량 제로'를 넘어, 제품과 서비스의 전 생애 주기에서 '고장 제로(Zero Failure)'를 요구하는 방향으로 진화하고 있습니다.

이러한 시대적 변화에 효과적으로 대응하기 위해서는, 기존의 경험 중심 접근을 넘어, IT 기반의 품질 데이터 분석 역량이 필수 요소로 부각되고 있습니다.

클라우드 기술, IoT, 빅데이터 플랫폼의 도입으로 인해 생산 및 품질 관련 데이터는 실시간으로 수집·저장·공유되고 있으며, 이를 토대로 한 분석 인프라도 점차 정교화되고 있습니다.

특히 스마트공장은 이러한 데이터를 통합적으로 연계하고 시각화함으로써, 품질 이상 징후를 조기에 감지하고 근본 원인을 신속하게 규명할 수 있는 환경을 제공합니다.

특히 데이터 기반 품질 분석은 다음과 같은 일련의 흐름을 따릅니다:

① 문제 정의: 고객 클레임, 검사 이상 등 문제 상황을 명확히 식별

② 데이터 수집 및 전처리: IT 시스템에서 자동 수집된 데이터를 정제·통합

③ 분석 기법 적용: AI 활용, 통계적 기법, 머신러닝, 이상 탐지 알고리즘 등을 활용

④ 인사이트 도출 및 원인 규명: 주요 인과 요인을 가시화하고 검증

⑤ 개선 활동 실행 및 효과 검증: 분석 결과를 바탕으로 제조 조건을 최적화하고 품질 기준을 재정립

본 도서는 이러한 IT 기반 분석 흐름을 바탕으로, 다양한 산업 현장에서 수행된 설계·제조·자재 영역의 품질 개선 사례를 중심으로 구성하였습니다.

제1장에서는 생산 및 개발 과정에서의 품질 문제 해결 사례 9건을,

제2장에서는 품질기법을 활용한 개선 사례 21건을,

제3장에서는 품질 향상을 위한 이벤트 중심의 사례 5건을 수록하였습니다.

또한 **부록**에서는 품질 문제 해결과 데이터 분석을 위한 플랫폼인 Minitab Solution Center의 주요 기능을 정리하여, 현업 실무자들이 다양한 품질 문제를 보다 쉽고 효율적으로 해결하는 데 실질적인 도구로 활용할 수 있도록 하였 습니다.

이 책에 수록된 다양한 사례와 Minitab 기반 분석 기능은 실무자들이 반복 학습을 통해 개선 역량을 내재화하고, 상황별 문제 해결 로직과 개선 설계 흐름을 익히는 데 큰 도움이 될 것입니다.

본 도서가 데이터 기반 품질 혁신을 준비하는 모든 기업과 실무자에게 실질적인 지침서로 자리매김하기를 진심으로 바랍니다.

감사합니다. 저자 신용균 올림

본 도서를 통하여 얻게 되는 것

1) 본 도서 특징

① IT환경에서 품질개선을 위한 다양한 사례 제시

② 품질개선 방법에 대한 인사이트 발견을 위한 사례별 상황 정리

③ 품질개선 인력양성을 위한 사례별 학습활동 가능

실제 기업에서의 다양한 품질개선 사례!

따라가며 학습하다 보면 개선방법을 자연스럽게 습득하게 됩니다.

활용 수법의 이해를 돕기 위해 Tip을 추가하였습니다.

2) 본 도서를 통해서 얻을 수 있는 것

품질개선을 위한 현상파악 → 원인분석 → 해결책 실행 단계를 이해했습니다.

품질개선수법을 언제, 어떻게 활용하는지 다양한 사례를 통하여 정리됩니다.

품질개선 핵심요소를 파악할 수 있습니다.

품질개선을 위한 인사이트를 발견할 수 있어요!

이제 나도 품질을 개선할 수 있습니다.

본 도서의 품질개선 이야기 35가지는 귀하를 품질개선 전문가로 자리매김해줍니다.

◇◇◇
Minitab Solution center 활용 기능을 포함한 품질개선 사례

CONTENTS 목 차

◇◇◇
Minitab Solution center 활용 기능을 포함한 품질개선 사례

CONTENTS 목 차

제2장 품질수법 활용 사례

제3장 품질향상 이벤트 205

부록 Minitab Solution Center 주요기능 소개 243

◇◇◇
Minitab Solution center 활용 기능을 포함한 품질개선 사례

CONTENTS 목 차

제1장 품질개선 사례 Tip

제2장 품질수법 활용 사례 Tip

제2장 품질수법 활용 사례 Tip

◇◇◇
Minitab Solution center 활용 기능을 포함한 품질개선 사례

CONTENTS 목 차

제3장 품질향상 이벤트 Tip

제 1 장

품질개선사례(생산,개발과제)

대량 불량을 해결하라

과제명	전류특성 불량 개선
성과	특정 모델에서 불량 28.4% → 0%
방법	평가특성 변경, 특성요인도, 직교배열실험, 현장사원 참여

품질문제해결활동 보완 사항 발견

I사는 제조 공정에서 대량의 불량(28%)이 발생하여 이를 개선하고자 3개월 동안 자체적으로 TFT 활동을 진행하였다. 활동 과정에서 제품 설계 조건과 제조 공정 조건을 변경하며 다양한 시도를 했지만, 대량 불량 문제를 해결하는 데 어려움을 겪었다.

해당 활동을 면밀히 분석한 결과, 아래와 같은 세 가지 핵심적인 보완 필요 사항이 확인되었다.

1) 양·불량 구분 방식 중심의 문제 접근

- 제품설계조건 및 공정조건을 변경하면서, 양품과 불량품을 이원적으로 구분하여 불량 발생 원인을 추론하는 방식에 머물러 있었다.
- 이로 인해, 원인 규명에 있어 체계성과 정량성이 부족한 경향을 보였다.

2) 다양한 요인 검토 미흡

- 불량 발생 원인을 도출하는 과정에서, TFT 구성원의 경험과 의견에만 의존하고 있어 객관적인 데이터 기반의 분석이 부족하였다.
- 이에 따라 원인 추정의 정확성과 재현성에 한계가 발생하였다.

3) 시행착오방법의 조건 변경 실험

- 조건 변경 실험 시, 복수 요인에 대한 계획적 실험이 아닌 단일 조건 변경 후 양·불 구분을 통해 개선 여부를 판단하는 시행착오(trial-and-error) 방식에 의존하고 있었다.
- 이로 인해 실험 효율이 낮고, 유의미한 인과관계 도출이 어려웠다.

품질현상 및 평가특성 선정

특정 모델에서 불량률이 28%에 이르는 대량 불량이 발생하고 있었으며, 이는 생산성 저하로 이어져 생산 실적에 큰 장애가 되고 있었다. 일반적인 다른 모델의 경우 불량률이 1% 이내로, 생산에 큰 문제가 없지만, 특정 모델이 투입되면 대량 불량으로 인해 생산 과정에 많은 혼선이 발생하고 있었다.

품질 현상을 파악하는 단계에서는 불량 수준이 높기 때문에 품질평가 항목을 단순히 양품/불량품으로 구분해도 문제가 없지만, 원인 분석과 해결 단계에서는 전류처럼 수치로 측정할 수 있는 계량형 데이터를 활용하여 품질문제점을 더 명확하게 평가하기로 하였다.

이는 기존의 이원 분류 방식처럼 계수형 데이터만으로는 불량 원인을 정밀하게 파악하기 어렵고, 문제 해결의 효율성이 떨어지기 때문이다. 또한 품질 문제를 해결할 때 '무엇을 측정할 것인가(What to measure)'는 매우 중요한 요소이며, 어떤 항목을 평가 기준으로 정했는지를 명확히 하는 것은 문제 해결의 첫걸음이다.

이를 위해서는 계수형 데이터보다는 계량형 데이터를 활용하는 것이 더 바람직하다.

▼ 그림 1.1.1 평가특성 양,불량 판단 기준

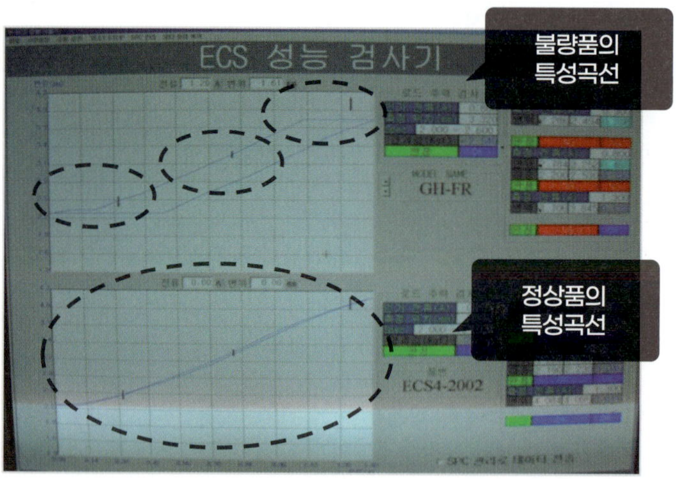

규격 : 전류(0.3A , 0.8A, 1.3A) 3지점에서의 전류특성값을 양,불량 기준으로 평가

구분	기존	변경
평가특성	양품, 불량품	전류특성 커브 3지점의 갭

원인분석은 현장사원과 함께

품질 문제의 원인을 효과적으로 도출하기 위해 제조 현장 사원의 의견을 적극적으로 활용한다. 소수의 TFT 구성원 뿐만 아니라 다수의 현장 사원의 의견을 함께 반영하면, 불량에 영향을 미치는 요인을 보다 폭넓게 검토할 수 있다.

현장 사원과 함께 불량품(현물)을 확인하면서 의견을 나누면, 그들의 경험 속에 잠재되어 있던 문제 요인들이 자연스럽게 많이 드러나게 된다.

이렇게 현장 사원들의 의견을 바탕으로, TFT 구성원들은 도출된 요인들을 4M(Man, Machine, Material, Method) 항목으로 분류하여 특성 요인도를 작성한다. 이후에 주요 요인 후보를 선정한 뒤, 필요에 따라 추가적인 검증을 진행하며, 이를 불량 해결 과정에 대한 유용한 학습 자료로 활용할 수 있다.

이러한 과정은 ① 집단지성의 효과를 발휘하고, ② 자발적인 참여 분위기를 조성하며, ③ 현장 사원의 사고력까지 확장하는 등 '일석삼조(一石三鳥)'의 효과를 기대할 수 있다.

특성 요인도를 작성할 때 주요 원인 후보와 관련된 요소를 별도로 구분하여 표시하면, 해당 요인이 더욱 부각되어 현장 사원들이 더 높은 관심을 가지게 된다. 이는 향후 개선 이후의 유지관리에도 도움이 된다.

▼ 그림 1.1.2 특성요인도 및 주요요인 후보 구분

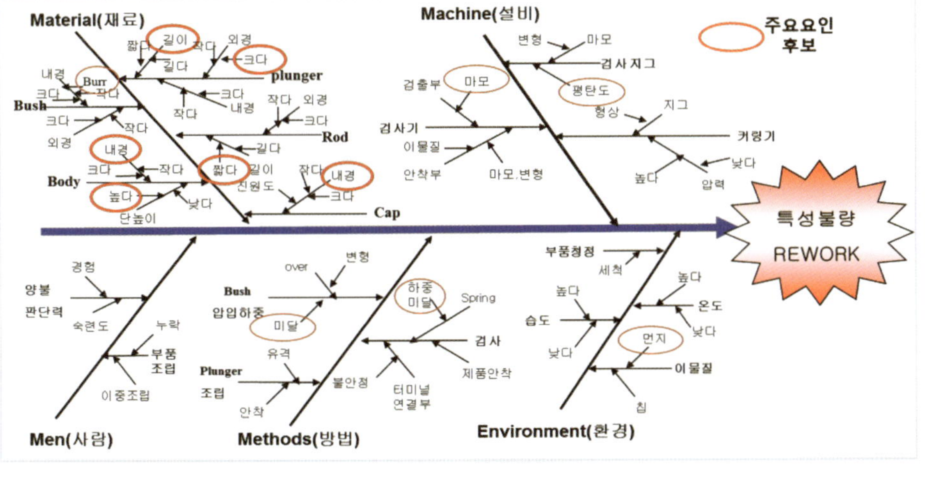

구분	기존	변경
요인나열	TFT구성원	현장사원과 함께

주요요인 발견을 위한 직교배열실험 활용 검토

주요 요인을 규명하기 위한 인과관계 실험에서는 단변량과 다변량 접근 방식을 혼합하여 활용하는 것이 바람직하다. 단변량(일변량) 실험만으로 접근할 경우, 문제의 근본 원인을 찾는 과정에서 잘못된 방향으로 유도될 위험이 있기 때문이다.

따라서 일부 주요 원인 후보는 단변량 실험을 통해 우선 확인하고, 보다 정밀한 검증이 필요한 경우에는 다변량 접근을 위하여 직교배열실험법을 적용하는 것이 효과적이다.

실험 방법 중에서는 완전 요인 배치 실험이 가장 이상적이지만, 실험 요인이 많을 경우 실험 규모가 지나치게 커져 효율이 낮아지고, 실험 자체의 의미가 희석될 수 있다. 이러한 문제를 방지하기 위해, 적은 규모로 높은 효율을 낼 수 있는 직교배열실험법의 활용을 권장한다.

다변량 실험을 위한 직교배열실험법은 '고기를 잡기 위한 그물'에 비유할 수 있으며, 제품 설계나 공정 조건 최적화에 있어 실험의 효율성과 효과 면에서 매우 뛰어난 장점을 가지고 있다. 지난 30년간의 실제 활용 경험을 바탕으로 볼 때, 특히 L8 및 L9 직교배열을 적극 추천한다.

이러한 이유로 다구찌 기법(Taguchi Method)에서도 직교배열실험법을 기본적인 실험 설계 방식으로 채택하고 있다.

이처럼 단변량 실험과 직교배열실험을 고기 잡는 방식에 비유한다면, 단변량 실험은 낚싯대를 이용해 한 마리씩 고기를 잡는 방식이라면, 직교배열실험은 그물을 이용해 여러 마리의 고기를 한꺼번에 잡는 방식으로 설명할 수 있다.

직교배열실험 계획 및 실시

다양한 주요 요인 후보 중에서는 '3현(현장, 현물, 현상)'을 통해 접근할 수 있는 요인과, 실험을 통해 검증이 필요한 요인으로 구분할 수 있다. 이 중 인과관계 규명을 위해 실험이 필요한 6개 요인을 선정하 고, 각 요인을 2수준으로 하여 직교배열 실험인 L8을 기준으로 실험계획을 실시하였다. L8은 직교배열표 용어로 L은 라틴 방격 배열을, 8은 실험 조합의 크기를 의미한다.

직교배열표 기준으로 실험을 진행하면서 각 실험 조합별로 5개의 시료를 활용하여 전류특성의 갭을 측정하였다.

▼ 그림 1.1.3 실험요인 및 수준 & 직교배열실험 결과

실험요인 및 수준

요인명	수준1	수준2
A. Plunger길이	19.5	20.5
B. Plunger면치	0	0.5
C. ROD조립길이	21.2	21.45
D. Body두께	0.2	0.3
E. CAP내경	9	11
F. S/P하중	0.9	0.97

실험조합(L8) 및 데이터

실험데이터

NO	A	B	C	D	E	F	error	특성값(UP)					특성값(DOWN)				
	Punger길이	Plunger면치	ROD조립길이	Body두께	CAP내경	S/P하중	-	시료1	시료2	시료3	시료4	시료5	시료1	시료2	시료3	시료4	시료5
1	1	1	1	1	1	1	1	4.26	4.23	4.21	4.27	4.22	4.22	4.19	4.24	4.21	4.22
2	1	1	1	2	2	2	2	5.15	5.16	5.19	5.14	5.17	5.11	5.13	5.09	5.14	5.12
3	1	2	2	1	1	2	2										
4	1	2	2	2	2	1	1										
5	2	1	2	1	2	1	2										
6	2	1	2	2	1	2	1										
7	2	2	1	1	2	2	1	5.34	5.32	5.36	5.37	5.35	5.33	5.29	5.31	5.34	5.35
8	2	2	1	2	1	1	2	4.51	4.53	4.57	4.54	4.55	4.49	4.43	4.53	4.49	4.51

8가지 실험조합

평가특성을 계수치(불량률)로 하면 시료수가 많이 필요하지만,
계량치인 경우 시료수(실험조건별 3~5개)로 함.

구분	기존	변경
실험방법	시행착오 실험 (단변량 실험)	직교배열실험 (다변량 실험)
평가특성	불량률	전류특성 갭

전체 실험은 가능한 한 짧은 시간 내에 완료하는 것이 바람직하다. 이는 실험 도중 개입될 수 있는 의도하지 않은 외부 요인의 영향을 최소화하기 위함이다.

실험데이터 분석 및 최적조건 도출

실험 데이터를 기준으로 데이터 분석을 실시한다. 분석을 통해 주요 요인을 규명하고, 불량 개선을 위해 전류 특성의 갭을 최소화하는 최적 조건을 결정한다.

실험 데이터 분석 방법으로 분산분석(ANOVA)이 원칙이지만,이는 고도의 통계 지식이 요구되므로, 사칙연산만으로 접근이 가능한 간이 분석 방법을 적용하여 주요요인을 결정해도 된다.

▼ 그림 1.1.4 실험데이터 분석 및 주효과 그림

실험데이터 분석 (간이분석)

UP 특성기준

구분	A	B	C	D	E	F
수준1	4.14	4.10	4.19	4.08	4.19	4.23
수준2	4.22	4.26	4.17	4.28	4.17	4.13
차이	0.08	0.16	0.02	0.20	0.02	0.10
차이점유율	13.8%	27.6%	3.4%	34.5%	3.4%	17.2%

DOWN 특성기준

구분	A	B	C	D	E	F
수준1	4.21	4.15	4.23	4.15	4.21	4.26
수준2	4.25	4.31	4.23	4.31	4.25	4.20
차이	0.04	0.16	0.00	0.16	0.04	0.06
차이점유율	8.7%	34.8%	0.0%	34.8%	8.7%	13.0%

F요인의 수준1 데이터 평균

수준1과 수준2의 데이터 값 차이

차이/차이합 =0.06/0.46

주효과 그림

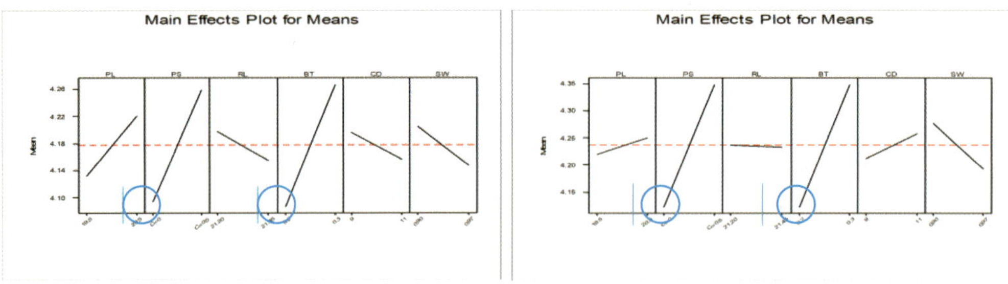

UP DOWN

구분	간이분석	주효과 그림
결과	주요요인 결정	최적조건 결정

간이 분석 방법에서는 각 실험 요인의 수준별 데이터 차이를 비교하여 분석한다. 수준 간 차이가 크면 해당 요인을 주요 요인으로 간주하고, 차이가 작으면 영향이 미미한 요인으로 판단한다.

또한, 요인별 차이에 대한 점유율을 상대적으로 비교하여 크기순의 누적 점유율이 70~80%에 해당하는 요인들을 주요 요인으로 선정한다. 이후 수준별 데이터 값을 기반으로 주효과 그림(Main Effect Plot)을 작성하고, 주요 요인을 기준으로 특성을 유리하게 해주는 최적 조건을 도출한다, 본 사례에서는 전류 특성의 갭(Gap)을 최소화하는 조건을 최적조건으로 결정하였다.

도출된 최적 조건의 재현성을 검증하기 위해, 해당 특성에 대한 추가 예측을 바탕으로 최적조건에 대한 추가 확인 실험을 실시하였다.

실험 데이터 분석을 통해 도출된 결론 및 최적 조건의 확인 결과는 다음과 같다.

1) 주요요인 : B(Plunger면치), D(Body두께) (점유율이 큰 요인으로 함)

2) 최적조건 : B1D1 (주효과 그림에서 특성을 작게 해주는 조건으로 해 줌)

(최적조건은 주요요인 기준으로 설정한다. 필요시 모든 요인으로 최적조건을 결정해도 된다.)

3) 전류특성 갭에 대한 예측

- UP특성 기준 : $\overline{B_1} + \overline{D_1} - \overline{T}$ = 4.10 + 4.08 - 4.18 = 4.0
- DOWN특성 기준 : $\overline{B_1} + \overline{D_1} - \overline{T}$ = 4.15 + 4.15 - 4.23 = 4.07

4) 최적조건에 대한 추가 실험을 통한 확인 값 (n=5 진행)

- 전류특성 갭 : UP특성 평균 → 4.05 & DOWN특성 평균 → 4.09
- 불량율 : ZERO (추후 양산 진행을 통하여 불량 ZERO 추가 확인함)

개선 효과 및 표준화 기준설정

최적 조건의 재현성이 확인됨에 따라, 이를 기반으로 효과 정리 및 표준화를 위한 개선 조건의 기준을 설정하기 위하여 기존에 표준 조건 내용을 검토하여 수립하였다.

▼ 그림 1.1.5 개선효과 및 표준화 기준조건

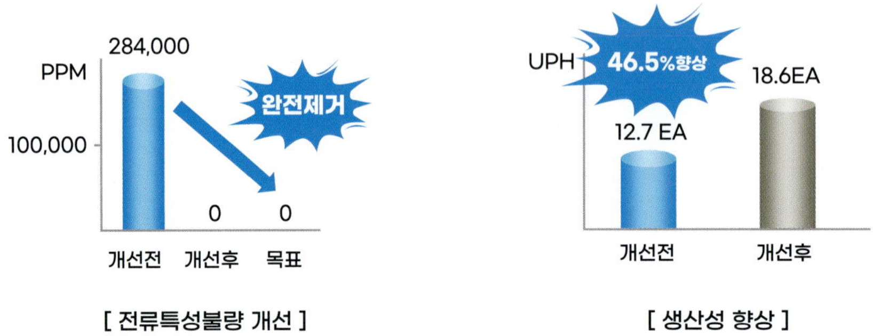

PL	PS	RL	BT	CD	SPW
00.5±0.02	max 0.1	00.00±0.03	00.3+0.05 00.5-0.05	0.0+0.1	0.000±5%

그리고 개선 효과는 유형(가시적 성과)과 무형(비가시적 성과)으로 구분하여 유형효과는 그림 1.1.5에 나타내고, 무형효과는 다음의 세 가지 주요 항목으로 정리하여, 활동을 마무리하였다.

① 불안정한 전류특성에 따른 불량 제로화로 인해 현장 작업자의 피로도 감소

② 생산 실적에 대한 부담 완화로 스트레스 해소

③ 정체 공정이 해소됨에 따라 공정 흐름이 원활 해져 작업 효율 향상

Tip

계량형 특성 활용 시의 이점

품질 특성을 계량형으로 평가하면, 계수형에 비해 품질 현상을 보다 명확하고 정량적으로 표현할 수 있다는 이점이 있다.

이를 통해 작은 변화도 수치로 감지할 수 있으며, 품질 수준의 비교와 개선 방향 설정이 더욱 정교 해진다.

1) 확실한 양품과 겨우 양품을 구분할 수 있다.

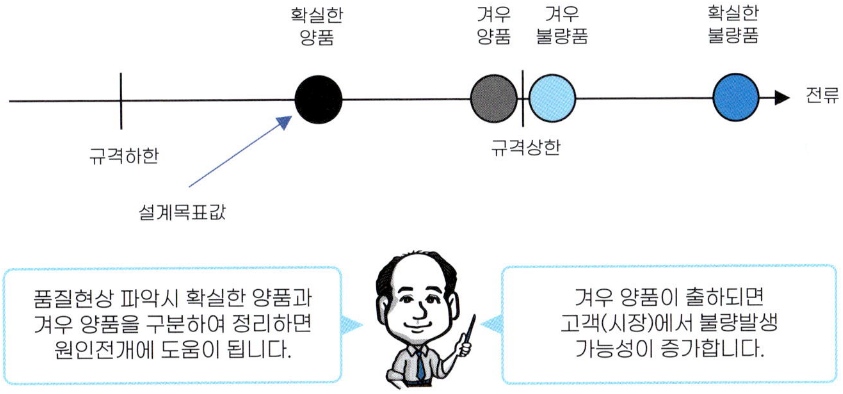

2) 원인분석 시, 설계관점 또는 제조공정4M으로 접근 방향을 보다 명확하게 설정할 수 있다.

품질 현상 유형		대응 방향
치우침 큼	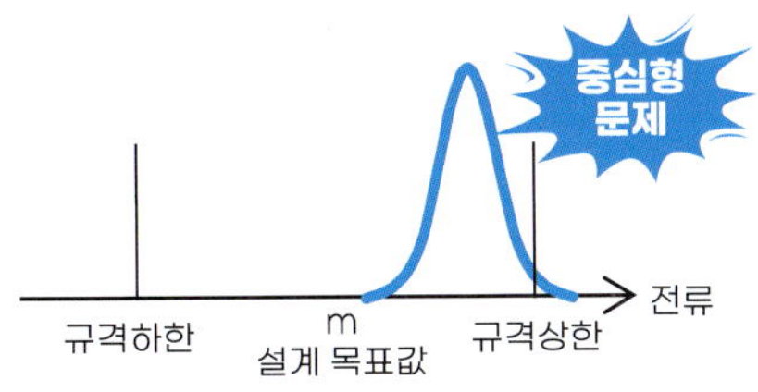	• 품질특성을 목표값에 맞추기 위하여 분포의 중심이동 필요 • 설계변경 및 4M기준 변경 검토
산포 큼	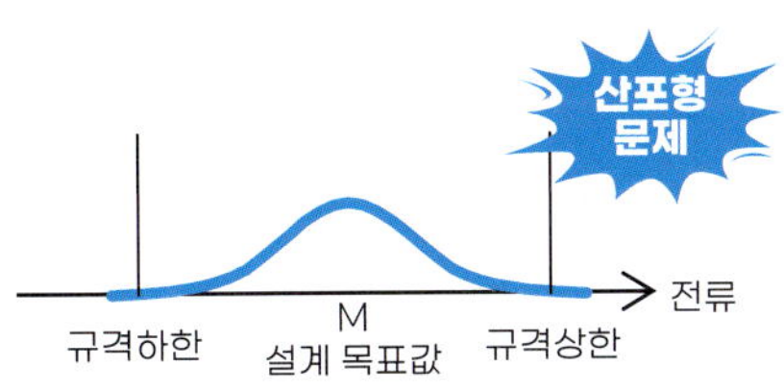	• 품질특성의 산포감소 필요 • 4M관리 검토

특정 모델의 불량을 개선하라

과제명	특정 모델 불량 개선
성과	특정 모델 불량률 8.2% → 2.4%
방법	현장사원 참여에 의한 개선요소 발견

특정 모델 불량 개선 추진 배경

A사 CEO는 특정 모델의 불량률이 기존 모델 대비 3~4배 이상 높다는 점을 지적하며, 해당 모델에 대한 긴급한 불량 개선 활동을 지시하였다.

A사는 여러 고객사로부터 제품 생산을 의뢰 받고 있으며, 고객사의 요구 수준은 다소 차이가 있으나 일반적으로 불량률은 2~4% 수준에서 관리되고 있었다. 그러나 문제가 된 특정 모델은 불량률이 8%에 달해, 손실을 최소화하기 위한 개선 조치가 시급한 상황이었다.

개선활동 방법 정리

불량 해결 활동을 효율적으로 추진하기 위해 PDCA 개념을 기반으로 한 3단계(PAS: Problem, Analysis, Solution)로 정리하여 활동을 진행하기로 했다. 이는 기존의 6시그마 문제 해결 방법인 5단계(DMAIC)를 단순화한 형태로, TF팀장과 이를 공유하였다.

구분	Problem	Analysis	Solution
개념	문제 정의	원인 정리	해결책 실행
내용	불량 현상을 파악한다	개선이 필요한 요소를 발견한다.	주요 요인을 개선하고 유지관리를 실행한다.
활용수법	그래프, 3현	브레인스토밍, 3현	3현, 체크시트

Problem 단계 진행

특정 모델에서 발생하는 불량 문제를 파악하기 위해, 해당 모델의 로트별 불량 발생 추이와 변동을 일정 기간에 걸쳐 정리하였다. 이를 통해 불량이 지속적으로 발생하는지, 아니면 돌발적으로 발생하는지를 판단하고, 원인 분석의 방향성을 설정하는 데 활용하였다.

또한 유사한 다른 모델들의 불량 수준도 함께 조사하여, 특정 모델과 비교함으로써 불량 발생의 차이(Gap)를 확인하였다.

이러한 분석을 통해 불량 현상에 대한 문제 정의를 명확히 하고, 원인 분석의 방향을 설정하였다. 이를 바탕으로 현장 사원들과 적극적으로 소통하면서, 불량 해결을 위한 공감대를 형성하고, 원인 정리를 위해 제조 현장 작업자들이 자발적으로 참여할 수 있는 분위기를 조성하였다.

▼ 그림 1.2.1 불량 발생 로트별 현상 및 결론

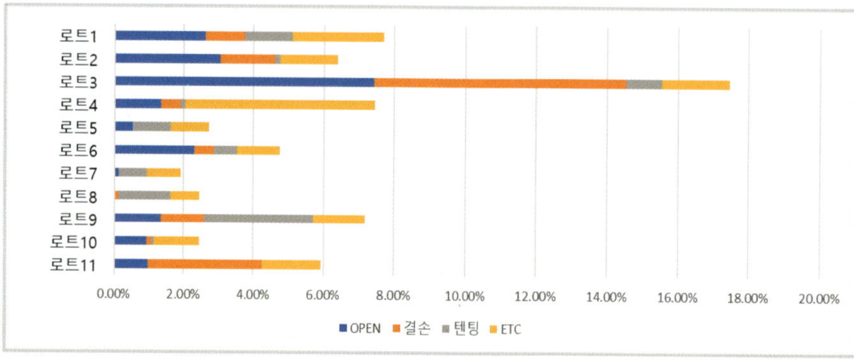

<불량 현상 결론>

1) 로트 간 불량 발생률 변동이 로트별로 2%~17%로 변동이 매우 크다.

2) 주요불량 유형은 다른 모델과 유사하게 나타난다. (주요불량 - OPEN, 결손, 텐팅으로 전체 63% 점유)

3) 주요 3개 불량률은 로트별로 불규칙하게 변화하므로 돌발적 요인에 대한 검토가 필요하다.

▼ 그림 1.2.2 불량유형 및 유사한 다른 모델간 불량률 비교

주요불량 유형

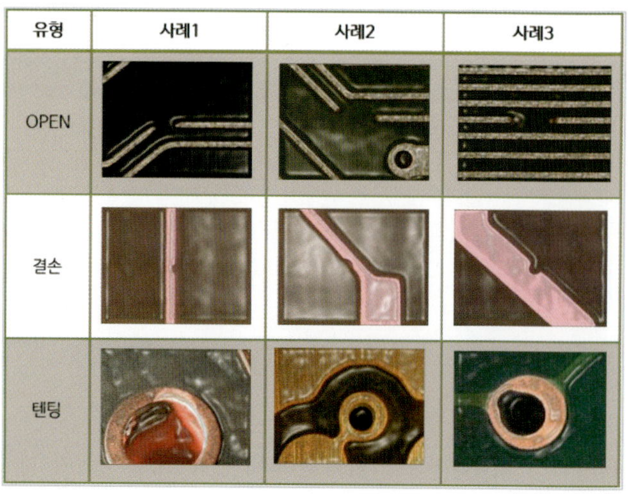

(단위 : %)

불량명	과제	1)모델	2)모델
OPEN	1.46	0.42	0.39
결손	0.72	0.05	0.16
텐팅	0.83	0.04	0.10
ETC	1.79	1.87	1.87
TOTAL	4.80	2.38	2.52

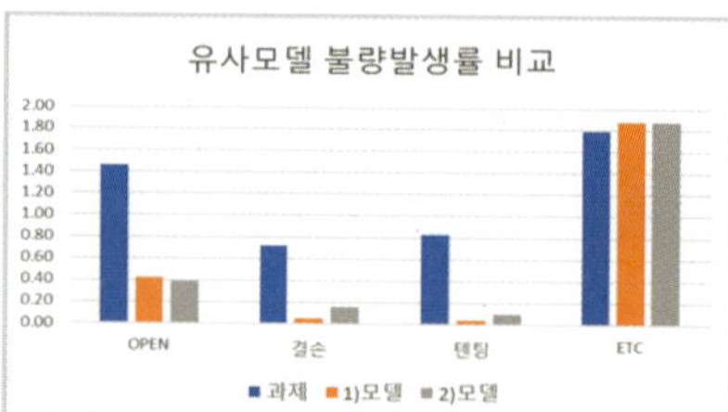

Analysis 단계 진행

Problem을 통하여 정리된 자료를 기준으로 질문리스트를 이용하여 현장사원의 지혜를 구하면서 참여하는 문화를 만들어 가기로 하였다. 이는 바로 집단지성의 힘을 이용하는 방법이다.

구분	질문내용		비고
기존	찍힘 불량이 발생한다. 왜 그럴까요?		질문에 숫자를 포함시키면 상호간의 문제 공감대 형성이 용이 해진다.
변경	질문 1	다른 모델에 비해 불량이 3~4배 더 발생한다. 왜 또는 어떻게 하는 것이 바람직할까요?	
	질문 2	로트별 불량의 발생 변동이 크다. 무엇을 어떻게 하면 좋을까요? (평균:1.46%, 변동범위:0%~7.5%)	

불량 현상과 관련된 질문을 바탕으로 브레인스토밍 또는 브레인라이팅을 실시한다. 현장 사원이 참여하는 집단 지성의 힘은 문제 발생 요인에 대한 사고의 폭을 넓히고, 불량 해결을 위한 학습 기회를 제공한다. 이러한 방식으로 도출되는 영향 요인은 보통 50~100개에 이르며, 원인 정리의 첫 단계인 영향 요인 나열은 '질'보다 '양'을 우선하는 것이 바람직하다. 양이 질을 만들어가듯, 편안하고 열린 분위기 속에서 다양한 의견이 자유롭게 제시될 수 있도록 유도하는 것이 중요하다.

나열된 영향 요인은 친화도법을 활용해 유사 항목끼리 그룹화하며, 이를 통해 주요 요인 후보를 도출한다. 이후 개선이 필요한 핵심 요인을 선정하는 과정에서는, 4M(Man, Machine, Material, Method)을 기준으로 인과관계 분석을 실시하거나, 3현(현물, 현장, 현상)을 통해 문제가 되는 4M 요소를 식별함으로써 주요 요인을 확정하게 된다.

▼ 그림 1.2.3 브레인스토밍을 통한 주요요인 후보 선정 과정

[불량 발생 원인에 대하여 브레인스토밍 진행 모습]

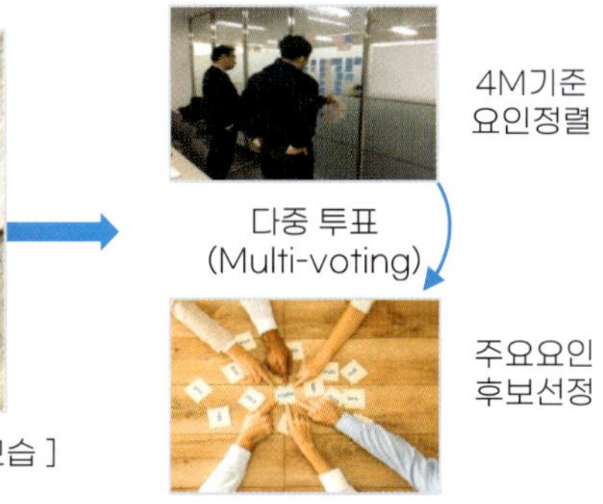

본 사례에서는 각 요인에 대해 중요도 점수를 부여하는 다중 투표 방식을 활용하여, 상대적으로 높은 점수를 받은 요인을 주요 요인 후보로 선정하였다. 이후 선정된 후보들을 바탕으로 제조 현장 반장을 중심으로 3현(현장, 현물, 현상) 활동을 실시하였으며, 이를 통해 최종적으로 개선이 필요한 요인을 결정하였다.

Solution 단계 진행

Analysis 단계에서 인과관계 분석이나 3현(현장, 현물, 현상)을 통해 개선 요인을 확인하는 순간, 동시에 개선 대책까지 발견되는 이점을 얻을 수 있다. 이는 문제와 해답이 함께 존재한다는 것을 체험하게 해주며, 'How to'보다는 'Why'의 중요성을 실감하게 만든다. 개선 요인에 대한 확신이 생기면서 대책 실행 또한 신속하게 이루어지고, 참여 기반의 원인 정리와 대책 실행 덕분에 이후 유지관리 역시 보다 수월하게 진행된다.

▼ 그림 1.2.4 개선요소별 실행 내용

구분	내용	개선 방향	사진	확인자/ 개선필요성	적용일
OPEN / 결손	DFR Lami 진행시 이물유입 : - 전처리 건조단 이후 ~ 수동 Lami 까지 이물유입 가능성 높음	**자동라미 적용** **- 정면기 건조단 Cover 적용** **- 라미네이터 속도 2.5 m/min**		이[illegible] / 노[illegible]	10/29
	수동라미 중 DFR Cutting 시 Chip 발생 - 면취 불량에 의한 DFR Cutting 시 Chip 발생 및 DFR 찢김 발생	재단 후 1.6T 이상에 한 해 면취작업 실시 중 1.2T 인 해당모델은 면취작업 불가. **-> 자동라미 진행 건으로 Tip/End 확보로 개선**	 1.6T 이하 셋팅불가	이[illegible] /[illegible]	10/29
	Master Film 4부 사용으로 이물제거 및 추적성 저하 및 필름 사용부수 상승	**노광3호기를 제외한 노광기로 지정하며,** **LOT 당 1대 사용으로 필름 2부 사용**	-	이[illegible] / 노[illegible]	10/29
	DES 현상시 밀착력 저하 - 현재 노광량 40 [mj/cm2] 이며, 밀착력 저하의 원인 (분석단계 사진참조)	FF9150A TDS : 평행광 기준 min 50 [mj/cm2] **-> 반평행광 장비 (GIO-SL5K2) 기준 45 [mj/cm2] 적용**	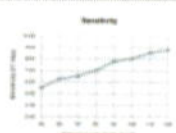	이[illegible] / 노[illegible]	10/29
	노광중 필름 세척 주기(기준서: 1회/1PNL) - 기존실행: 30 ~ 40 PNL / 1회	**생산성 고려한 세척횟수의 재설정 및 변경실행** **- : 1회 / 5 PNL** **- Adhesive Pad 제거 1회 / 50 PNL**		이[illegible] / 노[illegible]	10/29
	라미 후 부착된 이물은 제거단계가 없음 - 노광 전 PNL 이물 제거 필요	(개선방향 검토 중) 노광기용 Rewinder CM 적용 또는, 약점 핸드롤 사용 검토 중		추후 검토	--

개선활동 결과

이번 사례에서는 주어진 품질 개선 과제에 대해 자사와 협력사가 공감대를 형성하고, 현장 사원의 적극적인 참여 속에 원인을 포함한 개선 요소 중심으로 3현(현장, 현물, 현상) 활동을 전개함으로써, 단기간 내에 아래 그래프와 같이 불량 개선을 달성할 수 있었다. 이를 통해 기대 이상의 성과를 얻었으며, 자사 실정에 적합한 품질 개선 활동 방법을 새롭게 정립하는 계기가 되었다.

구분	A. worst-1 OPEN	B. worst-2 결손	C. worst-3 텐팅
항목별 효과 분석	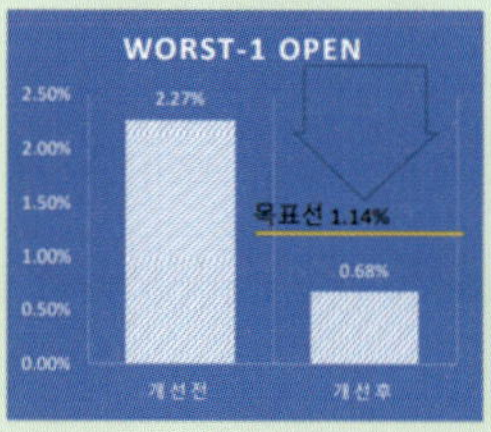		

Tip

품질문제 해결단계 개념

품질 문제 해결을 위해 일반적으로 6시그마의 DMAIC 단계 또는 분임활동의 PDCA 단계를 기준으로 개선 활동을 전개하게 된다. 그러나 자사의 환경과 여건에 적합한 방식으로 유연하게 접근하는 것이 중요하다.

이러한 개선 활동 단계에서 공통적으로 수행해야 할 핵심 내용은 문제 현상의 파악, 원인의 정리, 해결책의 실행이다. 이를 보다 간결하게 정리하면 Problem 〉 Analysis 〉 Solution의 3단계로 요약할 수 있으며, 아래에 그 개념을 제시하였다.

[PAS문제해결 단계 개념]

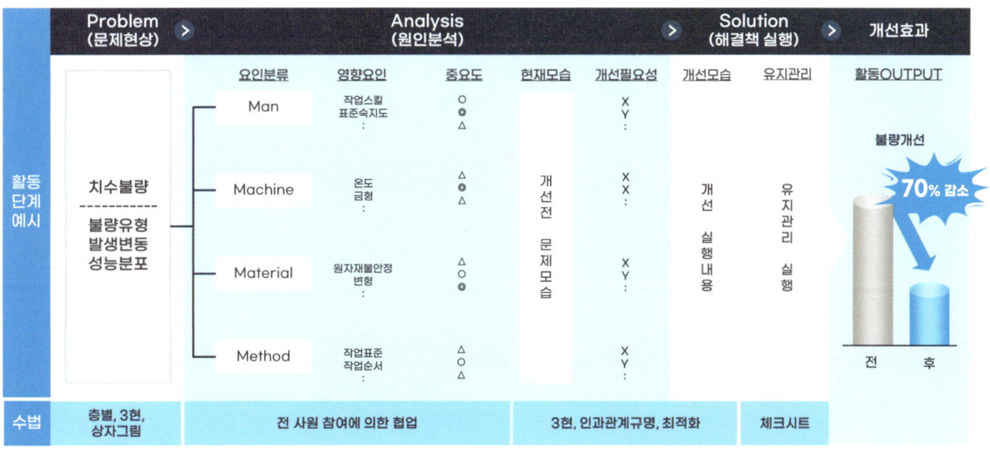

또한, 해결책의 실행 단계는 단순한 개선 활동에 그치지 않고, 표준화 및 유지관리 체계까지 포함되므로, 개선 활동을 마무리하는 단계에서 더욱 철저하고 체계적인 접근이 요구된다. 이러한 관점을 반영하여, 아래에 실행 예시를 함께 제시하였다.

[S단계 실행내용 예시]

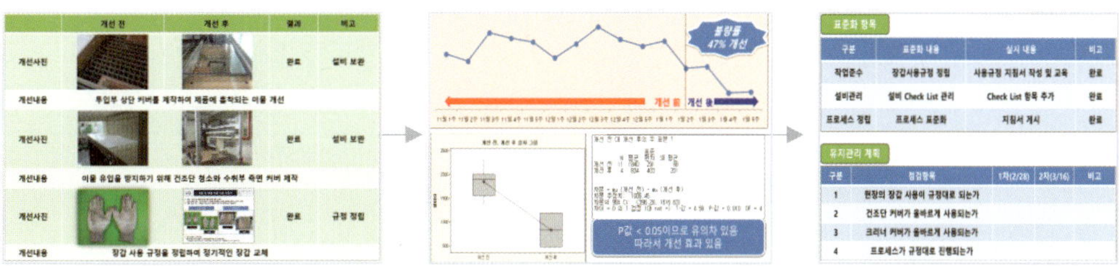

개선책 실행 효과확인 표준화/유지관리

1.3

단차 불량을 해결하라

과제명	단차 불량 개선
성과	신제품 단차 불량 13.5 → 0.1%
방법	공정능력지수, Gage R&R, 샤이닌기법(짝비교), FTA

단차 불량 개선 추진 배경

V사는 조립품의 단차 불량으로 인해 막대한 손실 비용을 겪고 있었다. 특히 높은 불량률과 로트 간 불량 발생의 큰 변동 폭으로 인해 고객사 납품 시 납기 준수가 어려워졌고, 이로 인해 지속적인 생산 수주에도 부정적인 영향을 미쳤다.

따라서 조립 제품의 단차 불량 문제는 시급히 개선해야 할 과제로 떠올랐다. 이에 V사는 자체적으로 TFT 활동을 전개하며 즉각적인 개선을 시도했으나, 단차 불량은 좀처럼 줄어들지 않았고, 그로 인해 손실 비용은 계속해서 증가했다. 이러한 상황에서 근본적인 해결이 절실히 요구되었다.

품질문제 해결활동 PAS단계 공유

개선활동을 효율적으로 전개하기 위해, 데밍(E. Deming) 박사가 강조한 관리 사이클인 PDCA(Plan-Do-Check-Action) 단계를 기반으로 개선을 추진하였다. 또한, 6시그마 활동에서 활용되는 DMAIC단계 를 부분적으로 적용하여 체계적인 개선활동을 전개하였다.

본 개선활동에서는 DMAIC의 5단계를 PAS(Problem → Analysis → Solution)의 3단계로 재구성하여, 참여 인력이 개선 단계별 업무를 명확히 이해하고 역할을 구분하여 협업할 수 있도록 하였다. 이를 통해 경영진과 실무자 간에 개선활동의 진행 상황과 단계별 주요 실행 내용을 효과적으로 공유하도록 하였다. 또한, 개선활동의 효율성을 높이기 위해 각 단계의 중점 검토 영역을 '결과계'와 '원인계'로 구분하여 인식하도록 하였다. 여기서 결과계는 단차 불량으로, 원인계는 설계 변수 및 6M(Man, Machine, Material, Method, Measurement, Mother Nature) 요소로 구분하였다.

구분	Problem	Analysis	Solution
관심대상	결과계	원인계	원인계, 결과계
주요 실행내용	결과계의 현상 측정오차크기 확인	영향요인나열 주요요인 결정	주요요인 개선실행 개선후 효과확인 유지관리

Problem 단계 진행

Problem 단계에서는 과제의 현상을 구체적으로 제시하고, 결과계인 제품 단차 특성의 분포 및 불량 데이터를 기반으로 문제점을 명확히 도출하는 것이 핵심이다.

단순히 현상을 나열하는 데 그치지 않고, 이후 원인 분석이 가능하도록 구조화하는 것이 중요하다. 또한, 문제 현상 분석에 사용되는 데이터의 신뢰성을 확보하기 위해 측정 시스템의 적합성을 검토하는 과정도 반드시 수반되어야 한다. 다음은 Problem 단계에서 수행한 주요 실행 내용이다.

1) 실행 1

측정 데이터의 신뢰성을 확보하기 위해 Gage R&R 분석을 실시하였다. 이는 자체적으로 전개해 온 TFT 활동 과정에서 측정 시스템의 신뢰성에 대한 문제 제기가 있었기 때문이며, 보다 신중한 접근을 위해 마스터 제품을 활용하여 분석을 수행하였다.

그 결과, Gage R&R 분석에서 %Gage R&R이 5% 미만으로 측정 시스템은 충분히 적합한 것으로 판명되었으며, 기존에 제기되었던 측정기기의 신뢰성 문제는 Analysis 단계에서 추가 조사한 결과, 제품 표면에 순간적으로 이물질이 부착될 경우 측정값이 변동된다는 사실을 확인하였다.

2) 실행 2

최근 6개월간 생산된 로트의 단차 불량 추이와 로트별 변동 폭을 확인하였다. 이를 위해 현재 생산 중인 제품의 단차 데이터를 집계하여 분포를 분석하였으며, 이를 통해 불량 발생의 경향성과 변동성을 시각적으로 파악할 수 있었다.

▼ 그림 1.3.1 단차 분포 및 단차 불량 추이

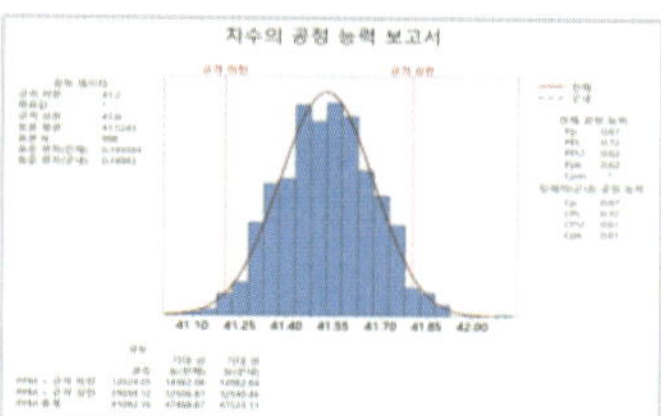

[단차 분포]

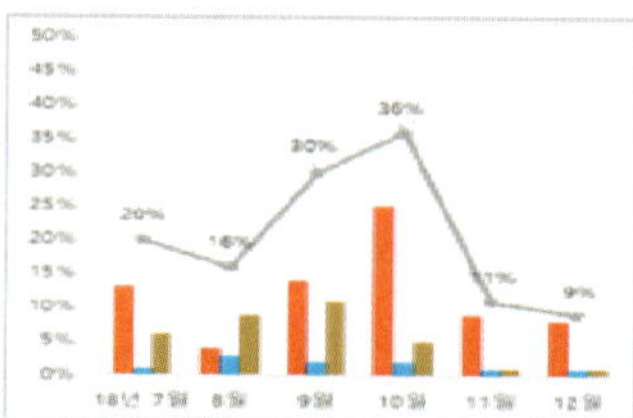

[월간 단차 불량 발생 추이]

- 자체적으로 불량감소 추이를 보여주지만, 추가 개선 필요
- 최근 30일간의 로트별 단차 불량 데이터는 별도로 정리함

3) Problem 결론

"단차 불량의 현상과 문제점은 무엇인가?"라는 핵심 질문을 중심으로 현상 자료를 분석한 결과, 다음과 같은 결론을 도출하였다.

① 최근 30일간 생산된 로트에서 단차 불량률은 2.4%~8.3% 범위를 나타냈으며, 평균 불량률은 5.54%로 집계되었다.

② 단차 분포 분석 결과, 평균값은 규격의 중앙에 위치하고 있으나, 산포가 크기 때문에 산포 감소가 필요하다.

③ 단차 불량의 주요 원인은 4M(Man, Machine, Material, Method)의 변동으로 인한 영향으로 판단되며, 필요시 4M변동관련 설계변수도 검토하면서 산포 감소에 초점을 맞추어 진행할 필요가 있다.

Analysis 단계 진행

Analysis 단계에서는 치수 산포에 영향을 미치는 요인을 4M과 설계 관점으로 구분하여 주요 요인 후보를 선정하고, 이들 간의 인과관계를 규명함으로써 개선 대상으로 삼을 핵심 요인을 도출한다.

기존에는 단차 불량에 영향을 줄 수 있는 설계 및 4M 요소를 광범위하게 설정한 뒤, 시행착오적 실험을 통해 주요 요인을 찾아내는 방식을 사용해왔었다. 그러나 이 방식은 단차의 분포관련 산포보다는 '단차 불량 발생 여부'에 초점을 두고 있어, 품질 현상을 정밀하게 파악하는 데 한계가 있었다. 따라서, 가능한 한 단차 불량 여부가 아닌 실제 단차 측정값을 중심으로 분석을 진행하도록 하였다.

이번 분석에서는 Problem단계에서 도출한 단차 산포 문제를 기반으로, 관련된 4M 요소를 나열한 후 이를 조립 관점의 요인과 원자재 및 설계 요인으로 구분하였다. 이후, 도출한 요인들 중 주요 요인 후보를 선정하고, 이들 간의 인과관계를 규명하여 개선 방향성을 설정하였다.

▼ 그림 1.3.2 영향요인으로부터 주요요인 후보 결정 예시

구분	영향요인	중요도 평가(1~5점)					중요도		주요요인 후보
		박00	최00	감00	이00	오00	점수	RANK	
조립	부품 조립	3	5	5	5	3	1875	1	●
부품	M기어 백래쉬	1	5	5	5	3	375	4	
	P기어 백래쉬	3	5	5	3	3	675	3	
	T기어 백래쉬	5	5	5	5	3	1875	1	●
	A모터 홀센서	5	5	5	5	3	1875	1	●
	S기어 백래쉬	3	5	5	5	3	1125	2	●
	T모터 오작동	5	1	5	5	3	375	4	
	치간 백래쉬	3	5	5	5	3	1125	2	●
	R부품 불량	3	1	5	5	5	375	4	
	S간 거리	3	5	5	5	3	1125	2	●
계측기	기준점 학습 불량	1	3	1	3	3	27	5	
	제품 반복성	5	5	5	5	3	1875	1	●
TCU	TCU 제어 편차	5	5	5	5	3	1875	1	●
기타	설계 공차 부적합	5	5	5	5	3	1875	1	●
	기어 끼임	5	3	5	3	5	1125	2	●

주요 요인 후보 선정

순서1) 4M기준으로 TF팀원들간의 브레인스토밍을 통하여 영향요인 나열
순서2) 영향요인을 4M관점으로 그룹핑 실시
순서3) 요인별 치수불량/분포에 영향을 주는 중요한 정도를 1,3,5점(클수록 중요)으로 점수부여
순서4) 개인별로 요인에 부여한 점수를 곱하여 상대적으로 높은 점수에 해당하는 요인을 선정

주요 요인 후보를 중심으로 단차 불량과의 관계를 트리(tree) 형태로 구조화하였으며, 이를 기반으로 단차 불량 발생 및 분포와 주요 요인 간의 인과관계를 규명하고자 하였다.

이를 위해 직교배열 실험과 짝비교(Pairwise Comparison) 방법을 검토하였으며, 가능하면 기존에 확보된 데이터 및 제품을 활용하는 방식이 더 효율적이라고 판단하였다.

이에 따라 신규 실험을 설계해야 하는 직교배열 실험보다는, 실물 제품 간의 특성 차이를 비교하여 인과관계를 도출할 수 있는 짝비교 방법을 우선적으로 적용하기로 결정하였다.

▼ 그림 1.3.3 불량과 주요요인 후보간 원인간 tree 작성

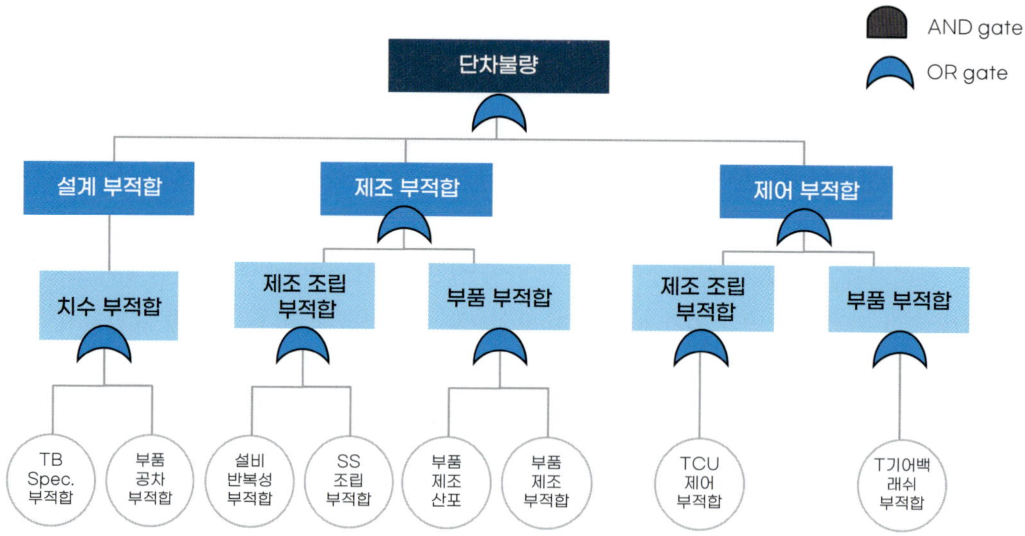

tree 구조를 기반으로 인과관계를 규명하기 위해 짝비교방법을 적용하였으며, 이를 위해 BoB(Best of Best, 최상의 양품) 제품과 WoW(Worst of Worst, 최저의 불량품) 제품에 대하여 각 8개 쌍의 데이터를 아래와 같이 수집하였다.

▼ 표 1.3.1 조립 및 부품변수에 대하여 짝비교 실시 준비

구분	제품 조립 조건				여러 부품 요인				
	압력	갭	...	시간	M기어 백래쉬	P기어 백래쉬	...	...	S간 거리
BoB	1.5	0.8	...	12	17.617	0.09	27.754	...	0.10
BoB	1.3	0.7	...	13	17.672	0.13	27.778	...	0.12
:	:	:	...	:	:	:	:	...	:
WoW	1.6	1.2	...	13	17.618	0.12	27.721	...	0.09
WoW	1.3	0.8	...	12	17.662	0.10	27.765	...	0.11

수집한 데이터를 바탕으로 짝비교 분석을 수행하여 단차 불량에 영향을 주는 주요 요인을 도출하였다. 또한, 필요에 따라 분석 결과에 대한 정합성을 높이기 위해 3현(현장, 현물, 현상) 중심의 검증 활동도 병행하여 실시하였다. 이러한 과정을 통해 최종적으로 도출된 주요 요인들은 아래 표에 정리하였다.

▼ 표 1.3.2 주요요인 후보 검증 결과

구분	주요요인 후보	검증내용 (가설)	검증/분석 방법	검증결과	주요 요인	비고
조립	부품 조립	부품 조립성 저하	조립 반복성 /부품 추적	재조립 시 일관성 유지됨	-	
부품	T기어 백래쉬	기어 품질에 따라 불량 발생 가능성 큼	짝비교	기어류 부품 품질에 따라 높이 수준 변화 (T기어 백래쉬) (치간 백래쉬)	●	
	A모터 홀센서				-	
	S기어 백래쉬				-	
	치간 백래쉬				●	
	S간 거리	홀센서 산포로 인한 반복성 저하	센서 특성	공차 변경의 원인	●	-
계측기	기준점학습 불량	기준점학습 불량시 불량 발생	추가 검토	-	-	-
	제품 반복성	제품 측정 반복성 저하	Cgk	측정 반복성이 떨어짐	●	
TCU	TCU 제어	TCU 제어 산포로 인한 반복성 저하	데이터 분석	변동 큼	●	
기타	설계 공차	설계공차 부적절	공차 분석	적합	-	-

Solution 단계 진행

Solution 단계는 Analysis 단계에서 도출된 주요 요인을 기준으로 개선을 실행하고, 그 효과를 검증한 후 유지관리 방안을 수립하는 과정이다.

실제로 Analysis 단계에서 주요 요인을 조사하는 과정에서 자연스럽게 개선 방안이 도출되는 경우가 많으며, 이 경우 신속하게 개선을 실행하고 효과를 확인한 후, 관련된 항목에 대해 지속적인 관리 체계를 마련하게 된다.

이번 개선 활동에서는 단차 불량과 관련된 주요 부품 2종에 대해 문제 현상을 확인하고, 다음과 같은 조치를 통해 개선을 실시하였다.

〈부품 조치 내용〉

① 첫 번째 부품의 경우, 수입검사 시 설계 기준을 보다 정확하게 반영하기 위해 기존 측정 방식을 크로스 측정법으로 변경하였다.

② 두 번째 부품은 부품 표면의 이물질 부착이 주요 원인으로 확인되어, 협력사 제조공정 단계에서부터 이물질 관리 활동을 사전에 강화하는 방식으로 대응하였다.

이번에 규명된 주요 요인들은 기존 TFT 활동에서는 검토되지 않았던 새로운 요인으로, 기존 개선 방식은 문제의 본질과는 무관한 원인에 대해 잘못된 방법으로 접근하고 있었음이 확인되었다.
또한, 주요 요인에 대한 개선 조치 이후 단차 불량률이 기존 5.54%에서 0.1% 이하로 대폭 감소하는 효과를 확인하였다.

이에 따라 지속적인 유지관리 체계를 구축하여 개선 효과를 안정적으로 유지하도고 하였으며, 오랜 기간 지속되어 온 단차 불량 문제를 근본적으로 해결할 수 있었다.

▼ 표 1.3.3 주요요인 조치 실행 내용 예시

구분	핵심 요소	확인 결과 및 문제점	개선 실행 방안	개선 일정	비고
설비	EOL TCU	EOL TCU 제어 산포 과다	▶ TCU 제어 산포 개선을 위한 응답시간 증대 : 90ms → 125ms	11/30 完	■
부품	Ass'y Spec.	셀렉트 모터 홀센서 위치 제어 산포 미반영	▶ 셀렉트 위치 Spec. 완화 : ±0.8 → ±0.4	11/24 完	■
부품	T기어 백래쉬	피니언 기어 OPD 산포 과다	▶ 금형 수정 및 재T/O 실시를 통한 작업 조건 최적화 ▶ T기어 OPD 출하 시 전수검사 (자체설비 개선전까지)	12/14 完	■
부품/제조	이물질	시프트 핑거 하단 이물질 부착	▶ 콘트롤샤프트 입고 시 플라스틱 고정핀 제거 ▶ 콘트롤샤프트 조립 전 Air Blow 실시	12/23 完	■
:	:	:	:	:	

PAS단계 개선활동을 마무리하면서

치수 불량 개선활동을 전개하면서 얻은 품질개선 핵심사항을 정리하면 아래와 같다.

1) Problem 단계에서 관심을 두어야 할 핵심 포인트

핵심 개념 : 결과계 중심으로 문제 정의

① 문제를 정리할 때 제품 치수의 양/불량품 여부보다 계량특성(단차의 분포)을 기준으로 구분하는 것이 원인분석에 더 효율적이다.

② 불량품의 계량특성이 중심값 문제인지 산포 문제인지를 명확히 정의해야 한다.

③ 중심값이 목표에서 벗어나면 설계 요인 중심의 원인 분석이, 산포가 크다면 4M 변동 중심의 원인 분석이 필요하다.

④ 문제 해결의 방향이 Problem 단계에서 정해지므로 문제 정의가 해결의 첫 단추이다.

2) Analysis & Solution 단계에서 관심을 두어야 핵심 포인트

핵심 개념1 : 설계요인 vs 4M요인 구분

① Problem 단계 분석 결과를 바탕으로 파레토 원이처럼 주요 요인 영역에 집중한다.

② 다양한 시각 확보를 위해 다수 관련자의 참여를 유도하여 주요 요인을 놓치지 않도록 한다.

③ 인과관계 분석을 위하여 단변량 분석이나 시행착오 실험이외에 요인간 조합 관계를 고려해야 한다.

핵심 개념2 : 결과계 활용 원칙

① 가능하면 계량 데이터를 사용하여 인과관계 분석을 수행한다.

② 단순 양/불량품(이항분류 데이터)만을 활용하면 품질 정보가 부족하여 오류가 발생할 수 있다.

3) 데이터에 의한 이득 3가지

① 데이터는 품질 문제 해결의 방향을 제시하는 나침반 역할을 한다.

② 데이터를 기반으로 의견을 나누면 "Why & 3현(현장, 현물, 현실)"을 자연스럽게 유도된다.

③ 데이터에 의해 도출된 결론은 공감과 확신을 유도하여 실행 속도를 향상시킨다.

"Why"에 집중하면 "How to"가 보인다.

- 문제와 해결책은 함께 존재하므로 원인 분석을 철저히 수행하면 자연스럽게 개선안이 도출된다.

4) 조치의 종류 3가지

① 조치에는 임시조치, 근본조치, 시스템 조치가 있다.

② 불량 개선의 핵심은 근본조치를 실행하는 것이다.

③ 개선된 품질을 지속적으로 유지하기 위해 FMEA, 작업표준서, 관리계획서 등의 시스템 조치를 적용하여 품질시스템을 강화해야 한다.

Tip

인과관계 전개를 위한 tree 작성 방법

품질문제 해결을 위한 활동내용에 대한 공감대 형성을 위하여 원인과 결과에 대한 인과관계 tree를 작성하기 위한 순서 및 방법은 아래와 같다.

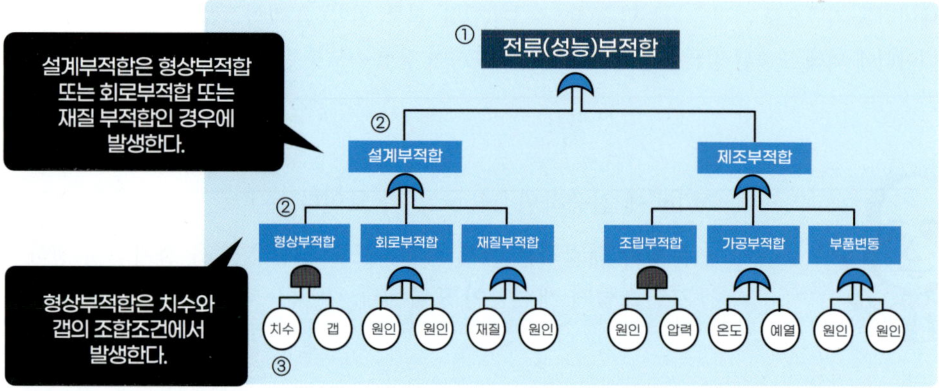

NO	기호	명칭	의미
1	■	정상사상	품질문제 관련되는 불량
		중간사항	요인을 구분하여 그룹핑 해주는 내용
2	○	기본사상	개선대상이 되는 주요요인 후보 및 주요요인
3	(OR 게이트 기호)	OR 게이트	입력중 하나만 발생하여도 출력 발생
4	(AND 게이트 기호)	AND 게이트	입력이 동시에 발생할 때 출력 발생

순서1 : 각 사상들을 정리한다.

① 정상사상은 품질문제에 관련되는 성능 또는 불량(부적합)명으로 한다.

② 중간사상은 요인을 그룹핑하여 구분하는 부적합 내용으로 한다.
예를 들면, '설계 부적합' '제조부적합' 'OO부적합'등이 될 수 있으며, 품질문제 상황에 따라 요인을 구분하는 용어로 나타낼 수 있다.

③ 기본사상은 개선의 대상이 되는 주요요인후보로 한다. 주요요인후보는 영향요인에서 선정되며, 최종적으로 주요요인으로 결정되어 해결책을 전개하게 된다. 예를 들면, 치수, 갭, 재질, 온도, 압력, 예열순서 등이 될 수 있다.

순서2 : 각 사상들을 tree구조로 연결하여 게이트와 함께 나타내어 작성한다.

각 사상간에 게이트 표시를 하여 tree모양으로 작성한다. 게이트는 OR 와 AND가 있으며, 초기에는 OR게이트로 나타낸 후, 원인 분석하면서 요인의 조합에 의한 영향인 경우에 AND로 수정해준다.

프레스 마크 불량을 개선하라

과제명	프레스 마크 불량 개선
성과	프레스 마크 불량 0.84% → 0.37%
방법	매트릭스도, 파레토도, 브레인스토밍, 3현

프레스 마크 불량 개선 추진 배경

D사는 전사적인 품질 향상을 위해 제조 현장 중심의 품질 개선 활동을 기획하였다. 지금까지는 엔지니어 주도로 품질 향상 활동이 전개되어 왔지만, 이번에는 제조 현장의 관점에서 품질 의식을 강화하고자, 제품별 제조 라인을 중심으로 주요 불량 항목에 대해 품질 개선 활동을 추진하기로 하였다.

팀별 품질 개선 활동은 단순하게 전개될 수 있도록 기본 템플릿을 활용한 기초 교육을 실시하였으며, 활동 기간은 3개월로 설정하였다. 활동 완료 보고 일정을 미리 정하고, 과제별로 자체 진척 관리를 수행하면서 매주 1회씩 팀별로 자율적인 활동을 진행하도록 하였다.

과제선정 및 일정계획

팀활동 리더는 제조현장의 반장으로 하여 해당 제조공정의 현장사원 전원이 참여하기로 팀 구성을 하여 과제선정, 개인별 역할 부담 및 추진 일정을 계획하였다. 과제 선정은 매트릭스도와 파레토도를 이용하도록 권하여 학습활동을 병행하기로 하였다.

▼ 표 1.4.1 매트릭스도를 이용한 품질개선 과제 선정

	항목 (가중치) / 주요 ISSUE	고질적문제	측정가능성	COPQ절감	고객만족도	시급성	종합 점수
		10	6	10	10	10	
활동과제선정	프레스 마크	9	5	9	7	10	380
	두께불량	7	6	7	8	9	346
	분진반점	7	6	6	8	8	326
	조대칩	6	6	7	8	7	316
	모서리파	6	3	8	9	6	308

팀원 미팅을 통하여 주요ISSUE에 대하여 의견을 나누어 개선이 필요한 과제는 프레스 마크로 선정하였다.

도출된 과제인 프레스 마크불량에 대해 문제의 심각성을 공유하고자, 해당 공정에서 발생한 불량 데이터를 3개월간 집계하여 파레토도를 작성하였다.

▼ 그림 1.4.1 주요불량에 대한 파레토도

[기간 : 1월~ 3 월]

불량명	발생수량
분진반점	2,712
조대칩	887
프레스마크	6,436
두께불량	1,559
펑	618
기타	955

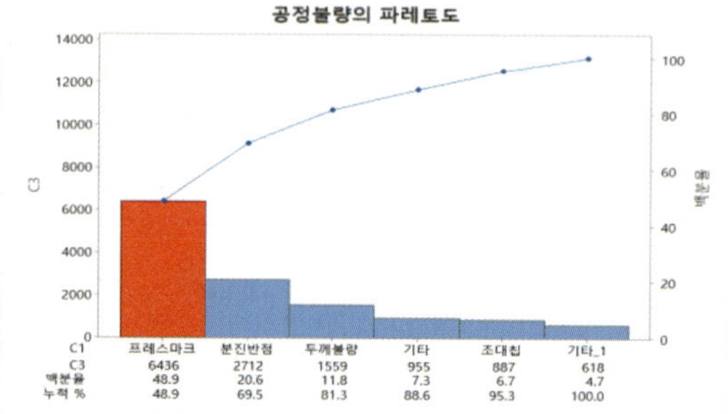

프레스 마크 불량이란
① 카울스크린 하부 칩비산 프레싱으로 인한 카울 스크린 마크
② 스크린 변형에 의한 고정 마크
③ 상부 열판에 이물질 흡착으로 인한 마크

선정된 주요 불량에 대해서는 현재 수준 대비 50% 개선을 목표로 전사 방침이 제시되었으며, 이를 달성하기 위해 3개월간의 일정 계획을 수립하고 활동 내용을 공유하였다.

▼ 그림 1.4.2 불량개선 목표 및 활동일정 계획 수립

활동목표 : 프레스 마크 불량 0.84% → 0.42% (50% 감소)

활동단계	활동 내용	추진 일정															
		4 월				5월				6월				7월			
		1주	2주	3주	4주	1주	2주	3주	4주	1주	2주	3주	4주	1주	2주	3주	4주
준비	SKILL 교육	■	■	■													
	과제선정/활동계획		■	■													
현상 파악	DATA 수집 계획		■	■													
	과제 현상 파악				■	■											
원인 분석	영향 요인 나열						■	■									
	잠재 주요 요인 선정							■	■								
	핵심 개선 요인 결정								■	■							
개선 실시	개선 방향 검토									■							
	개선 실시									■	■	■					
	효과 확인										■	■					
유지 관리	표준화										■	■					
	유지 관리 실행											■	■	■	■	■	■
	완료 보고													■			

현상파악

불량 현상을 정확히 파악하기 위해 전산에 등록된 데이터를 집계하고, 불량 유형을 직접 확인할 수 있도록 담당자가 현장에서 자료를 수집하도록 계획하였다.

▼ 표 1.4.2 자료 수집 계획

자료수집 항목	자료 유형	어떻게	기간	누가	언제까지	비고
프레스 마크 불량	계수치	불량 내역참조	최근 1월~3월	유00 서00 이00	4월 3주	-
		불량유형 직접조사	4/02~4/29	고00 박00 김00	5월 1주	3현 실시 (현장,현물,현실)

자사 전산 데이터를 기반으로 한 불량 발생률은 그래프로 시각화하고, 현장에서 확인한 불량 유형은 유형별로 직접 집계한 후 사진으로 기록하여 시각적 자료로 활용하도록 하였다.

▼ 그림 1.4.3 프레스 마크 불량 현상

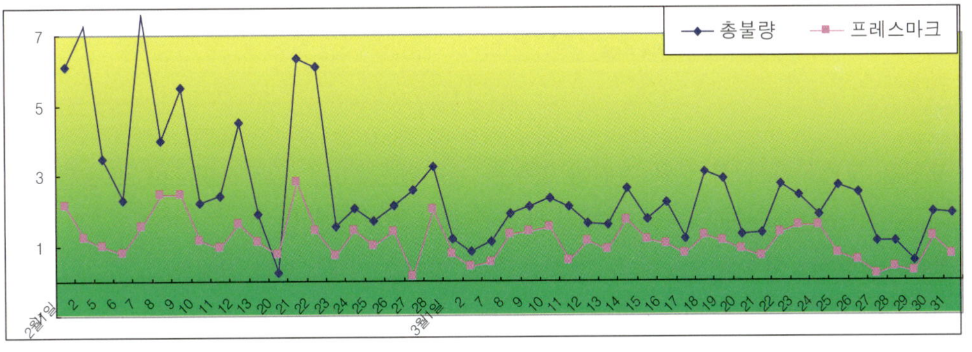

고정마크-42% 점유

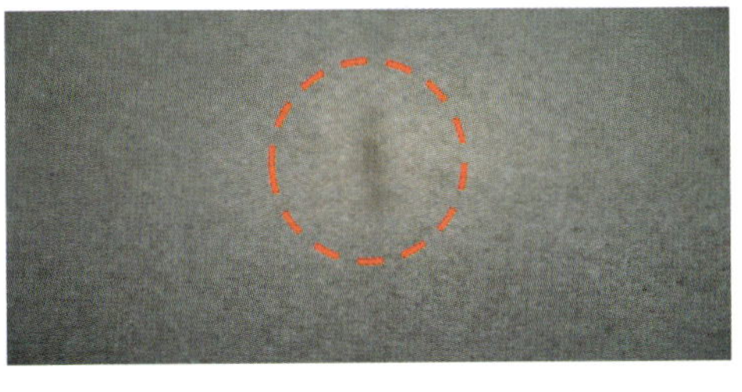

잔마크-39% 점유

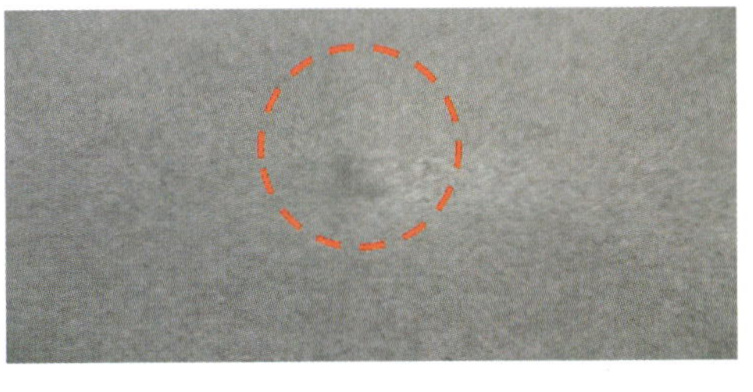

프레스 마크 불량 발생은 일자별로 꾸준히 발생하고 있으며, 고정마크 및 잔마크 유형이 80%이상을 점유하고 있음

원인분석

불량 현상을 기준으로 영향요인을 나열하고, 이로부터 주요요인 후보를 선정하여, 주요요인 후보에 대한 확인을 통하여 개선이 필요한 주요요인을 결정한다. 요인별 상황에 따라 요인별로 프레스 마크불량에 영향을 주는 인과관계를 규명할 수 도 있지만, 생산 현장의 경험을 기준으로 개선이 필요한 주요요인을 결정하도록 하였다.

▼ 그림 1.4.4 영향 요인 나열

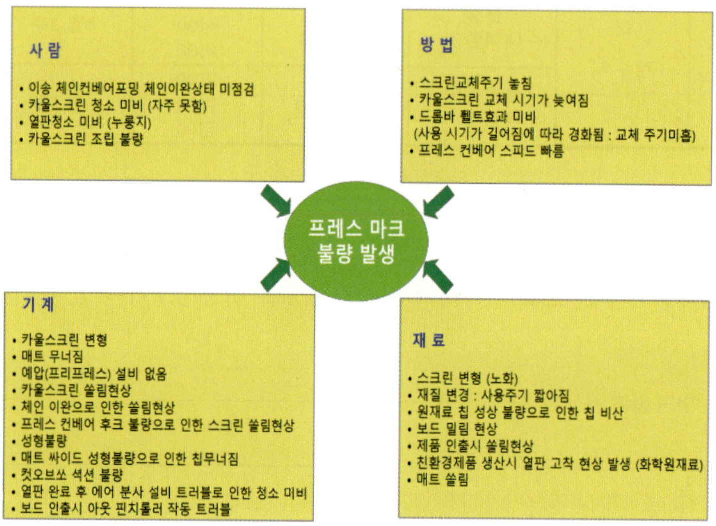

영향 요인을 도출하기 위해 팀원 전원이 참여한 브레인스토밍을 실시하였으며, 도출된 요인들은 4M(Machine, Man, Material, Method) 기준에 따라 분류·정리하였다.

일반적으로는 특성요인도나 why-why 분석을 통해 원인을 심층적으로 전개할 수 있으나, 이번에는 프레스 마크 불량에 영향을 미치는 다양한 요인을 학습의 관점에서 폭넓게 인지하고 정리하는 데 중점을 두고, 위 그림과 같이 4M 분류 방식으로 구성하였다.

또한, 분류된 요인들 중 주요 요인 후보를 선정하기 위해 다중 투표법을 적용하였다. 이는 각 요인에 대해 중요도를 1점(중요하지 않음)부터 5점(매우 중요함)까지 평가하는 방법으로, 팀원들이 참여하여 각 요인을 고정마크와 잔마크를 인지하면서 평가하도록 하였다. 이는 팀원들이 다양한 관점에서 프레스 마크 불량의 원인을 인식하고 학습할 수 있도록 하기 위함이다.

총 26개의 잠재적 영향 요인을 대상으로 다중 투표 방식을 통해 중요도를 평가한 결과, 상대적으로 높은 점수를 획득한 6개의 항목을 주요 요인 후보로 최종 선정하였다. 이 과정에서는 각 팀원이 보유한 다양한 경험을 바탕으로 각 항목의 중요도를 독립적으로 판단하도록 하였다.

선정된 주요 요인 후보들은 개선의 우선 검토 대상으로 프레스 마크불량의 핵심 원인에 대한 보다 명확한 인식을 하면서, 후속 조치의 방향성을 효과적으로 설정할 수 있는 기반이 되도록 하였다.

▼ 표 1.4.3 주요요인 후보 선정

4M	잠재주요요인	박00	유00	고00	김00	계
기계	카울 스크린 변형	4	4	4	5	320
	매트 무너짐	3	3	5	3	135
	예압 (프리프레스)설비 없음	5	4	4	3	240
	카울 스크린 쏠림 현상	4	4	5	4	320
	체인 이완으로 인한 쏠림 현상	3	3	3	4	108
	프레스콘베어후크 불량으로인한 쏠림 현상	3	3	2	4	72
	성형 불량	3	4	4	3	144
	매트 싸이드성형불량으로 인한 매트 칩무너짐	4	3	3	4	144
	컷 오브 쏘 석션 불량	3	4	5	3	180
	열판 완료후에어 분사 트러블로 인한 청소미비	3	4	3	3	108
	보드 인출시 아웃 핀치 롤러 작동 트러블	3	3	3	3	81
사람	이송 체인콘베어포밍체인이완상태미점검	3	3	3	4	108
	카울스크린청소미비(사주못함)	4	4	5	3	240
	열판청소미비(누룽지)	4	4	4	3	192
	카울스크린조립불량	3	5	3	4	180
방법	카울스크린교체주기 놓침	4	3	4	4	192
	카울스크린교체시기가 늦어짐	4	3	3	3	108
	드롭바 헬트효과 미비(경화)교체주기미흡	4	5	4	4	320
	프레스 콘베어 스피드 빠름	5	4	2	4	160
재료	스크린 변형(노화)	5	4	3	4	240
	재질변형 :사용주기 짧아짐	3	4	3	4	144
	원재료 칩성상불량으로인한 칩비산	3	3	5	3	135
	보드 밀림 현상	5	4	5	4	400
	보드 인출시 쏠림 현상	4	3	4	3	144
	친환경제품생산시열판 고착현상발생(화학원재료)	5	5	5	4	500
	매트 쏠림	4	4	3	3	144

개인별 점수
곱으로 계산

상대적으로 높은 점수에
해당하는 요인

불량명	주요요인 후보
프레스 마크	카울 스크린 변형
	카울스크린 쏠림현상
	카울 스크린 청소 미비
	드롭바 휄트 교체주기 미흡
	보드 밀림 현상
	친환경제품 생산시 열판 고착 현상 발생 (화학원재료)

선정된 주요 요인 후보에 대해서는 3현 원칙에 따라 실제 현장을 방문하고, 관련 현물을 직접 확인하면서, 현실적인 조건과 상황을 종합적으로 고려하여 정상 상태 여부를 점검하였다. 특히, 각 항목에 대해 이상 징후가 식별된 경우에는 이를 중심으로 프레스 마크 불량과의 영향정도를 경험적으로 확인하도록 하였으며, 그 결과를 토대로 개선의 필요성을 판단하도록 하였다.

▼ 표 1.4.4 개선이 필요한 주요요인 결정

구분	잠재주요요인	확인사항	확인방법	누가	개선필요	비고
고정 마크	카울 스크린 변형	스크린 변형으로 프레스 마크 발생	현물 육안확인	김00 서00 유00	YES	첨부1
	친환경제품 생산시 열판 고착 현상 발생 (화학원재료)	친환경제품 생산시 프레스 마크발생 비율 확인	불량내역참조	박00	YES	첨부2
잔 마크	카울스크린 쏠림 현상	스크린 조립후 대각 확인 및 변형 유무 확인	대각측정/육안확인	최00	YES	첨부3
	카울 스크린 청소 미비	마크 발생 부위 스크린 이상 유무 확인	육안확인	정00 김00 최00	YES	첨부4
	드롭바 휄트 교체 주기 미흡	휄트 마모 상태 확인	육안확인	김00 박00 고00	YES	첨부5
	보드 밀림 현상	원재료투입비율 및 조건 변경에 따른 보드밀림(활잡목/가구재 투입비, 함수율차)	육안확인	서00	YES	첨부6

개선실시 및 효과파악

개선이 필요한 주요 요인에 대해 구체적인 개선 활동을 실시하게 되었다. 일반적으로 개선 방안은 문제의 원인을 확인하는 과정에서 도출되는 것이 일반적이며, 본 사례에서도 마찬가지로 원인 분석을 통해 개선 방안을 도출하고 이를 실행에 옮기게 되었다.

▼ 그림 1.4.5 개선실행 계획 및 개선 내용 일부

핵심개선요인	개선 방안	담당	일정	개선자료 별첨
카울 스크린 변형	교체주기 정립, 보드 규격별로 핀치로라 다운 타임 조정	유00	6/02	ⓘ
친환경 제품 생산시 열판고착	수지 조건변경 TEST실시 (배합비,첨가제)	박00	6/05	ⓘ
카울 스크린 쏠림 현상	조립 표준화 준수, 조립전 상태 확인, 스크린 대각 측정 및 체크리스트 관리 기록	최00	5/30	ⓘ
카울 스크린 청소 미비	고착 발생시 즉시 청소 실시, 프레스 열판과 테고 합판 간격 조절 에어 분사 타임 시간 및 횟수 변경	김00	6/12	ⓘ
드롭바 헬트 교체 주기 미흡	헬트 마모 상태 확인후 바로 교체	유00	6/05	ⓘ
보드 밀림 현상	보드 인출시 핀치 로라 개선, 원재료 가구재, 함수율 관리	고00	6/02	ⓘ

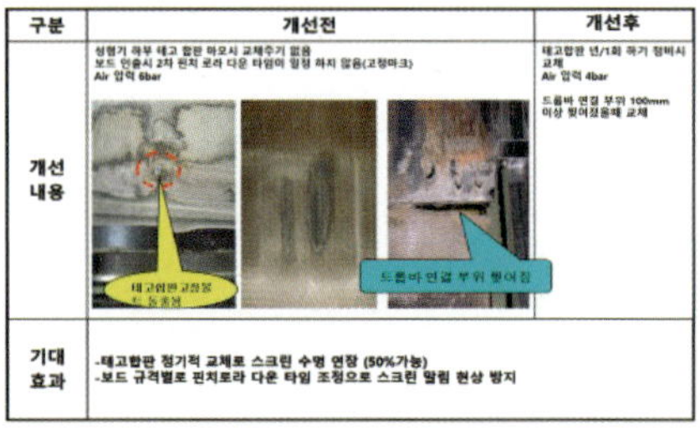

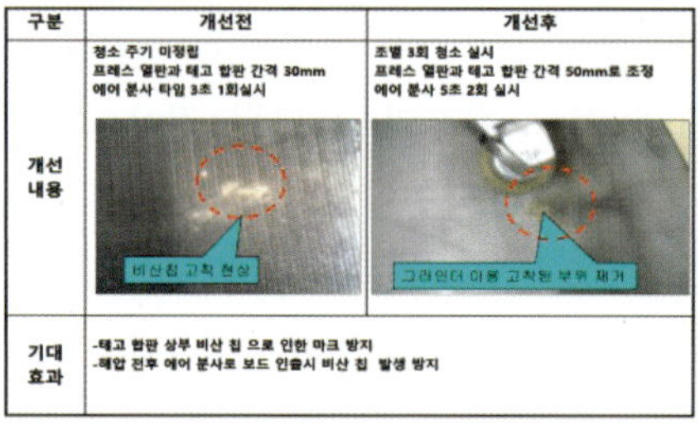

개선 작업 완료 후, 프레스 마크 불량 발생 여부를 주간 단위로 모니터링하였다. 개선 활동은 단계적으로 추진되었으며, 일부 항목에 대한 개선만으로도 빠르게 효과가 나타나 프레스 마크 불량 0.37%로, 설정된 불량 감소 목표를 무난하게 달성할 수 있었다.

▼ 그림 1.4.6 프레스 마크 불량 개선 효과 추이

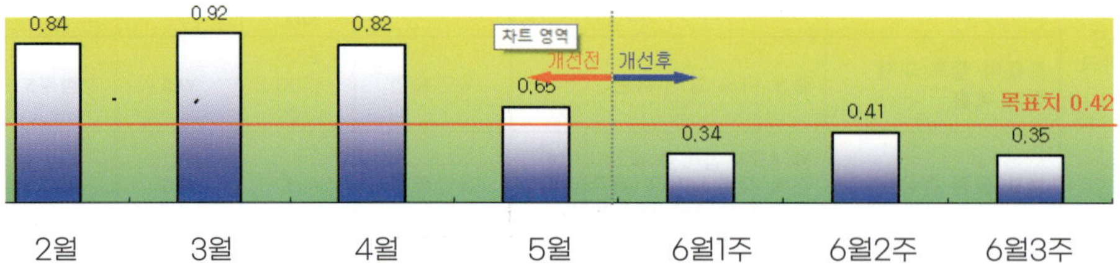

유지관리 및 마무리

개선 활동을 실시한 후, 프레스 마크 불량에 대한 개선 효과를 확인하였으며, 이에 따라 표준화 및 유지관리 활동을 전개하였다. 유지관리에는 필요에 따라 체크시트 양식을 활용하였다.

▼ 표 1.4.5 유지관리 및 체크시트

구분 / 관리항목	관리 기준		점검 주기	점검자	기록 양식	비고
	활 동 전	활 동 후				
스크린 변형	스크린변형에 대한 기준 미정립	테고합판 정기적 교체 스크린 찢어진 길이 100mm이상시 교체	년1회 수시	유00 고00		년 1회 하기 정비시 교체 한다
	핀치로라 압력 6bar	핀치 로라 압력 4bar	수시	김00 서00		핀치로라 Air 압력 4 bar 유지
스크린 쏠림 현상	쏠림에 대한 기준 미정립	스크린 대각 측정 체크 리스트 작성	조립시	최00	대각 측정 체크 리스트	대각 측정 체크리스트 관리
스크린 청소	청소주기 미정립	스크린 청소주기 정립	조별/3회	정00 김00 최00		
	에어 분사 타임 3초 1회 실시	에어 분사 타임 5초 2회 실시	수시	유00		정상 작동 여부 확인
드롭바 휄트 마모	휄트 교체주기 미흡	휄트 교체주기 정립	조별/1회	김00 박00 고00	휄트 교체 체크 리스트	월2회 정비/규격 교체시 전품 교체
보드 밀림 현상	핀치로라 조정 미흡 가구재 투입 비율이 일정 하지 않음	핀치로라 위치 변경 활잡목/가구재 투입관리 E2(2:1)20Hz,E1(2:1)10Hz E0(활잡목)20Hz	수시	김00		휠로더 투입 육안 확인

일자	mm(좌)	mm(우)	확인자	대각편차	재사용유무	비고
05월 27일	22663	22655	김00	8 mm	A 급	
05월 30일	22450	22440	김00	10 mm	B급	폐기처리함
06월 05일	22642	22650	최00	8 mm	A 급	
06월 09일	22532	22534	김00	2 mm	A급	측정방법 변경

조치요령 :두 대각길이의 길이 측정 후1~5mm 이하시
H 바 이용 조절 사용
편차 5mm 이상시 사용 불가

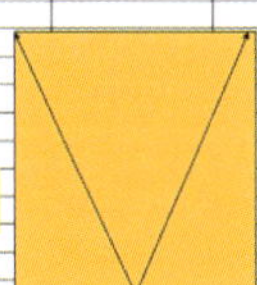

[카울 스크린 조립후 대각 측정 체크리스트]

일자	스크린 번호 1	2	3	4	5	확인자	비고
5월27일	○	○				김00	정비
5월29일			○			유00	스크린 교체
6월03일					○	유00	스크린 교체
6월06일				○		서00	스크린 교체
6월20일	○	○	○			김00	정비

[휄트 교체 체크리스트]

또한, 표준화 및 유지관리 방안은 제조 현장에서 실제로 해당 업무를 수행할 담당자의 의견을 반영하여 실효성 있게 수립하였다.

활동 종료 시점에서 개인별 소감 및 향후 계획에 대해 공유하는 시간을 가졌으며, 이를 통해 지난 3개월간의 품질 개선 활동을 자발적으로 되돌아보고 참여 의식을 고취시켰다.

LED점등 불량을 해결하라

과제명	LED점등 불량 개선
성과	LED점등 불량 32,700ppm → 2,123ppm
방법	상관/회귀분석, 상자그림, 브레인스토밍, 공정능력분석

LED점등 불량 개선 추진 배경

S사는 자동차 전조등과 함께 작동하는 LED 점등 불량 문제를 자체적으로 해결하고자 다양한 활동을 전개하였으나, 근본 원인 규명에 어려움을 겪으면서 문제 해결이 장기간 지연되었다.

특히, 이 LED 점등 불량은 특정 차종에서 평균 대비 5배 이상 높게 발생하고 있어, 해당 차종에 대한 신속한 원인 규명이 요구되는 상황이었다. 그러나 관련 팀에서는 LED 불량이 어떤 조건에서 발생하는지에 대한 명확한 원인을 규명하는 데 한계가 있었다.

기존의 개선활동에 대한 보완요소

시장에 발생한 LED 점등 불량은 양산 후 전수검사를 통과한 제품에서 나타났기 때문에, 사내에서는 가혹한 시험 조건을 통해 점등 불량의 재현 가능성을 집중적으로 평가하고 있었다.

그러나 다양한 추정 변수들을 조정하며 시험을 반복했음에도 불량 현상이 재현되지 않아, 명확한 대응 방향을 설정하는 데 어려움을 겪고 있는 상황이었다.

이에 따라 기존의 활동 방향을 보완하고자, 최종 검사 공정의 합격 여부 데이터를 재검토하고, 제품의 전류 특성 분석을 통해 성능 수준을 정량적으로 파악하는 방식으로 품질 문제의 본질을 분석하기로 하였다.

또한, 개선 활동의 방향성을 명확히 하기 위해 시장 불량이 거의 없는 모델과 불량이 집중된 모델 간의 비교 분석을 진행하였다.

이러한 분석을 위해 다음 두 가지 보완 접근을 적용하였다.

1) 정량적 품질 수준 파악

: 단순한 양/불 판단을 넘어서, LED 제품의 기능과 직결된 전류값을 측정함으로써 품질 수준을 보다 정량적으로 분석하였다.

2) 비교 분석 중심의 원인 추적
: 불량 발생 문제 차종과 그렇지 않은 차종 간의 품질 특성 차이를 비교 분석하여, 근본 원인의 단서를 규명하는 데 중점을 두었다.

LED제품의 품질 비교 평가를 통한 개선 영역 도출

LED 점등 불량에 대한 현 품질 현상을 확인하기 위해, 다음과 같은 중점 항목을 중심으로 비교 분석을 진행하기로 하였다.

1) 전류와 온도 간의 상관성 분석
: LED 작동 시 발생하는 온도가 전류 변화에 어떤 영향을 미치는지를 분석하여, 발열로 인한 성능 저하 가능성을 평가한다.

2) 문제 차종의 위치별 전류값 비교
: 특정 차종 내 LED 위치별 전류값의 차이를 비교함으로써, 조립 불균일성 또는 회로 편차에 의한 불량 가능성을 검토한다.

3) Best & Worst 차종 간 전류값 비교
: 불량률이 가장 낮은 차종과 가장 높은 차종의 전류값을 비교 분석하여, 차종 간 설계 또는 부품 차이에 따른 영향 요인을 규명한다.

▼ 그림 1.5.1 LED점등불량 품질 비교 평가

1) 전류, 온도간 상관 분석
① LED위치별 전류 및 온도 측정 데이터 수집

LED위치	1	2	3	...	15	16	17	18
전류	326	306	362	...	411	221	481	151
온도	63.7	71.4	78.3	...	100	63.8	106.9	49.6

② 전류와 온도간 상관분석

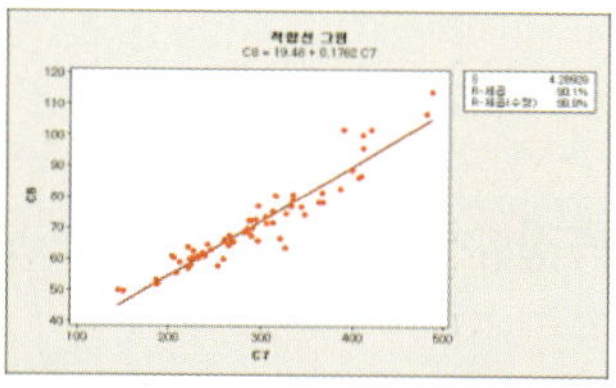

◀ 전류 vs 온도 산점도

- 상관분석결과 상관계수는 0.94로 강한상관을 보여주고 있다.
- LED점등불량은 회로 OPEN인 경우에 발생하기 때문에 온도를 상승시키는 요인에 집중할 필요가 있다.

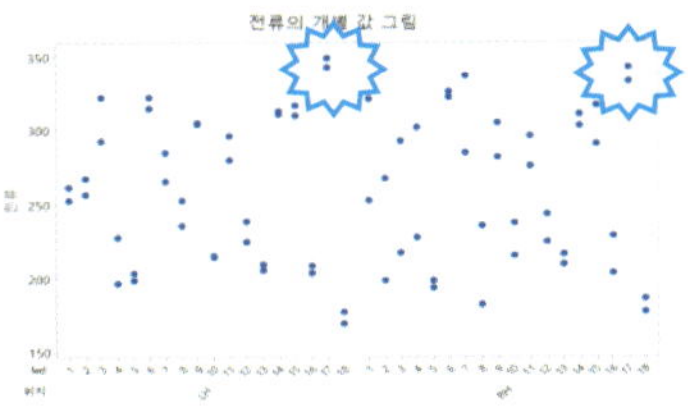

[위치별 전류 값]

◀ LED17번 지점의 전류가 상대적으로 높음

Worst차종의 전류가 높게 나타남 ▶

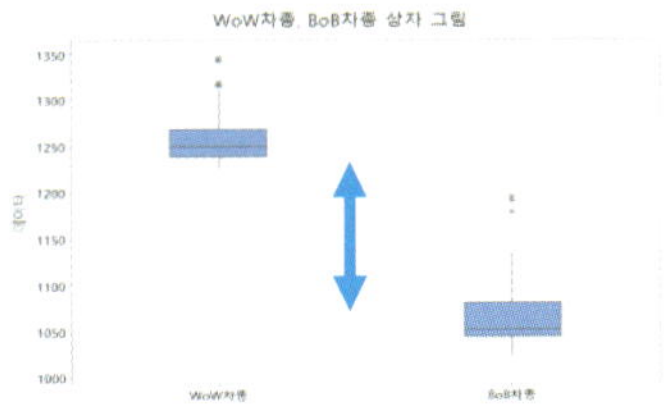

[차종간 전류 값]

분석의 효율성과 신속성을 높이기 위해, 별도의 새로운 데이터를 수집하기보다는 기존에 확보된 데이터를 기반으로 정리 및 분석을 수행하였으며, 품질 비교 분석을 통해, LED점등불량 발생에 대한 결론은 다음 세 가지로 정리할 수 있었다.

결론1) 문제 제품의 불량 발생 위치 집중

① 전체 LED 점등 불량의 90% 이상이 LED 17번 위치에서 발생하고 있다.

② 불량 발생 원인은 해당 위치에서의 솔더(Solder) 녹음에 따른 오픈(Open) 회로 현상으로 분석되었다.

③ 따라서 온도 상승과 전류 변화의 연관성이 주요 원인으로 추정되었다.

결론2) 온도와 전류 간 상관성 확인

① 온도 상승과 전류값 증가 간의 높은 상관성을 데이터 분석을 통해 확인하였다.

② 이에 따라, LED 17번 위치에서 전류를 상승시키는 구체적인 요인을 규명하는 것이 향후 개선의 핵심 과제로 도출됨.

결론3) 요인 검토 대상 영역

① LED 17번 위치의 전류 이상 유발 요인을 다음 4개 영역에서 체계적으로 검토할 필요가 있다.

② 요인 검토 영역

부품 : LED 자체 및 연결 부품의 사양과 품질

제조 : 솔더링 공정, 부품 실장 상태 및 열 영향

설계 : 전류 분배 회로 구조, 패턴 설계

환경 : 온도, 진동, 전원 품질 등 외부 요인

LED점등 불량에 영향을 주는 요인 정렬

문제 현상을 부품, 제조/조립, 설계, 환경의 네 가지 관점으로 구분하여 파라미터 다이어그램(Parameter Diagram)을 작성하고, 관련 변수를 체계적으로 정리함으로써 팀원들이 문제의 원인을 명확히 이해하고 공감대를 형성할 수 있도록 하였다.

▼ 그림 1.5.2 LED점등불량 파라미터 다이어그램

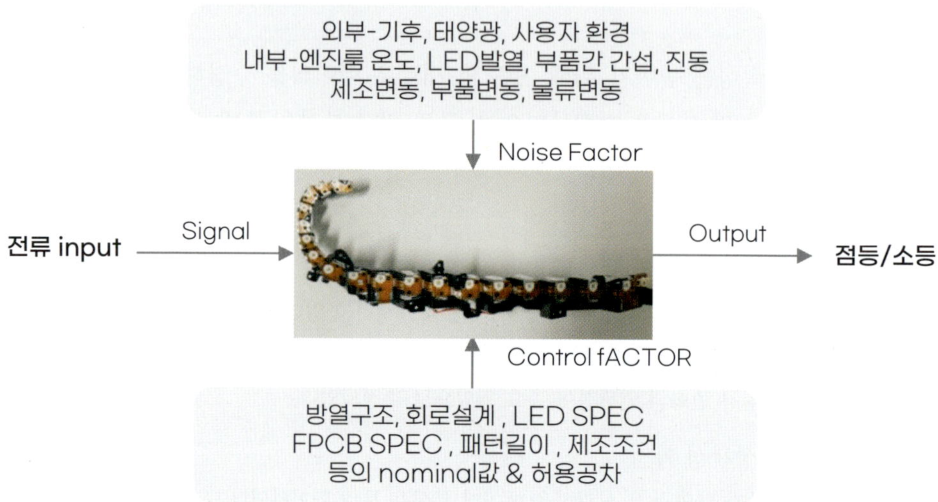

파라미터 다이어그램을 기반으로 LED 17번 위치에서의 온도 상승에 영향을 미치는 전류 관련 요인들을 도출하고, 이를 아래와 같이 정리하였다.

▼ 그림 1.5.3 브레인스토밍을 기준으로 요인 정렬

도출된 요인의 구조화 (tree구조)

LED 17번 위치에서 집중적으로 발생하는 점등 불량 현상과 관련하여, 온도 상승에 영향을 미치는 전류 요인을 파악하기 위해 파라미터 다이어그램을 기반으로 관련 요인을 도출하였다. 이후, 도출된 요인을 환경, 설계, 부품, 제조의 네 가지 관점으로 분류하고, 이를 중간 이벤트(Middle Event)와 기본 이벤트(Basic Event)로 체계적으로 정리하였다. 최종적으로 이러한 구조를 트리 형태로 시각화하고, 주요 요인 후보별로 가설을 설정한 뒤 각 가설에 대한 검증 방법을 정리하였다.

▼ 그림 1.5.4 LED점등불량에 영향을 주는 요인에 대한 tree구조

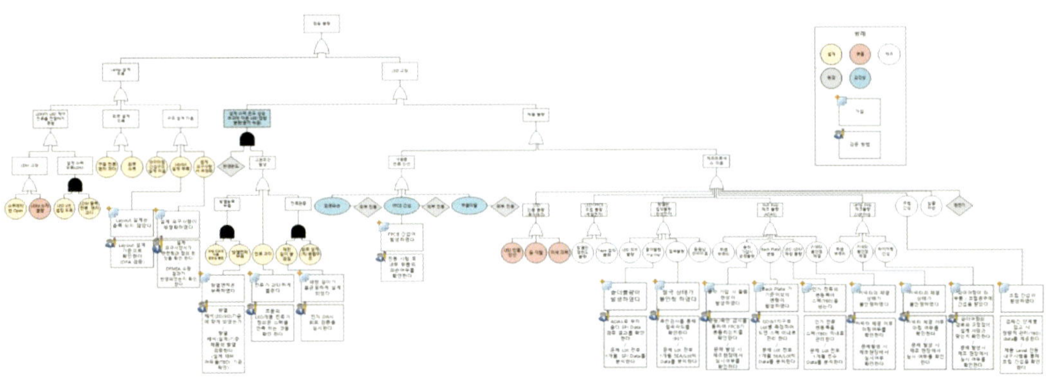

▼ 그림 1.5.5 tree구조 기준 가설 검증 방법

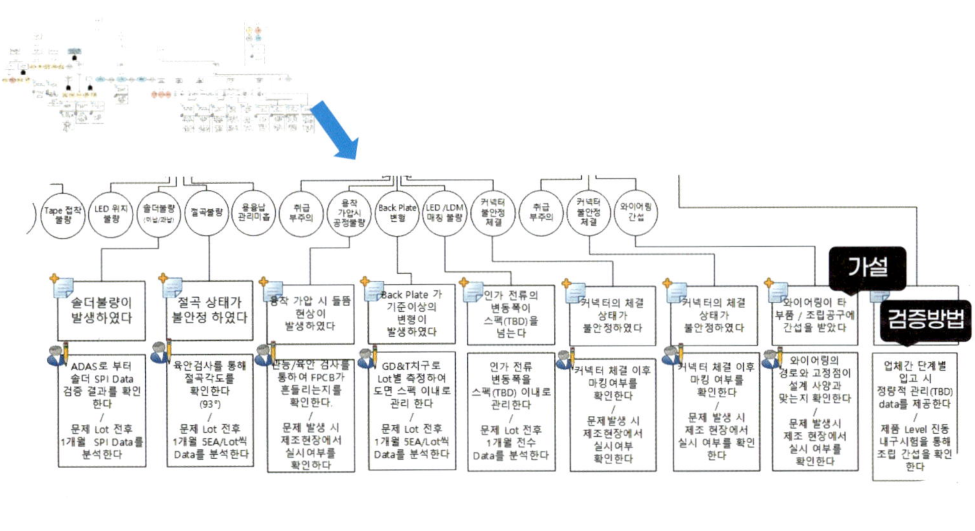

tree구조에 명시된 주요요인 후보별 검증 실시

tree 구조에 명시된 검증 방법을 기준으로 주요 요인 후보별 검증을 실시하였으며, 이를 통해 개선이 필요한 요소를 결정하였다. 검증은 가능한 한 정량적인 데이터에 기반하여 수행하였고, 필요 시 통계적 기법을 활용하여 신뢰성을 확보하였다.

▼ 그림 1.5.6 주요요인 후보에 대한 요인별 문제점 조사 예시

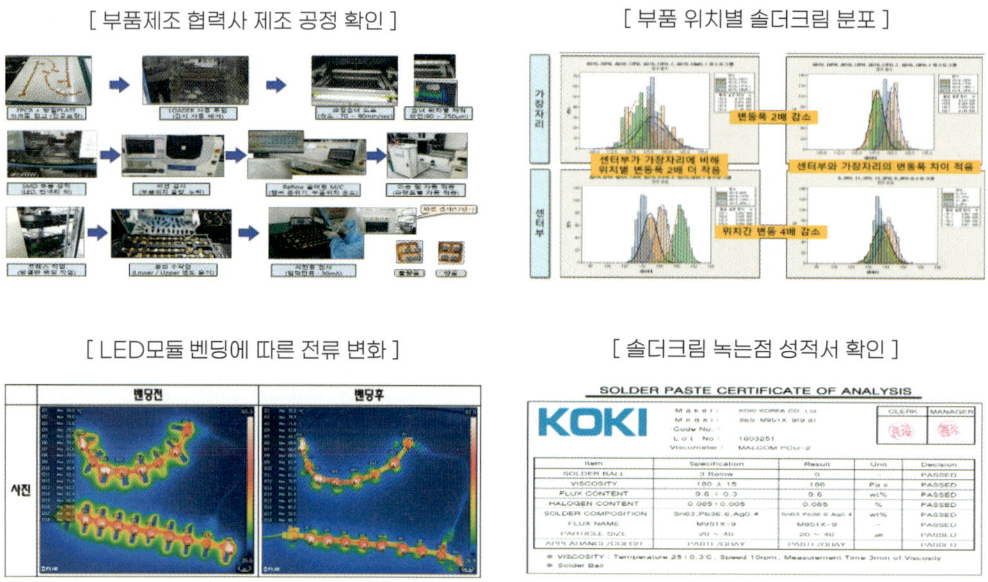

개선요인 결정 및 실행에 따른 효과

tree구조에 따라 설정한 검증 방법을 바탕으로 주요 요인 후보들을 분석한 결과, 유의미한 요인과 그렇지 않은 요인을 구분할 수 있었고, 이를 통해 개선이 필요한 요인의 일부는 바로 개선을 실행하였다.

1) LED 점등 불량을 해결하기 위한 핵심 변수는 설계 관점의 패턴 길이와 입력 전류로 확인되었다.

2) 두 핵심 변수를 개선한 결과, LED 제품의 전류가 약 25% 감소하였고, 제품의 안정성은 2.8배 향상되어, 불량률이 약 2배 개선될 것으로 추정되었다.

3) 전류 및 온도 영향 변수에 대한 개선 효과는 다음과 같다.
① 솔더 크림 변경 효과는 크지만, 고객의 승인이 필요한 요소이며, 원가 상승요인으로 바로 적용 할 수 없으며, 단지 기술적인 검토 사항으로 정리하였다. (유연(183℃) 대비 무연(217℃))
② 패턴 길이 수정 효과는 현실적으로 적용할 수 있는 부분으로 바로 회로 변경 진행하여, 개선 전에 주변보다 35.6℃ 높았던 온도를 개선 후 4.4℃ 까지 낮추어 솔더가 흘러내려 발생하는 LED점등불량 문제를 바로 해결할 수 있었다. 이는 LED점등불량 발생의 근본원인으로 확인되었다.
③ 전류 조정 효과는 적용하지 않고 단지 기술력으로만 정립하기로 하였다. (전류 310mA → 260mA 조정 시 온도 74.9℃ → 65.6℃로 9.4℃ 감소 가능)
④ FPCB 밴딩 전후 온도 변화는 미미하다. (0℃ → 0.4℃)
⑤ 완제품의 품질 변동은 점진적으로 개선을 진행하기로 하였다.

4) tree 기준 개선효과 산출
시장 불량률 : 32,700ppm(발생) → 2,123ppm(추정)

개선활동에서 얻은 학습 요소

본 사례에서는 품질 문제의 현상을 정확히 파악한 순간, 즉시 개선 방향을 도출할 수 있었다. 이는 기존의 품질 평가 관점을 전환한 결과로 가능했던 것이다. 활동 과정에서 얻은 주요 학습 요소는 다음 두 가지로 정리할 수 있었다.

1. 품질 평가 방법의 중요성 인식
① 기존 접근 방식: "어떠한 조건에서 LED 점등 불량이 발생하는가?"에 초점을 맞춘 단편적 접근
② 변경된 접근 방식: 'Best 모델과 Worst모델 간의 성능 비교를 통해 문제 해결의 실마리를 찾아라"는 비교 기반의 분석 관점으로 전환

2. 품질문제와 요인의 Tree 구조화 의미
① 기존 방식: 단순히 경험에 기반하여 즉개선을 실행하고, 그 결과를 통해 문제 해결 여부를 판단
② 변경된 방식: 문제 현상과 원인을 구분하여 인과관계를 고려하며 원인을 구조적으로 정리하고 순차적으로 검증하는 접근 방식

Tip

상자그림 개념

상자그림(Box Plot)은 데이터의 분포를 간결하게 시각화하는 도구로, 결과계 품질 특성의 분포를 파악하는 데 매우 유용하게 활용된다.

특히 제품 간 또는 공정 간의 비교 데이터를 활용하면, 상자그림을 통해 각 집단의 분포 특성 차이를 직관적으로 비교하고, 그 차이점을 효과적으로 정리할 수 있다.

또한, 상자그림은 중앙값, 사분위수, 전체 범위, 이상치 등을 한눈에 확인할 수 있어, 데이터의 산포 정도와 중심 경향을 효율적으로 시각적으로 표현하고 분석하는 데 강점을 가진다.

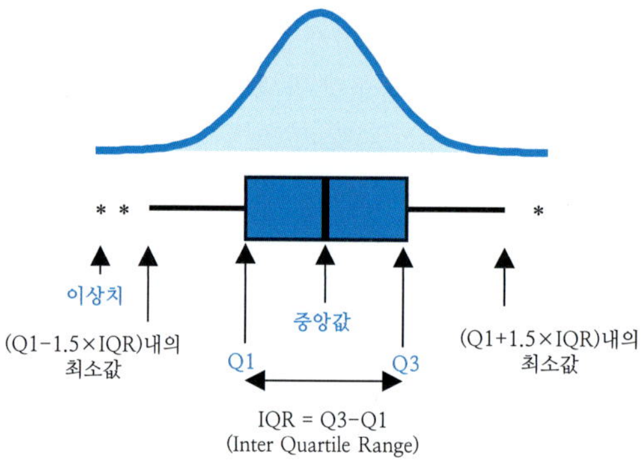

상자그림을 통하여 확인이 가능한 부분

- 분포의 대칭성
- 자료의 중심위치
- 산포의 정도
- 분포의 꼬리
- 이상관측점

〈 상자그림 작성 예시 〉

두 개의 모델을 기준으로 각 3개의 로트별로 데이터를 조사하여 상자그림을 작성하여 모델간 또는 로트간 분포를 확인하여 차이점을 발견하였다.

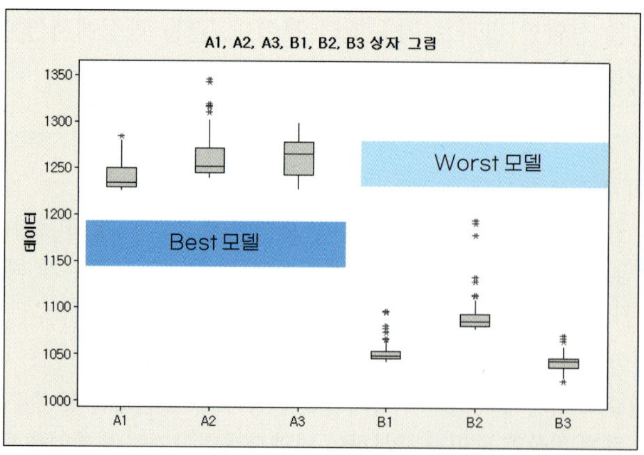

변색/변형 불량을 해결하라

과제명	변색/변형 불량 대응 설계 기준 설정
성과	변색/변형 불량 발생 75모델/년 → 30모델/년
방법	0-1산점도, 상관/회귀분석, BoB vs WoW 비교, 브레인스토밍, FTA

변색/변형 불량 개선 추진 배경

T사는 자동차 전조등 신제품을 개발하면서, 신뢰성 시험 중 하나인 내열성 평가에서 불합격 판정을 받을 경우 설계 구조를 전면 수정해야 하고, 필요에 따라 부품 구성도 조정해야 하는 상황이 발생하였다.

이러한 경우 개발 납기 지연, 인력투입 및 원가 상승 등의 문제가 돌발적으로 발생하여, 개발 단계에서 지속적인 불안 요인이 되어왔다.

이에 따라 연구소에서는 사출물의 변색 및 변형에 영향을 미치는 근본적인 요소를 규명하고, 이를 바탕으로 설계 기준을 수립함으로써, 신제품 개발 초기 단계에서 품질 문제를 사전에 예방하고, 개발 일정과 원가 측면에서 여유를 확보할 수 있는 기반을 마련하고자 하였다.

전조등에서 변색/변형이 발생하는 이유

야간 주행 시 전조등을 지속적으로 점등할 경우, 전조등 내부 및 주변 온도는 최대 약 180~200℃까지 상승할 수 있다. 이로 인해 인접한 사출물에 변색이나 변형이 발생할 수 있으며, 이를 방지하기 위해서는 사출물이 충분한 내열성을 확보할 수 있도록 전조등 내부 구조를 정밀하게 설계해야 한다.

이러한 내열 성능은 신제품 개발 시 신뢰성 시험을 통해 최종적으로 평가된다.

활동 방향

전조등 신뢰성 시험 과정에서 내열 문제로 인해 주변 부품의 사출물에서 변색 및 변형 현상이 발생하고 있다. 이에 따라 이러한 현상을 전조등 내부의 영역별로 분류하여, 각 영역에서 영향을 미치는 설계 변수를 모델별로 구분 및 주요 설계 변수를 규명하고, 도출된 주요 변수에 대해 설계 표준을 수립함으로써 변색/변형 품질 문제를 사전에 예방하고자 한다.

이를 위해 과거의 여러 모델 기준으로 신뢰성 시험에서 문제가 발생한 Worst모델과 문제가 발생하지 않은 Best 모델에 대한 설계변수를 비교 분석하여 문제 원인을 명확히 도출하는 방식으로 접근하기로 하였다.

설계변수 나열

전조등 부품 모듈별 변색/변형 불량 발생 건수를 구분하여 현상을 확인하고 설계 담당자들과 함께 브레인스토밍을 통하여 변색/변형에 영향을 미치는 설계 변수를 나열하였다.

▼ 그림 1.6.1 변형/변색 부적합 및 관련변수 자료 수집 예시

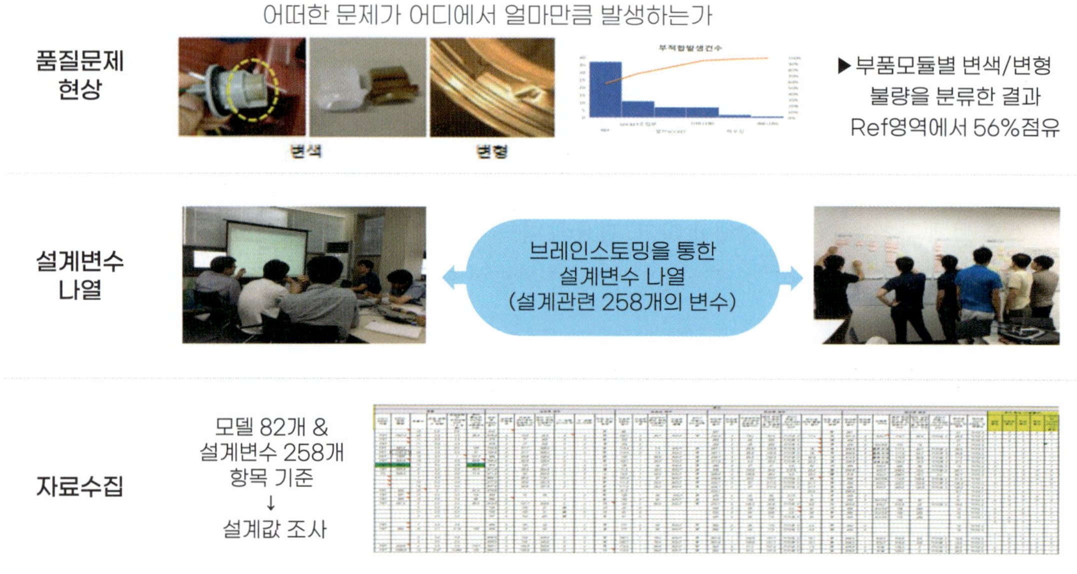

인과관계 분석을 통한 설계 개선요소 발견

도출된 설계 변수들에 대해 사전에 중요도를 판단하여 선별적으로 접근하기보다는, 가능한 모든 변수에 대한 모델별 설계값을 광범위하게 수집하였다.

이렇게 확보된 데이터를 기반으로, 신뢰성 시험 결과를 바탕으로 한 OK(Best) 모델과 NG(Worst) 모델 간의 차이를 비교하고, 각 설계 변수와 신뢰성 문제 간의 인과관계를 정량적으로 분석하였다.

인과관계 분석을 수행하는 데 있어, 변수의 특성과 상황에 따라 다양한 분석 기법을 적용하면서, 기본적으로는 설계 변수 간의 상관관계를 파악하기 위해 상관분석을 활용하였으며, 보다 정밀한 영향력 평가를 위해 회귀분석을 병행하였다.

또한, 범주형 데이터와 수치형 데이터를 함께 고려한 0-1 산점도를 사용하여 설계 변수의 영향 경향을 시각화하였다. 아울러, 복수의 설계 변수를 동시에 고려하는 경우에는 섀이닌 기법 중 하나인 짝비교 방법을 적용하여 변수 간 상대적 영향도를 평가하였다.

▼ 그림 1.6.2 인과관계 분석 및 설계 개선 및 표준화 요소 예시

Ref

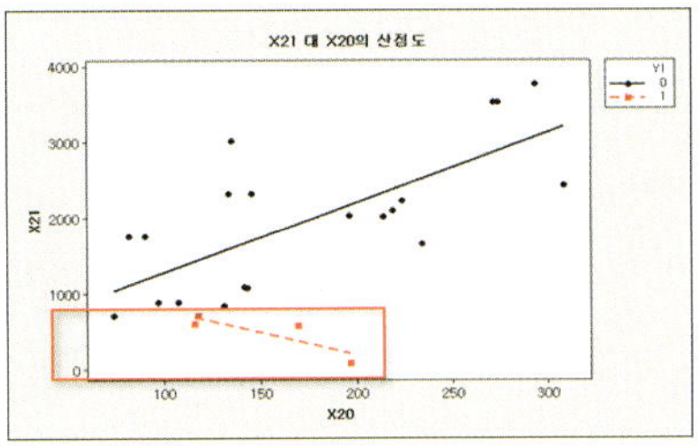

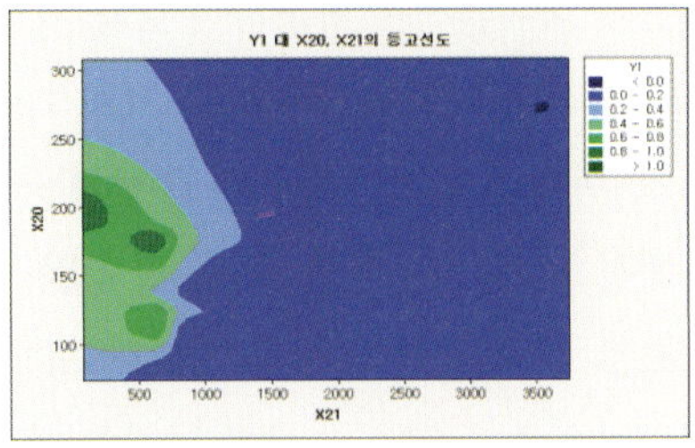

[체적 및 방열홀에 따른 세부 분석]

SOCKET 조립부

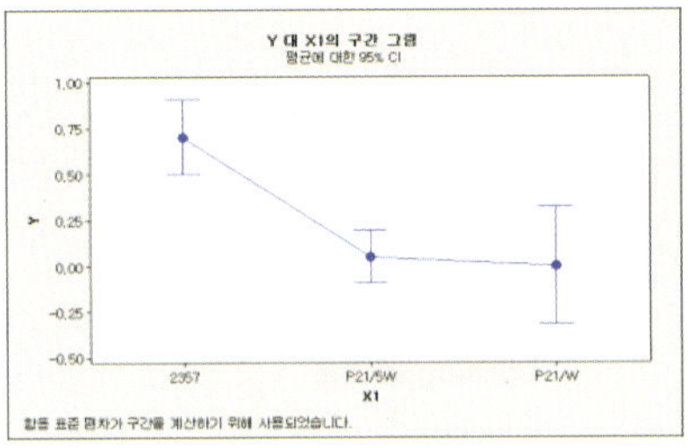

[Bulb사양 비교]

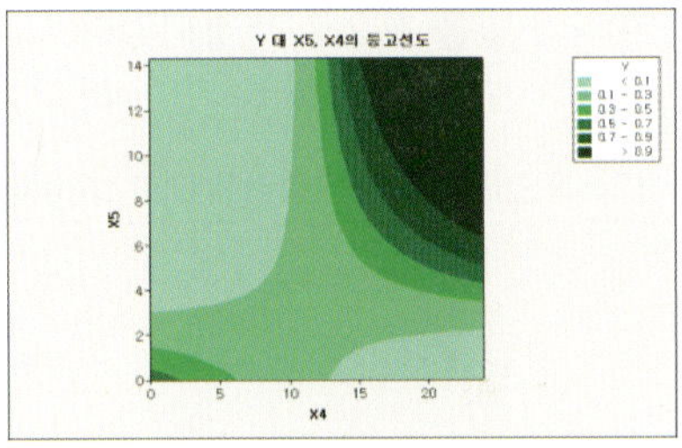

[방열구조 조합에 따른 성능]

OTR LENS

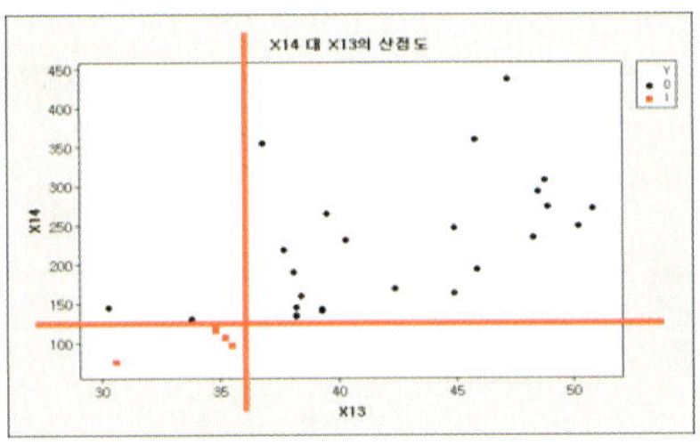

[체적에 따른 B/CTR의 최단거리]

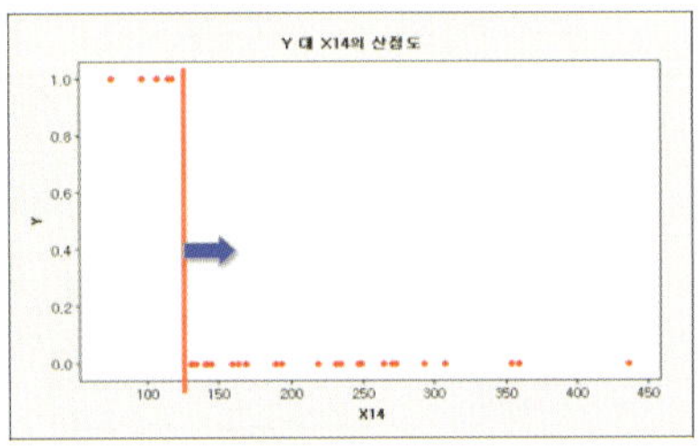

[체적설계의 최소기준]

인과관계 분석 결과

전조등 영역	설계 개선 및 표준화 요소 예시
Ref	- 방열홀 710㎜ 만족을 위한 체적 기준 - B/CTR의 측변상단거리와 상단반사면의 끝단 각도 기준
SOCKET조립부	- 오일링유 종류에 따른 피해야 할 COLOR 기준 - 방열 구조A, B의 조합 조건
OTR LENS	- R/FOG의 체적 및 B/CTR와의 최단거리 기준 - T/STOP체적 및 B/CTR와의 최단거리 기준

경우에 따라, 결과 변수로 OK/NG와 같은 이진 구분을 기준으로 분석할 필요가 있을 때는 이항 로지스틱 회귀분석을 병행하여 보다 체계적인 해석을 시도하였다.

해당 분석의 대표적인 사례는 그림 1.6.2에 제시되어 있으며, 이와 같은 통계적 접근을 통해 사출물의 변색 및 변형과 밀접하게 연관된 설계상의 개선 요소를 도출할 수 있었다.

최종적으로는, 분석을 통해 규명된 주요 설계 변수들 가운데 실제 설계에 반영 가능한 항목을 중심으로 설계 담당 부서와 긴밀한 협의를 거쳤으며, 그 결과 도출된 항목들에 대해서는 설계 기준을 재정립함으로써, 향후 유사한 문제가 재발하지 않도록 예방적 품질 확보를 위한 기반을 마련하였다.

전조등 부품 모듈별로 주요 설계변수를 도출하고, 변색 및 변형이 발생하지 않도록 설계 기준을 수립하여, 이를 기존 설계에 반영할 경우, 부적합 발생 건수는 75건에서 30건으로 감소하여 60%의 개선 효과가 있을 것으로 추정되었다.

▼ 그림 1.6.3 인과관계 분석 결과에 대한 tree작성 및 개선효과

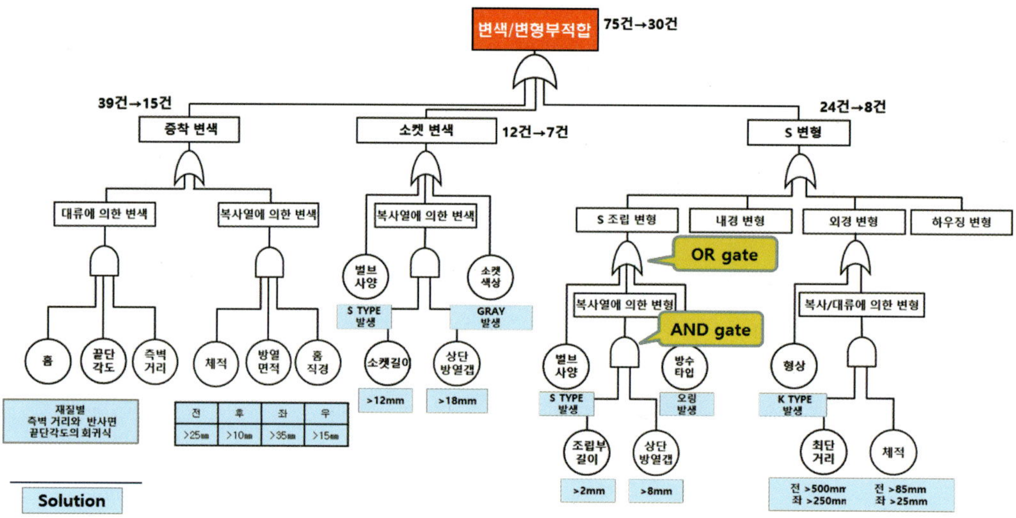

개선효과 (추정)

구분		설계변준건수		분석	부적합 발생건수	
		반영건수	표준건수	시료수	기존 발생건수	설계반영후
Ref	증착변색	12	7	162	39	15
벌브SOCKET	변색	3	1	91	12	7
SOCKET조립부	변형	4	2	102	11	5
INR LENS	변형	-	-	71	1	1
OTR LENS	변형	4	2	98	8	0
HS'G	변형	-	-	98	4	2
합계		23	12	622	75	30

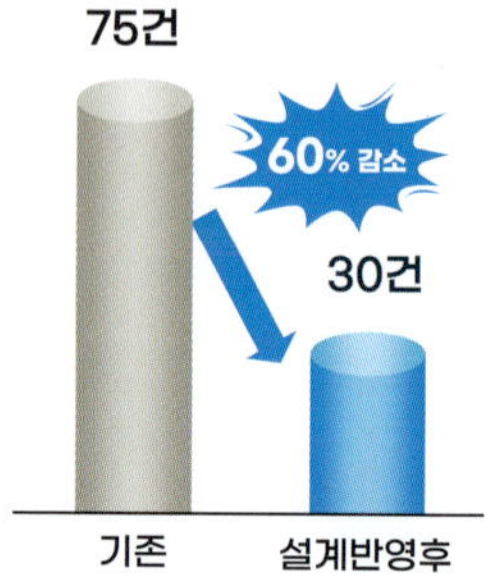

발열 불량을 해결하라

과제명	발열 불량 개선
성과	신제품 발열 불량 발생 → 해결
방법	직교배열실험, 회귀분석

발열 불량해결 추진 배경

A사는 설계 단계에서 특정 모델에 대한 신뢰성 시험을 진행하던 중, 회로부의 발열로 인해 사출물이 녹아 내리는 현상을 발견하였다. 이에 따라 설계 담당자는 회로를 변경하여 문제를 일시적으로 해결하고 연구소장에게 보고하였다.

그러나 연구소장은 해당 발열 문제의 근본 원인 규명이 이루어지지 않았음을 지적하며, "현재의 조치는 일시적인 효과에 불과할 수 있으며, '근본 원인을 파악하지 않으면 유사 문제가 향후 신제품에서도 재발할 가능성이 있다"고 강조하였다.

이에 특별 업무 지시를 통해 근본 원인을 철저히 규명하고, 그 결과를 바탕으로 필요시 설계 표준에 반영할 것을 지시하였다.

이는 개발단계에서의 신뢰성 문제는 설계 구조 조정, 개발 일정 지연 등으로 이어지는 실패 비용 증가로 직결되므로, 재발 방지를 위한 근본 조치가 필수적이라는 인식에 기반한 것이다.

기존의 접근내용 및 활동 목표

개발 담당자는 회로에 전류가 흐르면서 발생하는 저항으로 인해 발열 문제가 생긴다는 점에 착안하여, 회로의 선폭을 넓혀 발열 문제를 해결하였다. 그러나 이 과정에서 전체 회로를 재조정해야 하는 또 다른 손실 문제가 발생하였다. 또한, 특정 모델에서만 발열 문제가 발생하고 다른 모델에서는 문제가 되지 않는 점을 고려하여, 연구소장이 지적한 이 현상의 근본 원인을 규명하고 이를 설계 표준으로 재정립하는 기회로 삼기로 하였다.

● 목표: 과전류 통전 시 회로부의 온도 상승을 효과적으로 억제할 수 있는 PCB 방열 설계 가이드를 제시하는 것

TFT구성

개발 담당자는 문제 해결의 책임을 지고 관련 부서의 지원을 받아 TFT 활동을 전개하기로 하였다. 이를 위해, 현재의 발열 문제에 대해 관련 부서와 공감대를 형성하고, 공동으로 발열에 영향을 미치는 요인들을 정리하였다.

이후, 도출된 요인들을 기준으로 실험을 수행하여 주요 요인들을 규명하고, 이를 바탕으로 설계 표준을 재정립하기로 하였다.

발열 현상에 따른 요인 분류

TFT 구성원들은 신뢰성 시험 중 발생한 발열 현상과 이로 인한 설계 실패 비용의 규모를 공유하고, 단계별 활동 일정을 수립하였다. 아울러, 발열에 영향을 미치는 검토 요인들을 분류하여 체계적인 방식으로 개선 활동을 전개하기로 하였다.

▼ 그림 1.7.1 발열 현상에 따른 일정 계획 및 요인정리

내부 신뢰성 시험 기준에서 발생하는 회로부 과전류 통전시 관련 단자에서의
발열 크기 및 만족도 확인 (다른 모델에서는 모두 만족)

발열문제 현상

FUSE 용량	4LAYER		2LAYER	
	패턴폭 기준	과전류 통전시험	패턴폭 기준	과전류 통전시험
10A	만족	만족	만족	만족
15A	만족	만족	만족	만족
20A	만족	만족	만족	만족
25A	만족	만족	만족	만족
30A	만족	만족	만족	불만족

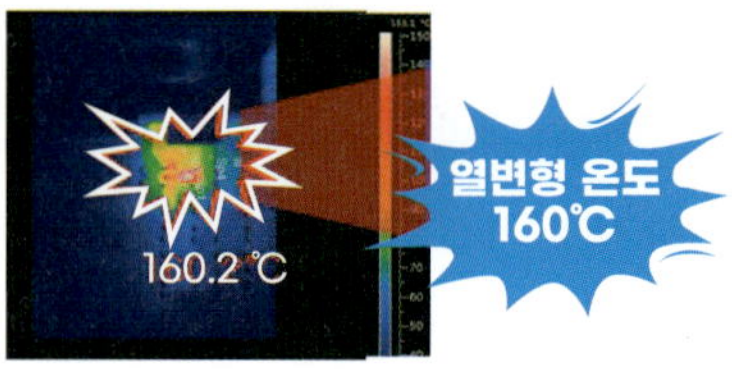

일정계획

- 5/01 Kick-Off
- 5/25 불량원인 규명
- 6/10 해결방안 도출
- 7/10 개선설계 및 평가
- 7/15 PCB설계 가이드 개정
- 7/31 완료보고

검토요인 분류

발열 영향 요인 분류

- PCB원판
  - 제조사별 품질수준
  - 물성치
  - 전기적특성
- 제조공정
  - 도금 및 표면처리
  - 열가공 처리
  - 솔더링
- 시험환경
  - 열발생량
  - 전류량
  - 와이어 종류/선경
- PCB설계
  - 패턴면적
  - 와이어 두께
  - PCB사양

발열 대응을 위한 사내 전문가 참여

TFT는 '숲을 보고 나무를 본다'는 관점에서, 발열 문제에 영향을 미칠 수 있는 전체 검토 요인을 먼저 공유한 후, 근본 원인 규명에 집중하기로 했다. 이를 위해 사내 전문가 집단의 자문을 받았으며, 이들은 PCB 회로 설계 경험자, 신뢰성 담당자, 생산 분야의 숙련 인력 등으로 구성되었다.

전문가들은 이론적 분석과 현장 경험을 바탕으로 발열 문제를 다각도로 검토하였고, 그 결과 VIA HOLE을 중심으로 대응 방향을 설정하여 활동하기로 하였다.

실험실시 및 데이터 분석에 따른 결론

검토가 필요한 요인을 기준으로 직교배열실험을 수행하여, 해당 조건에서의 발열 온도를 측정하였다.

측정된 데이터로 요인별 중요도를 분석하여 발열에 영향을 주는 주요 요인을 규명하고, 발열 온도를 최소화할 수 있는 최적 조건을 도출하였다.

▼ 그림 1.7.2 직교배열실험 실시 및 분석 결과

1) 직교배열표 및 실험데이터 (실험데이터 온도는 모두 000으로 표기)

NO	VIA면적	VIA사이즈	VIA1 간격	위치	각도	회로면적대비 CU표면적	온도
1	1	1	1	1	1	00	000
2	1	2	2	1	2	00	000
3	1	3	3	2	2	00	000
4	2	1	2	2	2	00	000
5	2	2	3	1	1	00	000
6	2	3	1	1	2	00	000
7	3	1	3	1	2	00	000
8	3	2	1	2	2	00	000
9	3	3	2	1	1	00	000

2) 실험데이터 분석

수준	VIA면적	VIA사이즈	VIA 간격	위치1	각도1
1	173.4	172.4	175.3	176	173.7
2	172.6	178.9	169.5	171.5	176.1
3	177.5	172.2	178.7	-	-
차이	4.9	6.7	9.2	4.5	2.4
차이 기여율	17.7%	24.2%	33.2%	16.2%	8.7%

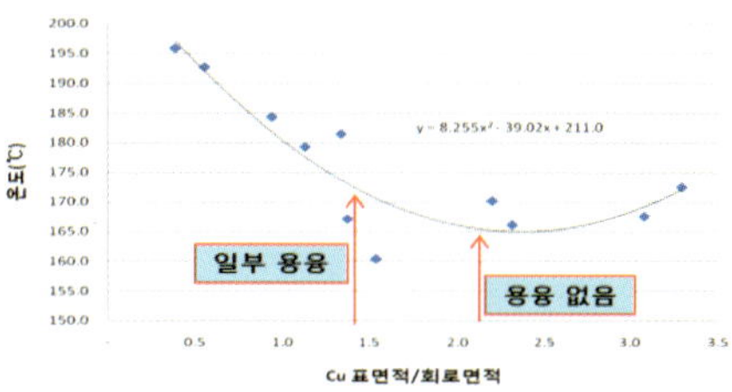

3) 결론

① 주요요인- VIA간격과 VIA사이즈 (VIA면적과 위치의 영향은 작게 영향 주고 있음)

② VIA간격은 2수준에서, VIA사이즈는 1수준 또는 3수준에서 온도의 상승이 작게 나타난다.

③ 회로면적대비 CU표면적은 1.5이상에서 발열 문제가 발생하지 않는다.

발열 문제 해결 확인

실험에서 도출된 결론을 바탕으로 시편을 제작하고, 발열 문제가 재현되는지를 확인하기 위해 과전류 통전 시험을 실시하였다. 그 결과, 개선된 설계 조건이 실제로 발열 문제를 해결함을 확인하였으며, 이를 설계 기준으로 반영하기로 결정하였다. (※ 기존 발열 온도: 162℃ → 개선 후 발열 온도: 153℃)

▼ 그림 1.7.3 신뢰성 시험 평가 시편

PCB방열 설계 가이드 기준 설정

발열 문제의 주요 요인과 그 해결 방향이 도출됨에 따라, 이를 기반으로 설계 가이드 기준을 수립하고, 해당 기준에 필요한 기술적 요소를 체계적으로 정립하였다.

▼ 그림 1.7.4 방열 설계 가이드 기준 설정

1) 실험데이터 분석결과를 기준으로 CU단면적에 따른 발열 온도 그래프

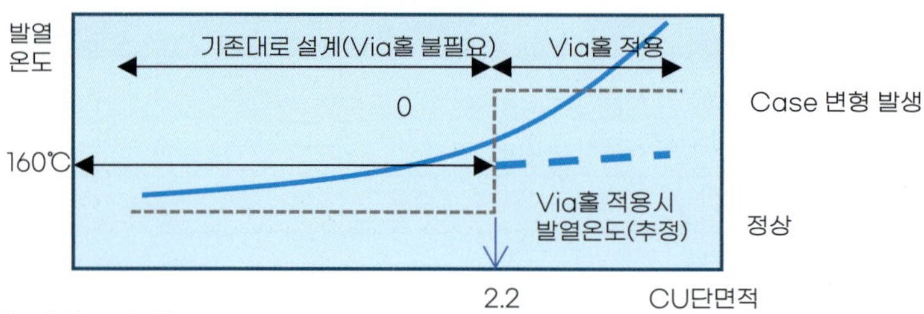

2) 해당 모델에 대한 설계 가이드 설정

설계변수	설계기준
VIA HOLE 사이즈	0.4Φ
VIA HOLE 개수	54ea
VIA HOLE 도금단면적	2.48mm2

활동 마무리

문제 발생 시 단순한 해결책보다는 근본 원인 규명의 중요성에 대한 인식이 연구원들 사이에 자리잡게 되었고, 이 과정을 통해 기술적 요소들을 체계적으로 정립함으로써 신제품 개발 관점에서 Q(품질), C(비용), D(납기) 확보의 기반을 마련할 수 있었다.

또한, 신제품 개발 과정에서 발생하는 문제를 단순한 장애물이 아닌 발전의 기회로 인식하는 긍정적인 조직 문화를 조성하는 계기가 되었다.

1.8

고강도용 주물 수지를 개발하라

과제명	고강도용 주물 수지 개발
성과	수지 강도 목표 달성
방법	QFD, 직교배열실험, 반응표면분석, 몬테카를로 시뮬레이션

개발 추진 배경

K사는 고객이 요구하는 품질 수준에 대응하기 위해 신규 수지를 개발하기로 하였다. 이번 개발은 경쟁사 제품 대비 강도가 10% 낮은 점을 보완하고, 가격 경쟁력과 시장 요구에 부합함으로써 기존 시장을 확대하기 위한 전략의 일환이다. 이에 따라 수지의 강도를 10% 이상 향상시키는 것을 목표로 설정하였다.

▼ 그림 1.8.1 제품 개발 배경 및 목표

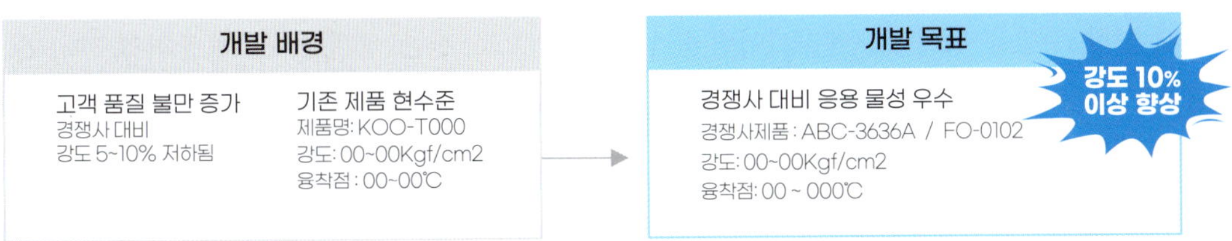

VOC vs EC(Engineering Characteristics)

고객의 요구사항(VOC)은 기존에 연구원들이 고객과의 다양한 접점에서 수집한 자료들을 체계적으로 정리·분석하여 도출되었으며, 이를 기반으로 고객 요구에 효과적으로 대응하기 위한 주요 엔지니어링 특성(EC: Engineering Characteristics)을 설정하였다.

각 VOC 항목의 중요도는 AHP(Analytic Hierarchy Process, 계층분석기법)를 활용하여 정량적으로 평가하였고, VOC와 EC 간의 연관성은 상호 간 영향도에 따라 점수화하였다. 연관성이 높은 항목에는 5점을, 상대적으로 낮은 항목에는 1점을 부여함으로써 VOC와 EC 간의 매트릭스를 수치화하고, 이를 통해 각 EC의 상대적 중요도를 도출하였다. 최종적으로 중요도가 높은 EC를 우선순위에 따라 비교·분석한 결과, 고객 요구에 가장 중점적으로 대응해야 할 항목으로 '강도'와 '융착점'이 선정되었으며, 이는 이후의 설계 개선 및 품질 확보 활동의 핵심 과제로 설정되었다.

▼ 표 1.8.1 VOC를 기준으로 EC점수 중요도 산출

	AHP방법 이용		Engineering Characteristics					
	VOC	중요도	연화점	Flow	경화 시간	Free Phenol 함량	융착점	강도
고객 Needs	주형 강도 양호	6.57	5	3	3	5	5	5
	경화속도 양호	0.20	3	3	5	5	3	5
	레진 Blocking 없음	2.19	5	1	1	3	5	5
	RCS Blocking 없음	2.19	5	1	1	3	5	5
	가스 발생 적음	0.62	1	1	3	5	3	3
	Crack 없음	0.62	1	1	3	1	1	3
	필백성 양호	0.62	1	3	5	3	3	5
	무거리 발생 적음	0.62	3	1	3	3	1	3
	EC점수 합계		59.07	28.41	33.77	54.43	60.31	64.43

주) EC점수 산출 방법은 VOC중요도 점수를 이용하여 계산한다. 연화점의 경우를 예를 들면

$(6.57\times5)+(0.20\times3)+(2.19\times5)+(2.19\times5)+(0.62\times1)+\ )+(0.62\times1)+\ )+(0.62\times1)+\ )+(0.62\times3) = 59.07$

EC 및 설계변수

설계 방향 수립을 위해 EC(엔지니어링 특성)를 기준으로 관련 설계변수를 도출하였으며, EC와 설계변수 간의 연관성은 높은 경우 5점, 낮은 경우 1점을 부여하여 정량화 하였다.

▼ 표 1.8.2 설계변수별 설계방향 설정

	EC점수 합계 반영		설계 변수									
	구분	가중치	몰비	촉매비	중화제 종류	중화도	주반응 RI	상압 탈수 시간	진공 탈수 시간	중간체 연화점	SBA 함량	S-330 함량
EC	연화점	59.07	5	3	3	3	5	3	5	5	5	5
	Flow	28.41	5	3	3	3	3	3	3	5	5	3
	경화시간	33.77	5	5	5	5	3	3	3	5	5	3
	Free Phenol 함량	54.43	5	3	3	3	5	5	5	5	5	3
	융착점	60.31	5	3	3	3	3	3	3	5	3	3
	강도	64.43	0	0	0	0	0	0	0	0	5	5
	합계		1180.0	775.5	775.5	775.5	935.0	816.8	935.0	1180.0	1381.5	1148.3
	설계방향	Optimization	O							O	O	O
		Keeping (No Change)		O		O	O	O	O			
		idea			O							

이를 통해 각 설계변수의 상대적 중요도를 산출하고, 그 결과를 바탕으로 설계 방향을 설정하였다.

즉, 상대적으로 중요도가 높은 설계변수는 새로운 아이디어 전개 또는 최적화 대상으로 선정하였으며, 중요도가 낮은 변수는 기존 조건을 유지하기로 결정하였다.

최종적으로 최적화 대상으로 선정된 설계변수는 몰비, 중간체 연화점, SBA 함량, S-330 함량이다.

최적화 실험계획 및 실험데이터

4개의 설계변수 각각에 대해 3수준으로 실험을 진행하기로 하였으며, 실험 조합은 직교배열표 L9를 활용하여 설계하였다.

▼ 표 1.8.3 실험변수에 대한 수준 범위 결정

Factor / 수준	몰비	SBA함량 (%)	S-330함량 (%)	중간체 연화점 (℃)
수준1	0.62	1	0	00
수준2	0.68	2	1	00
수준3	0.74	3	2	00

직교배열표에 따라 총 9회의 실험을 수행하였으며, 각 실험 조건에서 '강도'와 '융화점'에 대한 데이터를 각각 1개씩 수집하였다. 일반적으로 실험 조합별로 3~5개의 데이터를 확보하는 것이 데이터의 신뢰성 확보에 유리하나, 실험 여건상 데이터 추가 확보 및 반복 실험에 제약이 있어 각 조건당 1개의 데이터만 수집하는 것으로 하였다.

▼ 표 1.8.4 실험조합 및 데이터

직교배열 실험조합	설계 변수별 조건				실험 결과	
	몰비	SBA 함량 (%)	S-330 함량 (%)	중간체 연화점 (℃)	강도 (Kgf/cm2)	융착점 (℃)
$A_1 B_1 C_1 D_1$	0.62	1	0	00	60	96
$A_1 B_2 C_2 D_2$	0.62	2	1	00	62	96
$A_1 B_3 C_3 D_3$	0.62	3	2	00		
$A_2 B_1 C_2 D_3$	0.68	1	1	00		
$A_2 B_2 C_3 D_1$	0.68	2	2	00		
$A_2 B_3 C_1 D_2$	0.68	3	0	00		
$A_3 B_1 C_3 D_2$	0.74	1	2	00		
$A_3 B_2 C_1 D_3$	0.74	2	0	00		
$A_3 B_3 C_2 D_1$	0.74	3	1	00	59	103

데이터 분석을 통한 주요요인 선정

강도와 융착점에 대해 분석을 수행하였으며, 분석 방법으로는 우선 분산분석(ANOVA)과 주효과 그림(Main Effect Plot)를 적용하였다. 실험 데이터의 수가 제한적이어서 P값 산출할 수 없어, 분산분석에서 각 요인의 상대적 중요도를 기여율로 표현하였다. 분석에는 미니탭 통계프로그램을 이용하였다.

▼ 그림 1.8.2 분산분석 및 주효과 그림 그리고 주요요인

강도에 대한 분석

Analysis of Variance for Strength, using Adjusted SS for Tests

Source	DF	Seq SS	Adj SS	Adj MS	기여율
Mole Rat	2	20.2222	20.2222	10.1111	41.9%
SBA Cont	2	2.8889	2.8889	1.4444	6.0%
S-330 Co	2	24.8889	24.8889	12.4444	51.6%
In. SP	2	0.2222	0.2222	0.1111	0.5%
Error	0	0.0000	0.0000	0.0000	0.0%
Total	8	48.2222			100.0%

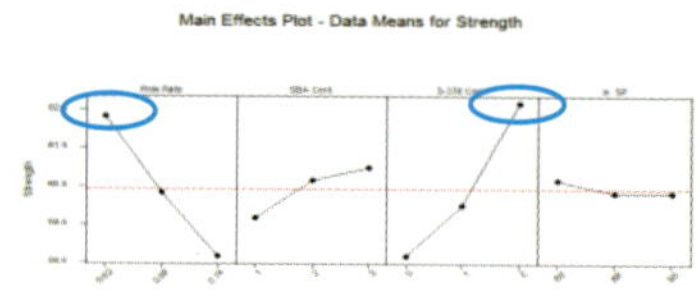

주요요인

몰비 & S-330

융착점에 대한 분석

Analysis of Variance for Stick Po, using Adjusted SS for Tests

Source	DF	Seq SS	Adj SS	Adj MS	기여율
Mole Rat	2	99.556	99.556	49.778	89.2%
SBA Cont	2	4.222	4.222	2.111	3.8%
S-330 Co	2	0.889	0.889	0.444	0.8%
In. SP	2	6.889	6.889	3.444	6.2%
Error	0	0.000	0.000	0.000	0.0%
Total	8	111.556			100.0%

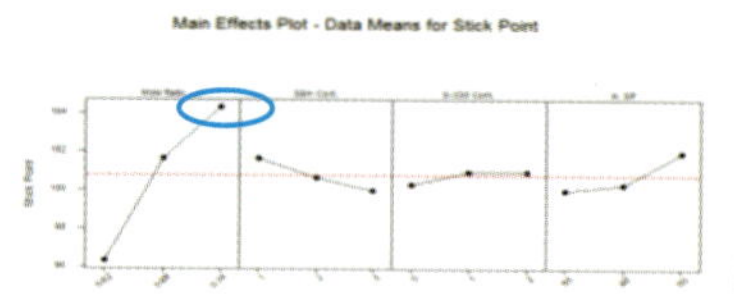

주요요인

몰비

반응표면분석을 통한 최적화

반응표면분석(RSM)을 통해 1차 반응식을 도출하고, 이를 기반으로 등고선 그림(Contour Plot)을 작성하여, 강도와 융착점의 두 특성을 동시에 만족시키는 최적 조건을 탐색하였다. 일반적으로 등고선 그림은 두 설계변수의 조합에 따른 특성 값의 변화를 시각적으로 확인할 수 있어, 최적화 방향 설정에 유용하다.

▼ 그림 1.8.3 두 특성에 대한 등고선 그림

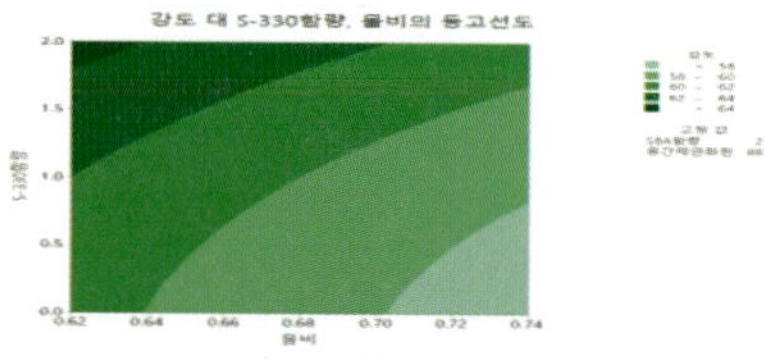

[몰비 & S-330함량에 따른 강도변화]

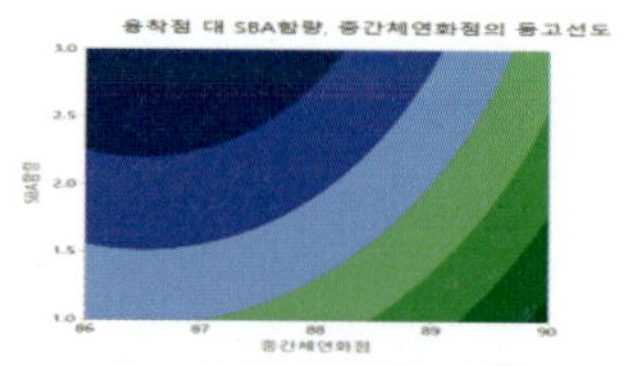

[몰비 & SBA함량에 따른 융착점 변화]

강도에 대한 등고선 그림 분석 결과, 경쟁사 제품과 유사한 수준의 성능을 확보할 수 있는 조건을 확인하였으며, 일부 조합에서는 경쟁사보다 우수한 강도를 달성할 수 있는 가능성도 나타났다.

융착점에 대한 등고선 분석에서는 중간체 연화점이 증가함에 따라 융착점이 상승하는 경향이 뚜렷하게 나타났으며, 특정 조건에서는 융착점이 98℃ 이상 확보됨을 확인하였다.

이러한 등고선 분석을 기반으로 변수별 특성 변화 경향을 종합하여, '강도'와 '융착점' 두 특성을 동시에 만족시키는 최적 조건으로 몰비 0.65, SBA 함량 2.99, S-330 함량 2.0, 중간체 연화점 90℃를 도출하였다.

해당 조건에서 예측된 강도는 63.96, 융착점은 99.99℃로, 이는 경쟁사 제품을 상회하는 성능을 확보할 수 있음을 보여주고 있다.

▼ 그림 1.8.4 두 특성을 만족시키는 최적조건 도출

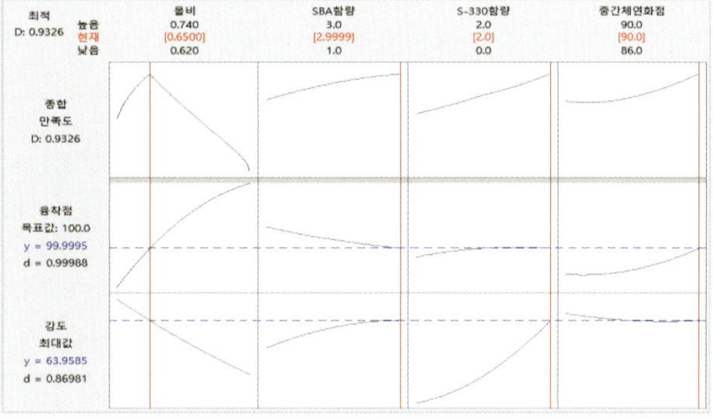

최적조건에 대한 재현성 확인

도출된 최적 조건의 신뢰성과 재현성을 확인하기 위해 검증 실험을 수행한 결과, '강도'와 '융착점' 모두에서 경쟁사 제품 대비 우수한 성능이 확보됨을 확인할 수 있었다. 이에 따라 해당 조건의 양산 적용 가능성을 보다 정밀하게 평가하고자 몬테카를로 시뮬레이션을 수행하여 특성에 대한 분포를 예측하기로 하였다.

▼ 그림 1.8.5 검증 실험 결과

구분	강도						융착점
	JIS법					평균	
개발품	65.3	61.5	60.8	66.3	69.3	64.6	99
경쟁사	60.7	54.3	55.4	61.3	61.5	58.6	96
기존자사	55.7	54.3	52.5	56.3	55.5	54.9	95

양산 적용 시 특성 분포를 예측하기 위해, 도출된 최적 조건을 기준으로 허용 공차를 설정하고, 반응표면분석(RSM)을 통해 도출된 반응식을 활용하여 몬테카를로 시뮬레이션을 수행하였다.

그 결과, 시뮬레이션으로 얻은 특성치의 분포가 개발 초기 단계에서 설정한 목표 범위와 잘 일치하는 것으로 나타났으며, 이는 해당 조건이 실제 양산에도 무리가 없이 적용 가능함을 보여주고 있다.

▼ 그림 1.8.6 허용공차 설정및 분포 예측 결과

최적조건에 대한 허용공차 설정

설계변수	m	± Δ	표준편차 (Δ/3)
몰비	0.65	0.05	0.016
SBA 함량	3.0	0.1	0.033
S-330 함량	2.0	0.01	0.003
중간체 연화점	90	1.5	0.5

반응식

$$y_1 = 128 - 41.6A + 2.0B + 0.67C - 1.17D + 16.7A^2 + \ldots + 0.007D^2$$

$$y_2 = 185.33 + 226.7A - 1.5B + 1.0C - 14.3D - 133.3A^2 + \ldots + 0.03D^2$$

y_1 : 강도, y_2 : 융착점, A : 몰비, B : SBA함량, C : S-330함량, D : 중간체 연화점

두 특성에 대한 분포 예측 결과 (몬테카를로 시뮬레이션)

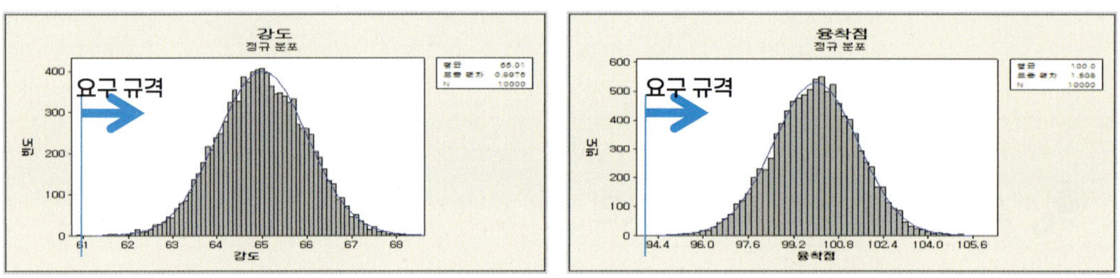

신제품 개발 마무리

기존 제품의 고질적인 강도 저하 문제를 해결할 수 있는 최적화된 조성(Formulation)을 개발하였으며, 체계적인 최적화 기법을 적용함으로써 가장 합리적인 방식으로 최적 조건을 도출할 수 있었다.

또한, 상반기에 기존 제품의 강도 문제로 감소했던 시장 점유율(M/S)을 신규 개발품 공급(60톤 출고)을 통해 회복하였다. 향후에도 본 최적화 기법을 중국에서 생산하고 있는 제품 및 타 제품 개발에도 적용함으로써, 개발 업무의 효율성을 높이고 합리적인 결과를 지속적으로 도출할 예정이다.

QFD 전개 방법 예시

QFD(Quality Function Deployment, 품질기능전개)는 아래의 내용을 참고하여 전개하며, 과제의 상황에 따라 필요한 부분을 수정·보완하여 유연하게 활용할 수 있다. 아래에 QFD의 기번 작성 방법을 간략히 정리하였다.

* VOC Vs. EC			연관성 점수 (작음-1 , 큼-9)					
Voice Of Customer	Engineering Chracteristics	가중치	접착력	점도	취기	가사시간	내열성	②
접착력 강화	칩과의 접착력이 약하다.	2.04	9			1	1	
작업 용이	칩과 혼합/교반시 잘 섞여야 한다.	0.84	1	9				
무취	열을 가하여 시공시 가스가 발생한다.	0.8	1	1	7	3	3	③
적정한 경화시간	30분안에 경화가 되어야 한다.	1.07	3			9	3	
고온 안정성	고온에서 휘발되거나 타지 않아야 한다.	0.68	1		1		9	
EC 중요도 점수 (가중치*연관성 점수)			23.9	8.4	6.3	14.1	13.8	④
EC 중요도 (%) (개별점수/합계점수)			36%	13%	9%	21%	21%	
품질특성비교	자사현재수준(상 ▲ / 중 △ / 하 ▽)		▲	▲	△	▽	▲	
	경쟁사현재수준(상 ▲ / 중 △ / 하 ▽)		△	▲	▲	▲	△	⑤
	경쟁사 대비(우세 ↑ / 대등 ↕ / 열세 ↓)		↑	↕	↓	↓	↑	
품질목표 (target)			-	-	-	30분	-	⑥

(① 표시: VOC 및 가중치 영역)

① VOC(Voice of Customer) 및 가중치 정리

: VOC의 가중치 산출방법은 AHP방법을 이용한다.

(필요에 따라 고객이 중요도를 정해주는 값으로 해도 된다.)

② EC(Engineering Characteristics)나열 : VOC와 연계한 EC 정리

③ VOC와 EC 연관성에 대한 점수 부여

: 연관성 큼 9 ~ 연관성 낮음1의 점수부여, 관계없음은 공란)으로 놔둔다.

: 과제 상황에 따라 연관성 점수를 5점~1점으로 부여할 수 있다.

④ EC 중요도 결정

: (가중치 × 연관성 점수)들에 대하여 합계를 구한다.

: EC 중요도를 상대적인 값으로 나타내기 위하여 점유율을 추가로 계산해도 된다.

아래 내용(⑤, ⑥)은 필요시 전개한다.

⑤ EC에 대한 경쟁사 대비 우세 및 열세 비교

⑥ 여러EC에서 대응이 필요한 주요EC에 대한 품질목표 설정

Tip

AHP 전개 방법

AHP(Analytic Hierarchy Process, 계층 분석적 의사결정 과정)은 복수의 평가 항목 또는 대안에 대해 어떤 항목이 더 우선순위를 가지는지를 체계적으로 분석하고 정량적으로 평가할 수 있도록 해주는 의사결정 기법이다.

이 방법은 복잡한 문제를 계층 구조로 나누어, 각 요소 간의 상대적 중요도를 쌍으로 비교를 하여 수치화 하고, 이를 기반으로 각 항목의 우선순위를 도출함으로써, 합리적이고 일관된 의사결정을 지원한다.

예를 들기 위하여 강도, 융착점, 외관의 세 요소에 대하여 상대적으로 중요도를 산출해 보도록 하자.

비교항목	강도	융착점	외관	기하평균	가중치
강도	1	3	5	2.47	0.65
융착점	1/3	1	2	0.87	0.23
외관	1/5	1/2	1	0.46	0.12

순서1) 비교항목에 대하여 비교 행렬로 나타낸다.

순서2) 항목을 쌍으로 비교하여 1~9 척도로 점수를 부여한다.

예를 들어, 강도가 융착점보다 얼마나 더 중요한가?에 대하여 아래 기준으로 점수를 부여한다.

일대일 비교치	의　　미
1	양쪽의 항목이 동일한 정도로 중요(따라서 대각선은 1)
3	左側 항목이 上側 항목보다 "약간 중요"
5	左側 항목이 上側 항목보다 "중요"
7	左側 항목이 上側 항목보다 "아주 중요"
9	左側 항목이 上側 항목보다 "절대적으로 중요"
2, 4, 6, 8	상기 수치에 대해 보간적으로 사용

순서3) 좌측기준으로 항목별 기하평균을 계산하여 이를 비율로 나타내어 가중치를 구한다.

예를 들어, 강도의 기하평균은 $(1\times3\times5)^{1/3}$=2.47 이 된다.

그리고 이의 비율은 해당기하평균을 기하평균 합으로 나누어 준다. (2.47/3.8=0.65)

항목별 중요도는 기하평균 또는 가중치를 이용한다.

Tip

몬테카를로 시뮬레이션 개념

몬테카를로 시뮬레이션(Monte Carlo Simulation)은 확률과 통계를 이용하여 불확실성이 있는 시스템이나 과정을 수천~수만 번 반복 실험함으로써 결과의 분포, 평균, 위험 수준 등을 예측하는 방법입니다. 주로 복잡한 문제의 해를 수치적으로 추정할 때 사용된다.
(몬테 카를로는 도박의 도시 모나코의 도시이름)

1) 몬테카를로 시뮬레이션 핵심 개념

입력 값에 불확실성(변동성)이 있는 경우, 해당 입력 값을 확률 분포(예: 정규분포, 균등분포 등)로 설정하고, 변동자료를 여러 번 무작위로 값을 뽑아 시뮬레이션을 반복하여, 그 결과 값을 통계적으로 분석하여 예측값, 신뢰구간, 위험도, 가능성 등을 파악한다.

2) 몬테카를로 시뮬레이션 실행 순서

순서1) 원인과 결과에 대한 이론적인 관계 모형식을 정의한다.

모형식은 이론적 또는 실험을 통한 회귀분석식을 이용할 수 있다.

순서2) 불확실한 변수에 대한 확률분포를 정의한다.

일반적으로 품질이슈는 정규분포를 이용하며, 필요에 따라 관련 분포를 지정할 수 있다..

순서3) 원인계변수별로 난수(random number)를 생성한다.

난수는 해당 분포를 기준으로 난수를 생성하게 되며, 통계프로그램 또는 엑셀 기능을 활용하면 쉽게 진행할 수 있다. 일반적으로 난수의 개수는 10,000번 이상으로 한다.

순서4) 원인계 변동에 따른 결과계를 예측한다. 원인계와 결과계의 모형식에 따라 시뮬레이션을 실행한다.

순서5) 결과를 분석한다.
시뮬레이션 결과에 대하여 히스토그램을 작성하고 이에 대한 평균, 분산, 분포 등을 해석한다.

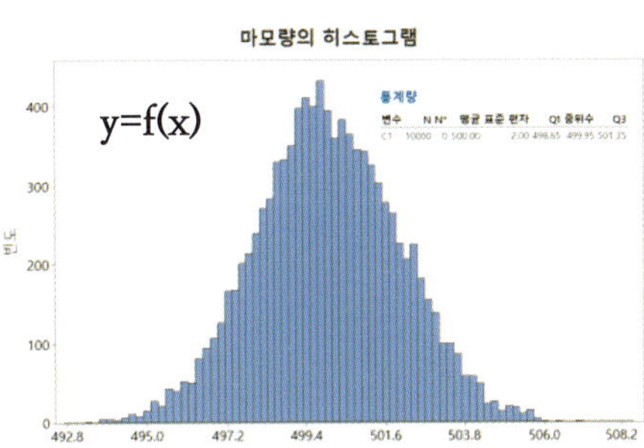

현금자동지급기의 ACF성능을 향상시켜라

과제명	현금자동지급기의 ACF성능 향상
성과	신제품 성능 안정성 28배 향상
방법	다구찌기법

개발 추진 배경

L사는 현금자동지급기의 주요 성능에 대한 안정성을 확보하기 위해, 기존 제품을 업그레이드하고자 ACF(Auto Cash Feeder) 모듈에 대한 최적화 설계를 추진하기로 하였다.

기존 제품대비 더욱 강화해야할 ACF주요 기능은 miss feeding 과 multi feeding에 대한 정밀성을 높여야 하고, 현금의 신권 및 구권에 대해서 강건하게 기능하여 현금자동 지급기의 제품 경쟁력을 강화하는데 있다.

이를 위해 강건설계 기법인 다구찌 기법을 적용하여 제품 성능에 영향을 미치는 주요 변수를 규명하고, 이에 대한 최적 조건을 도출하고자 하였다.

ACF 구조이해 및 평가특성 결정

현금자동지급기의 주요 부품 모듈인 ACF의 구조를 이해함으로써, 기존의 on-off 중심의 평가 방식에서 벗어나 모듈의 핵심 기능인 현금 분리 및 지급 기능을 보다 정밀하게 평가할 수 있도록 '지폐의 Outgoing Time'을 새로운 평가 지표로 설정하였다.

▼ 그림 1.9.1 ACF 구조도 및 기능 블록다이아그램

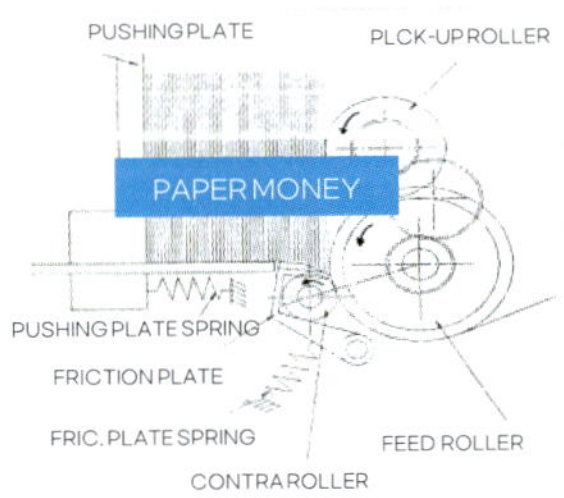

[ACF 구조도]

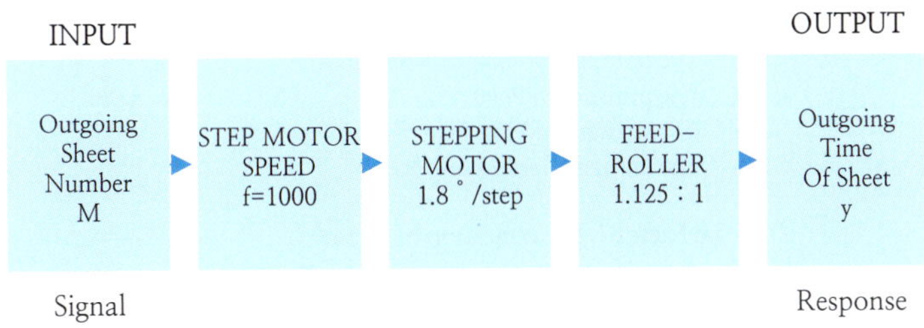

[ACF 기능 블록다이아그램]

기능 블록 다이어그램을 통해 선정된 평가 특성은 사용자의 요구에 따라 변화해야 하는 특성이므로, 다구찌 기법의 동특성(dynamic characteristic) 개념을 적용하기로 하였다. 동특성의 성질을 반영하기 위해, 기능 블록 다이어그램을 활용하여 사용자의 요구에 따른 기울기(slope)를 산출한 결과 191msec/sheet이 되었다. 예를 들어, 사용자가 5만 원 또는 50만 원을 요청할 수 있기 때문에, 평가 특성인 지폐의 Outgoing Time은 이러한 요구 금액에 따라 기울기 191 msec/sheet를 기준으로 사용자가 요구한 만큼 유연하게 변화해주어야 한다.

▼ 그림 1.9.2 동특성인 평가특성 기준 설정

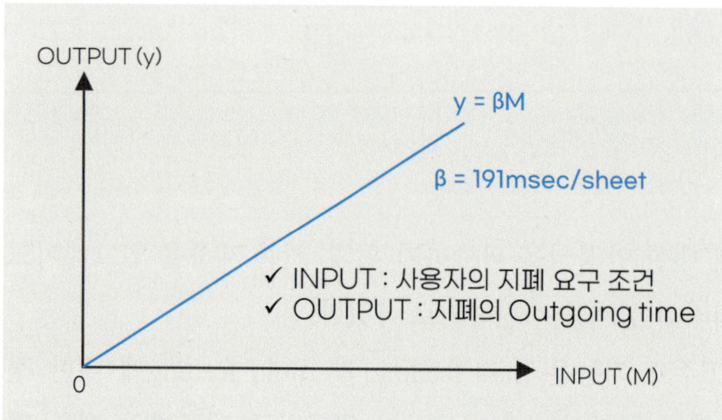

평가특성인 지폐의 Outgoing time은 사용자의 요구에 따라 가변 되는 기울기 191msec/sheet으로 산출

실험요인 분류 및 수준 결정

실험을 위해 실험 요인을 다음과 같이 도출하였다. 설계 변수는 제어요인(Control Factors)으로 6개, 지폐 수준의 변동은 잡음요인(Noise Factor)으로 1개, 사용자 변수는 신호요인(Signal Factor)으로 1개를 도출하였다.

▼ 그림 1.9.3 실험요인 분류

1) Control Factors : The contacting area to paper — Engineer's Area

- The gap between Feed Roller and Contra Roller
- The hardness of Feed Roller
- The hardness of Contra Roller
- The pressure to Plate
- The strength of Fric. Plate Spring
- The hardness of Pick-up Roller

2) Noise Factor : The condition of Paper — Environment's Area

3) Signal Factor : User's input to ATM — User's Area

설정된 요인을 바탕으로 관련자들과 브레인스토밍을 진행한 결과, 제어요인은 3수준, 잡음 요인은 2수준, 신호요인은 4수준으로 최종 결정하였다.

▼ 표 1.9.1 실험요인별 및 수준 결정

Type	Factor name	Level 1	Level 2	Level 3	Level4	배열
Control	A. Gap btwn Feed-R & Contra-R	-1 step	STD	+1 step	-	내측
	B. Hardness of Feed-R	20˚	STD	30˚	-	
	C. Hardness of Contra-R	60˚	STD	80˚	-	
	D. Pressure of Plate (Dia. of Spring)	Φ 4.5	STD	Φ 5.5	-	
	E. Strength of Friction Plate Spring (Dia. of S)	Φ 0.4	STD	Φ 0.5	-	
	F. Hardness of Pick-up R	30˚	STD	45˚	-	
Nosie	N. Paper Money condition	New Paper	Old Paper	-	-	외측
Signal	M. Paper Sheet Q'ty	5	10	30	50	

실험조합 및 실험데이터 정리

실험 조합은 내측에 배치한 제어요인을 직교배열표 L18을 활용하여 설계하고, 외측에 배치한 신호요인과 잡음요인은 완전요인배치 방식으로 구성하였다.

▼ 그림 1.9.4 실험조합 및 데이터

실험조합 (L18)

									$M_1(5)$		$M_2(10)$		$M_3(30)$		$M_4(50)$	
NO	err	err	A	B	C	D	E	F	N_1	N_2	N_1	N_2	N_1	N_2	N_1	N_2
1	1	1	1	1	1	1	1	1								
2	1	1	2	2	2	2	2	2								
3	1	1	3	3	3	3	3	3								
4	1	2	1	1	2	2	3	3								
5	1	2	2	2	3	3	1	1								
6	1	2	3	3	1	1	2	2								
7	1	3	1	2	1	3	2	3								
8	1	3	2	3	2	1	3	1								
9	1	3	3	1	3	2	1	2								
10	2	1	1	3	3	2	2	1								
11	2	1	2	1	1	3	3	2								
12	2	1	3	2	2	1	1	3								
13	2	2	1	2	3	1	3	2								
14	2	2	2	3	1	2	1	3								
15	2	2	3	1	2	3	2	1								
16	2	3	1	3	2	3	1	2								
17	2	3	2	1	3	1	2	3								
18	2	3	3	2	1	2	3	1								

실험데이터 및 SN비 &SLOPE (기울기)

NO	M_1(5sheets)								M_2(10sheets)					M_3(30sheets)					M_4(50sheets)			S/N	SLOPE
	NEW				OLD				NEW		OLD			NEW			OLD		NEW		OLD		
	1	2	3	4	1	2	3	4	1	...	1	...	4	1	2	3	1	...	1	...	...		
1	925	795	951	951	961	933	951	956	1907		1804		1908	4900	4863	4936	6750		9520			-9.53	195.29
2	754	767	785	927	1063	990	874	954	1364		2208		1919	5070	5046	4998	5829		7764			-8.60	186.29
3	943	945	776	950	939	952	932	948	1703		1701		1897	5517	5722	5715	5722		8586			-5.94	180.91
4	778	749	752	833	939	760	929	761	1321		1916		1910	5345	4980	5143	6097		7823			-9.76	181.66
5	909	672	911	896	903	905	907	913	1617		1898		1904	4373	4679	4490	5705		8304			-11.73	168.23
6	948	945	958	954	954	954	956	951	1903		1906		1894	5714	5714	5708	5713		9521			32.11	190.37
7	951	898	570	562	956	942	952	965	1559		3074		1888	5131	4962	4778	5711		4792			-13.81	173.35
:																						:	:
14	944	801	947	958	947	956	955	953	1899		1901		1900	5712	5693	5886	5695		9518			3.12	193.04
15	952	935	947	774	936	950	942	956	1907		1910		1911	5369	5701	5521	5702		9505			-11.91	181.50
16	767	611	334	945	756	955	786	941	1324		1997		2108	3849	3353	3613	5984		5491			-15.24	156.95
17	947	929	633	932	945	948	946	944	1923		1887		1907	5711	5705	5710	5710		8745			-10.98	177.68
18	949	955	953	938	957	943	946	959	1762		1908		1936	5664	5571	5711	5703		9522			9.30	189.85

이렇게 설계된 각 실험 조합에 따라 실험을 수행하고 데이터를 수집하였다. 수집된 데이터는 동특성 분석을 위해, 제어요인의 실험 조건별로 강건성을 나타내는 SN비 (Signal-to-Noise Ratio)와 지폐의 Outgoing Time에 대한 기울기를 확보하기 위한 Slope(기울기)로 변환한 후 분석을 수행하게 된다.

▼ 그림 1.9.5 동특성의 SN비와 Slope 계산 공식 및 의미

동특성의 SN비와 Slope 계산 공식

- $SN비 = 10log(\frac{\beta^2}{V_{err}})\ dB$
- $\beta(Slope) = \sqrt{\frac{SS_\beta}{r_o * r}}$

$SS_{err} = SS_{total} - SS_\beta$ $\quad SS_\beta = \frac{(L_1 + L_2)^2}{r_0 * r}$ $\quad V_{err} = \frac{SS_{err}}{n-1}$

$r_o = 8$ $\quad r = 5^2 + 10^2 + 30^2 + 50^2$

실험조건에 대한 SN비 의미

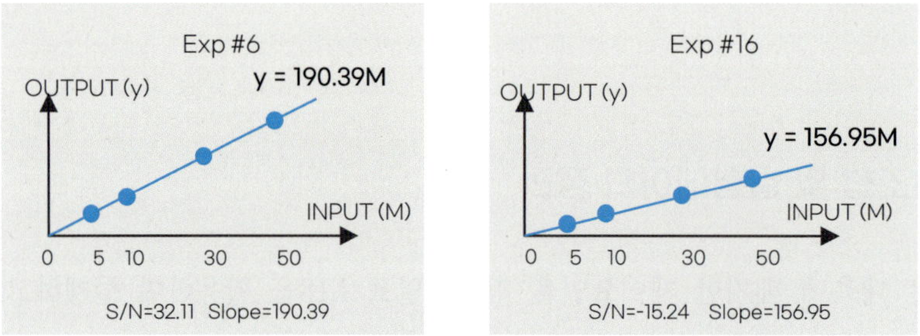

✓ SN기가 클수록 데이터는 선상에 근접하여 강건하다는 것을 의미한다.
✓ Slope(기울기)는 목표값 191에 근접할수록 설계 목표값 확보에 유리하다.

데이터 분석을 통한 최적조건 도출

실험에서 얻은 SN비와 Slope를 기준으로 분석을 수행하였다. 분석 방법은 각 제어요인별 수준에 대한 SN비와 Slope의 평균값을 산출하고, 이들 간의 차이를 비교하여 주요 영향을 미치는 요인을 도출하는 방식으로 진행하였다.

SN비 분석을 통해 도출된 주요 요인은 '산포 제어요인'이라 하며, 이에 대해서는 SN비를 최대화하는 수준을 선정하여 강건성 확보 조건을 규명한다. 한편, Slope 분석을 통해 도출된 주요 요인은 '기울기 조정 요인'이라 하며, 이에 대해서는 목표 기울기인 191(msec/sheet)를 만족시키는 수준을 결정한다.

SN비와 Slope에 대한 분석을 수행할 때, 최적 조건 도출은 일반적으로 SN비를 우선 기준으로 진행한다. 이는 원하는 기울기(Slope)를 확보하는 것이 상대적으로 용이하기 때문이다.

SN비와 기울기에 대한 분석 및 주효과 그림을 통해 주요 요인과 최적 조건을 도출하였으며, 그 재현성을 검증하기 위해 SN비와 Slope를 추정한 값을 기반으로 도출된 최적 조건에서 추가 실험을 수행하였다.

▼ 그림 1.9.6 SN비와 Slope에 대한 분석

1) 제어요인별 수준에 대한 평균값 차이 분석

Level	A	B	C	D	E	F
1	-12.7	-9.64	2.25	3.438	-5.7	-3.8
2	-3.41	-5.2	-3.83	-4.71	-4.58	-3.49
3	3.786	2.521	-10.7	-11.1	-2.04	-5.04
Delta	16.48	12.16	13	14.49	3.667	1.55
Delta %	26.9%	19.8%	21.2%	23.6%	6.0%	2.5%

[SN비 기준]

Level	A	B	C	D	E	F
1	172.9	185.5	189.6	185.9	180.6	180.4
2	185.2	179.9	181	181.6	177.8	180.5
3	185.5	178.2	173	176.1	185.1	182.7
Delta	12.5	7.3	16.6	9.8	7.3	2.2
Delta %	22.4%	13.1%	29.8%	17.6%	13.1%	3.9%

Slope 기준

2) 주효과 그림

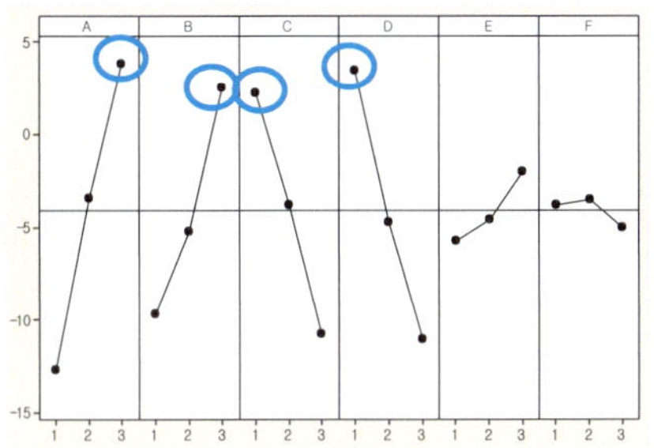

[SN비 기준]

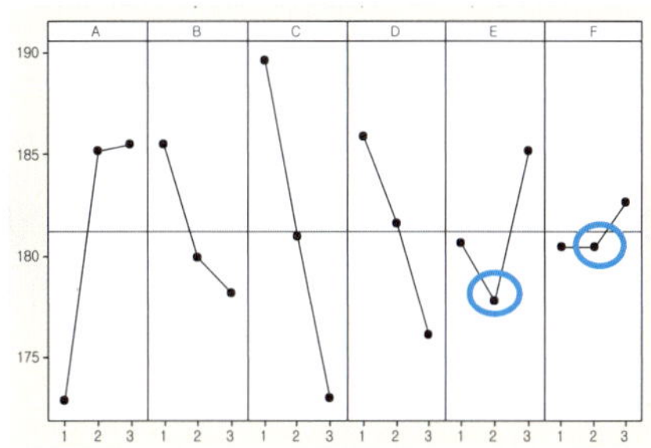

[Slope 기준]

3) 최적조건 도출

구분	주요요인	최적조건	비고
강건성 확보	A,B,C,D	$A_3\,B_3\,C_1\,D_1$	SN비를 크게 해주는 조건
Slope 목표 확보	E	$E_2\,F_2$	Slope(기울기) 목표 확보 조건

최적조건에 대한 확인결과

	CONDITION	Predicted		Confirmed	
		SN비	Slope	SN비	Slope
OPTIMUM	$A_3\,B_3\,C_1\,D_1\,E_2\,F_2$	24.46	191.47	29.55	190.85
CURRENT	$A_2\,B_2\,C_2\,D_2\,E_2\,F_2$	-4.68	179.98	-7.72	185.33
Gain		29.14		37.25	

최적화 마무리

기존 조건과 최적 조건에 대해 추가 실험을 수행한 결과, 실험값이 추정값과 10% 이내의 오차 범위로 근접하여 최적 조건의 재현성이 확보됨을 확인할 수 있었다. 또한, SN비 기준으로 강건성이 29dB 향상되었으며, 이는 산포로 환산할 경우 약 $10^{2.9/2}$(=28.2)배 더 안정화되었음을 의미한다.

제품 설계 성능 향상에 따라, 개발에 참여한 엔지니어들의 의견을 다음과 같이 정리하였다.

1) Engineering 관점

① 연구개발 업무에서 효율적이고 효과적인 접근 방법으로 다구찌 기법을 인식하게 되었다.

② ATM(현금자동지급기)의 신뢰성 향상에 기여하였다.

- 안정성 28배 향상
- 지폐 Feeding Time에 대한 설계 목표값 확보 (근접도 97.7%)

③ 연구개발 단계에서 다구찌 기법 활용 방법을 체계적으로 정리할 수 있었다.

2) 다구찌 기법 관점

① 기존의 On-Off 평가 방식보다 상위 개념의 정량적 평가 특성을 정립할 수 있었다.

② 동특성 분석 방법에 대한 이해를 높일 수 있었다.

③ 다양한 설계 변수를 활용한 직교배열 실험 설계로 실험에 대한 부담이 감소하였다.

제 2 장

품질수법 활용 사례

2.1 AI를 활용한 고객품질 대응방안 전개

용어 정의	고객에서 발생한 품질문제를 보다 효율적으로 해결하기 위해 AI(인공지능)의 답변을 참고하여 고객품질 대응 활동을 전개할 수 있으며, AI가 제시한 답변은 할루시네이션(환상)으로 인해 사실과 다를 수 있으므로, 필요시 사실관계를 검증하는 과정을 병행해 주어야 한다.

고객에서 클레임 발생

국내 T사는 고객(미국, 다국적 기업)으로부터 자동차 이차전지 부품인 튜브에서 크랙이 발생했다는 문제 제기를 받고 자체적으로 대응 활동을 진행했으나, 원인 규명이 어려워 어디서부터 조치를 취해야 할지 난감한 상황에 놓여 있었다.

〈제품 불량 정보〉

1) 압출 공정에서 생산한 두께 0.25T의 플라스틱 튜브에서 크랙 발생 (총 2만 개 중 4개에서 발생)

2) 제품 원재료인 수지 재질은 PP

〈고객 요청 사항〉

1) 크랙 발생 근본원인 규명 및 조치

2) 크랙 발생 관련 특성요인도 작성

〈T사 진행 및 검토 내용〉

1) 임시조치로 전수검사 실시하였으며, 320만개 검사에서 12ppm 크랙 발생 (검사 소요 비용 1억)

2) 근본 대응을 위하여 재질 변경 또는 두께 변경 검토

고객 요구에 따른 특성요인도 작성

고객의 긴급 요청에 따라 AI를 활용해 특성요인도를 작성하였다. 아래 내용은 Minitab Solution Center의 브레인스토밍 도구(인공지능)를 통해 도출된 결과이며, 이를 기반으로 추가 보완 작업을 거쳐 고객과 공유하였다.

▼ 그림 2.1.1 크랙 발생 요인에 대한 특성요인도 (MSC 활용)

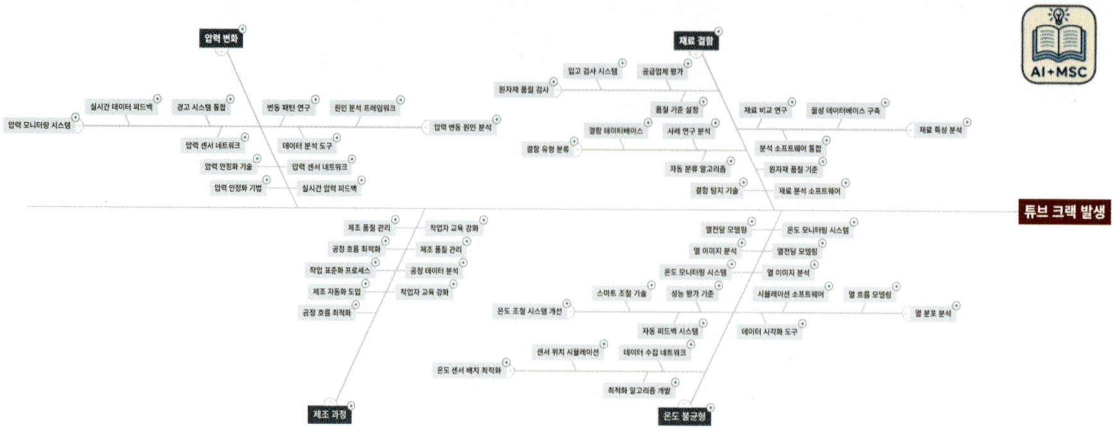

크랙에 영향을 주는 물성치 품질 현 수준 확인

크랙 발생의 1차 원인을 규명하기 위해서는 관련 물성치의 현재 수준을 정확히 파악할 필요가 있다. 이는 크랙이 튜브 자체의 충격 취약성에서 비롯된 것인지, 아니면 제조 및 물류 과정에서 과도한 충격이 가해져 발생한 것인지를 구분하기 위함이다. 물성치 분석 결과에 따라 설계 변경이 요구될 수도 있으며, 또는 충격을 완화할 수 있는 보완책을 마련해야 할 수도 있다.

이를 위해 사내에서 활용 중인 GPT를 이용하여 압출 튜브 관련 정보를 제공하고, 크랙과 연관된 물성치 궁금사항을 프롬프트로 구분하여 관련 자료를 아래 표와 같이 도출·정리하였다.

해당 자료를 기준으로 크랙에 영향을 미치는 물성치를 검토하여 당사 제품의 현재 품질 수준을 확인하였으며, 기술관점의 개선(설계변경) 보다는 제조공정에서의 충격 완화를 중심으로 한 관리관점의 접근을 통해 크랙 발생의 근본 원인을 추적하기로 하였다.

▼ 그림 2.1.2 크랙 관련 물성치 및 기준 (GPT 활용)

압출튜브 0.25T, PP재질에서 크랙이 발생하여 관련되는 물성치 및 이들의 기준을 표로 만들어 줘

구분	주요 물성치	단위	일반적 기준	의미 / 크랙 관련성
기계적 특성	인장강도 (Tensile Strength)	MPa	25 ~ 35	인장 하중에 대한 저항, 낮으면 균열 위험↑
	파단 신율 (Elongation at Break)	%	200 ~ 600	연성이 낮으면 충격 시 쉽게 크랙 발생
	충격강도 (Izod Impact)	J/m	≥ 30	충격에 대한 저항, 낮으면 물류·가공 충격에 약함
열적 특성	열변형 온도 (HDT)	℃	90 ~ 110	사용 온도 범위 초과 시 취성 증가
	유리전이온도 (Tg)	℃	약 -10 ~ 0	저온에서 충격 시 크랙 가능성↑
물리적 특성	밀도	g/cm^3	0.90 ~ 0.91	두께·균일성 확인 지표
가공 특성	분자량 (MFI, 용융지수)	g/10min	0.5 ~ 30	값이 높으면 가공성↑, 충격강도↓
환경 특성	내환경 Stress Cracking	–	시험 필요	화학약품·UV 노출 시 크랙 유발 가능

PP재질 변경에 대한 기술적인 검토

크랙 관련 물성치를 분석한 결과, 원재료 자체의 문제보다는 제조 공정에서 가해지는 충격이 주된 원인으로 판단되었다. 이에 따라 공정 요인에 대한 조사를 우선 진행하기로 했다. 아울러 기술적 대안 검토 차원에서 재질 변경 가능성을 AI(GPT)로 사전 확인한 결과, 현재 사용 중인 PP 재질을 유지해도 무방하다는 결론을 내부 담당 엔지니어와 의견을 공유하였으며, 재질 변경은 최종적으로 추진하지 않기로 결정하였다.

▼ 그림 2.1.3 재질 변경에 따른 기술적 검토 (GPT 활용)

AI+GPT

압출튜브 0.25T, PP재질 제품에서 발생한 크랙을 해결하기 위하여 프리미엄PP 재질로 검토하고 싶어. 재질 변경시 크랙 해결에 도움이 될지 기술적인 의견 알려 줘

1) 크랙 원인별로 재질 변경 효과

A. 환경응력균열(ESC)·취성파단 계열

- 특징: 세제/오일/용제 접촉, 낮은 온도, 얇은 두께에서 파단면이 유리처럼 깨짐.
- 조치: **고충격 코폴리머 PP(ICP)**, **β-핵제(β-nucleated) PP**, **ESCR(환경응력균열 저항) 등급**의 "프리미엄 PP"로 전환 시 효과가 큼.
  - 에틸렌 고무상(EP) 함량이 높은 ICP는 인성이 올라가 ESC 저항이 개선됩니다.
  - β-핵제 PP는 충격·균열저항이 증가(대신 강성·열변형온도는 다소 감소 가능).
  - UV/산화 안정제 패키지(HALS+AO) 포함 등급 사용 권장(옥외/열 노출 시).

B. 잔류응력·가공유발 균열

- 특징: 파단이 용매 없이도 발생, 길이 방향 균열(축방향) 빈발, 성형 직후나 단기 내 발생.
- 조치: 재질만 바꿔도 어느 정도 **완충**되지만, 근본 해결은 **공정·형상 수정**이 핵심.
  - 균일한 용융온도(220–240 °C 범에서 등온), 다이/맨드렐 정렬, **과도한 인장/하울오프 장력** 완화, 급랭→**완만냉각**(후방열·단계냉각)으로 분자배향/잔류응력 저감.
  - **후열처리(annealing)** 도입 시 효과적.
  - 절단·치핑·스크래치(노치) 관리 필수. 두께 0.25T는 미세 노치에 매우 취약합니다.

C. 충전재/첨가제 기인 취화

- 특징: Talc/$CaCO_3$ 과다, 분산 불량 시 균열 기점 증가.
- 조치: 프리미엄 PP라도 **충전재 낮추거나 분산 개선** 없이는 효과 제한. Low-gel, low-ash, 균일 MWD 등급 지정 필요.

D. 화학적 적합성 문제(특정 용매/계면활성제)

- PP 전반의 한계. 프리미엄 PP가 개선은 해도 근본내성은 **재료계 교체(예: PE, TPO)** 가 더 확실할 때가 있음. 사용 환경 화학제를 반드시 확인하세요.

2) "프리미엄 PP" 선정 가이드(사양 예시)

1. **레진 타입**
- 1안(권장): **Impact Copolymer PP (ICP)**, EP 고무상 10–15% 수준, **ESCR 전용 파이프/튜브 등급**.
- 2안: **β-핵제 PP**(β-form 유도) – 인성↑, 균열 저항↑. (강성·열특성 트레이드오프 고려)
- 3안(내열/압력): **PP-R(랜덤 코폴리머)** – 핫수·압력용에 유리, 충격은 ICP 대비 중간.
2. **유변/가공 특성**
- **MFR(230 °C/2.16 kg)**: 튜브 압출용으로 **0.5–1.5 g/10 min** 범 추천(라인·두께에 맞춰 조정).
- **MWD**: 중·광분포로 가공안정성↑, 다이라인/젤 저감 등급.
3. **내환경/내후성**
- **ESCR 등급 데이터(ISO 22088 등)** 보유, **OIT/산화안정성** 우수, **UV 안정화(HALS)** 포함 사양 요청.
4. **첨가제/충전재**
- 필요 시 충전재 **<10 wt%** 유지, 분산성 인증(SEM/DSC/FTIR 데이터) 요청. **슬립/이형제 과다**는 균열 기점이 될 수 있어 최소화

결론(현장 적용 관점)

- **균열 원인이 ESC·취성·잔류응력 기여라면, ESCR 강화형 ICP 또는 β-핵제 기반 "프리미엄 PP"로의 변경은 효과가 큽니다.**
- 다만 **0.25T의 초박형 튜브는** 가공·노치·잔류응력의 영향이 지배적이므로, **재질 변경만으로 100% 해결되진 않습니다. 공정 조건 최적화와 후처리(또는 절단·취급 개선)** 를 반드시 병행하세요.

원하시면, 사용 환경(화학제·온도·수명), 현재 레진의 MFR/타입, 라인 조건(온도·속도·냉각), 파단 사진/샘플 정보를 기준으로 **추천 사양서(레진 후보 2–3종 + 공정 셋포인트)** 를 바로 만들어 드릴게요.

압출공정에서의 크랙 발생 원인 조사

압출공정에서 발생하는 크랙의 원인을 규명하기 위해 GPT를 활용하여 관련 요인을 도출하였으며, 이를 참고하면서 압출공정 작업자와 엔지니어가 함께 3현(현장, 현물, 현실)을 통하여 개선이 필요한 요인을 조사 하였다. 집중적으로 검토한 요인은 압출 과정에서의 튜브에 가해지는 충격 및 냉각 공정 조건이었다.

▼ 그림 2.1.4 압출공정 모습 및 크랙 요인 발견 (GPT 활용)

0.25T, 재질은 PP, 압출튜브에서 크랙이 발생하여, 압출공정에서의 크랙 발생 요인을 나열해 줘

AI+GPT

1. 원재료(Material) 요인
- 수분 흡착 (건조 불충분 → 기포·미세 크랙 발생)
- 불순물 혼입 (먼지, 금속, 다른 수지 등)
- 재생원료(리사이클) 과다 사용
- 첨가제(산화방지제, 안정제, 충전제) 배합 불량
- MFR(용융지수) 불균일 → 유동성 불량
- 고분자 열화 (보관 중 산화, UV 노출 등)

2. 공정(Process) 요인
- 압출 온도 불균일 (Zone 간 과열/저온)
- 다이(DIE) 온도 편차 → 용융물 흐름 불균형
- 냉각 속도 불균일 (수조 온도, 냉각수 유량 부족)
- 인장/권취 속도 과다 (스트레칭 → 응력 크랙)
- 압출 압력 불안정 (진동, 펄세이션)
- 체류시간 과다 → 열분해 및 취성화
- 나사(스크류) 전단력 과다 → 분자 사슬 절단

3. 장비(Equipment) 요인
- 다이(DIE) 표면 손상 또는 오염 → 흐름 라인 형성
- 스크류 마모 또는 설계 불량
- 냉각수 탱크 길이 부족 → 불충분한 냉각
- 권취롤 이송 불균일 → 국부 응력 집중
- 진공탱크 흡입 불균일 → 벽두께 편차

4. 제품(Design/Dimension) 요인
- 0.25T라는 **초박막 구조의 고유 취약성**
- 설계 치수 공차 부족 → 국부적 응력 집중
- 두께 편차 발생 → 얇은 부위 먼저 크랙 발생
- 표면 결함 (스크래치, 노치) → 균열 시발점

5. 환경(Environment) 요인
- 냉각 후 급격한 온도 변화 (열충격)
- 보관 중 UV 노출 → 산화, 열화
- 저온 환경에서 취성화 → 균열 진전
- 화학약품(세척제, 용제 등) 접촉에 의한 응력균열 (ESC, Environmental Stress Cracking)

압출 냉각조건이 크랙에 영향을 주는 메커니즘 확인

압출공정에서 크랙 발생 요인을 조사하는 과정에서, 냉각조건이 크랙 발생에 어떤 메커니즘으로 영향을 주는지를 확인하기 위해 GPT를 활용하여 기술적인 내용을 검토하였다. 이를 바탕으로 압출공정의 냉각조건을 점검하고, 최적화 필요성 및 방법을 검토하였다.

▼ 그림 2.1.5 냉각조건이 크랙 발생에 미치는 기술적 매커니즘 (GPT 활용)

PP재질 튜브 압출공정에서 냉각조건이 크랙 발생에 영향을 주는 매커니즘을 설명해 줘

AI+GPT

위 설명관련 기술적인 내용으로 현장 작업자에게 설명할 이미지 부탁해

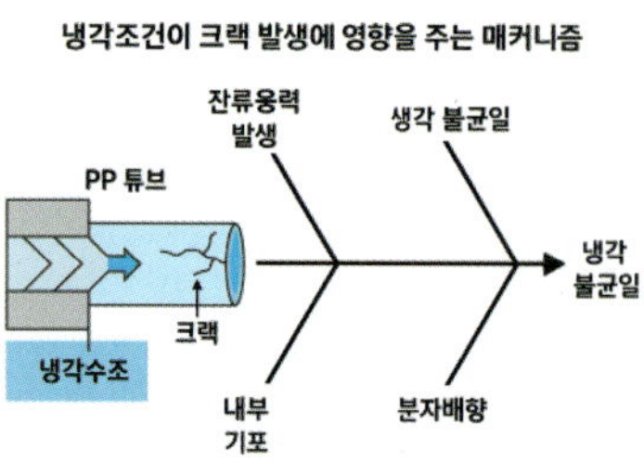

1. 냉각 속도 차이에 의한 잔류응력 발생
- 압출된 튜브가 금형(다이)을 통과한 후 냉각수조에서 냉각되는데, **외부와 내부의 냉각 속도 차이**가 발생합니다.
- 외부는 급속 냉각, 내부는 상대적으로 느린 냉각이 이루어지면서 **열수축 차이**가 생기고, 그 결과 **잔류응력(Residual Stress)** 이 축적됩니다.
- 이 잔류응력이 누적되면 사용 중 또는 가공 후에 **크랙(Stress Cracking)** 으로 나타납니다.

2. 냉각 불균일에 따른 결정화 구조 문제
- PP는 반결정성(semicrystalline) 고분자로, 냉각속도에 따라 **결정화도(Crystallinity)** 와 **결정립 크기**가 달라집니다.
- 급속 냉각 시 → 비정질(Amorphous) 부분이 많아져 내부 강도가 약화.
- 반대로 너무 느린 냉각은 성형 수축과 뒤틀림(warping)을 유발하여 **균열 발생 위험**을 높입니다.

5. 최적 냉각 조건의 필요성
- **너무 빠른 냉각** → 표면은 단단하지만 내부 응력이 커져 균열 가능성 ↑
- **너무 느린 냉각** → 치수 안정성 저하, 기계적 강도 불균일
- 따라서 **균일하고 적정 속도의 냉각**(예: 다단 냉각, 냉각수 온도 제어, 내부/외부 동시 냉각 방식)이 크랙을 줄이는 핵심입니다.

전수검사와 무검사의 불량률 기준 설정을 위한 임계 불량률 확인

고객 클레임은 회사에 막대한 손실을 가져오기 때문에 단순히 불량을 예방하는 활동만으로는 충분하지 않다. 제품 생산 과정에서 불량이 발생하지 않도록 사전 예방 활동을 강화하는 동시에, 혹시라도 불량이 발생했을 경우 이를 조기에 찾아내는 검출 활동 역시 반드시 필요하다.

특히 고객에게 불량 제품이 그대로 전달될 경우 직접적인 금전적 손실뿐만 아니라, 회사의 신뢰도 하락, 장기적인 거래 관계 악화 등 눈에 보이지 않는 손실까지 이어질 수 있으므로 품질 관리의 중요성은 더욱 커진다.

이번 상황에서는 전수검사와 무검사 체계를 손실비용 관점에서 비교하기 위해 임계 불량률(Critical Defect Rate)개념을 검토하기로 하였다. 임계 불량률이란, 전수검사 비용과 고객 클레임 발생 시 손실비용을 비교하여 "검사를 하는 것이 경제적인지, 아니면 무검사 체제로 가는 것이 합리적인지"를 판단하는 기준값을 의미한다. 즉, 관측된 불량률이 임계 불량률보다 낮으면 무검사 체계가 더 경제적이고, 반대로 불량률이 임계 불량률보다 높으면 전수검사 체계를 유지하는 것이 합리적이라고 할 수 있다.

실제로 고객 클레임이 발생한 후 양산중인 320만 개의 제품을 전수 검사한 결과, 크랙 불량은 12ppm 수준으로 확인되었다.

이 과정에서 소요된 검사비용만 1억원에 달했다. 반면 만약 동일한 불량이 고객에게 유출된다면, 손실비용 규모가 약 100억원에 이른다고 가정하여, GPT를 활용하여 임계 불량률을 계산하고, 실제 관측된 불량률과 비교함으로써 어떤 검사 체계를 선택하는 것이 합리적인지를 검토하였다.

이를 통해 단순히 불량이 발생했는지 여부를 판단하는 수준을 넘어, 품질 관리와 경제성 분석을 동시에 고려한 전략적 의사결정이 가능하다.

▼ 그림 2.1.6 임계 불량률 산출 (GPT 활용)

1. 기본 정보

- 전수검사 비용 = **1억 원**
- 고객 클레임 비용 = **100억 원**
- 검사 개수 = **320만 개** (앞서 예시 기준 동일 가정)
- 관측된 불량률 = **12ppm (0.0012%)**

2. 제품 1개당 비용

- **1개당 검사비용**

$$\frac{100,000,000}{3,200,000} = 31.25\text{원}$$

- **1개당 고객 클레임 비용**

$$\frac{10,000,000,000}{3,200,000} = 31,250\text{원}$$

3. 임계불량률 계산

임계불량률 공식:

$$\text{임계불량률} = \frac{\text{1개당 검사비용}}{\text{1개당 고객 클레임 비용}}$$

$$\text{임계불량률} = \frac{31.25}{31,250} = 0.001 = 0.1\% = 1000\text{ppm}$$

4. 비교 및 결론

- **임계불량률 = 1000ppm**
- **관측 불량률 = 12ppm**

관측된 불량률(12ppm)이 임계불량률(1000ppm)보다 훨씬 낮으므로,
전수검사보다 무검사가 경제적으로 더 유리합니다.

크랙 발생 대응 활동 요약

고객에서 발생한 크랙 불량에 대해 GPT를 활용하여 대응 활동을 진행하였으며, 조사·정리한 결과는 다음과 같다.

1) 고객 불량 대응 활동

① 고객이 긴급히 요청한 크랙에 영향을 주는 특성요인도를 현실에 맞게 정리하여 신속하게 전달하였다.

② 현재 물성치 기준을 검토한 결과, 고객이 요구하는 품질 수준을 충족하고 있으므로 설계변경(재질 변경, 튜브 두께 변경)은 불필요하다고 판단하였다.

③ 임시조치로 전수검사를 시행하고 있으며, 압출공정 개선 후 크랙 불량이 발생하지 않는 것을 확인되면 예방활동 중심으로 전환하기로 하였다.

2) 압출공정 개선 활동

① 튜브 생산 과정에서 충격이 집중되는 구간에 충격을 완화하는 개선을 완료하였다.

② 압출공정의 냉각 조건에 대해 최적화 실험을 실시하여 조건을 재설정하였다.

③ 품질 예방 활동 강화를 위해 신규 관리 항목을 설정하기로 하였다.

④ 상기 ①~③ 개선이 최종 마무리되면, 크랙 불량 0ppm을 확인한 후 고객에게 근본 대응 활동 결과를 공유하고, 전수검사 체계를 무검사 또는 샘플링 검사 체계로 전환할 계획이다.

AI를 활용한 고객 품질 대응활동을 마무리하면서

이번 고객 품질 대응활동에서 AI(Minitab Solution Center 및 GPT)를 적극적으로 활용한 결과, 문제해결의 속도와 체계성이 크게 향상되었음을 실감할 수 있었다. 기존에는 사내 경험과 축적된 자료에 의존하여 개선 활동을 추진해 왔으나, 이번에는 AI를 통해 글로벌 수준의 기술 정보와 다양한 사례를 빠르게 확보함으로써 보다 넓은 시야에서 문제를 검토할 수 있었다.

또한 고객이 요구하는 자료를 단시간에 정리하고 대응할 수 있었으며, 내부 교육자료까지 확보하여 전 직원이 공유할 수 있는 기반을 마련한 점은 큰 성과였다. 이 과정에서 전 직원이 AI에 대해 자연스럽게 관심을 가지게 되었고, 품질 관리의 표준화와 유지관리 활동까지 공감대를 형성할 수 있었다.

무엇보다도, AI를 단순한 도구가 아니라 업무 효율을 높이고 시야를 확장시키는 파트너로 활용할 수 있다는 점에서 무형의 가치를 크게 느낄 수 있었다. 앞으로도 AI를 통한 품질 대응과 개선 활동은 회사의 경쟁력을 강화하는 중요한 축이 될 것임을 인지하게 되었다.

2.2

3현의 힘

용어 정의	3현이란 현장에서 현물을 보고 현실적으로 판단하는 것을 말한다.

품질문제해결 일반

Why에 집중하면 해결책 발견이 용이해진다!

고객 또는 공정에서 불량이 발생할 경우, 해당 기업은 이를 해결하기 위해 제품 설계나 공정 조건에 대해 다양한 대응을 시도한다. 이러한 과정에서 문제의 결과가 아니라 원인을 찾아 해결하면, 궁극적으로 불량 문제는 해결되고 재발을 방지할 수 있으며, 이를 통해 새로운 기술력을 구축할 수 있다.

그러나 원인 중심이 아닌 해결 중심으로 접근하여 근본적인 해결이 이루어지지 않는 경우, 대응에 따른 비용 증가나 재발의 위험을 초래할 수 있다. 또한, 근본 원인이 규명되지 않은 경우, 마치 한강에서 고래를 잡으려는 것처럼 엉뚱한 곳에서 원인 규명 및 해결책을 찾고 있는 경우가 종종 발생한다.

기업이 고객 또는 공정에서 발생한 부적합을 해결하기 위해 다양한 시도를 하면서 자체적으로 해결하기 어려운 상황에서, 두 가지 주요 관점에서 빠뜨리는 경우를 볼 수 있다.

첫째, 불량 현상에 대한 구체화가 부족해 대응 방향 설정에 오류가 발생하는 경우, 둘째, 'why 보다는 'how to' 중심으로 접근하여 근본 원인 규명이 미흡한 경우이다. 'Why' 관점은 '왜 쇼트 부적합이 발생했을까?'를 묻는 것이고, 'How to 관점은 '어떻게 하면 쇼트 부적합을 해결할 수 있을까?'에 초점을 맞춘다.

> 이 두 가지 요소를 동시에 해결할 수 있는 효과적인 방법이 3현을 활용하는 것이다. 마치 문제와 답은 함께 다닌다는 말처럼, 현장에서 답을 찾는 접근이 가장 현실적이고 강력한 해결책이 될 수 있다.

품질문제 발생 현황

A사에서는 고객사의 주요 부품에 대한 국산화 전략으로 신제품을 개발하여, 마침내 고객사로부터 부품 승인을 받고 양산에 들어갔다. 그런데 양산을 진행하면서 출하 검사에서 제품에 치명적인 불량인 쇼트가 발생하였고, 이에 대한 해결이 시급해졌다.

개발에 참여한 20여 명의 인력이 3개월 동안 문제 해결을 시도했지만, 여전히 쇼트 불량은 해결되지 않았고, 고객사에서는 해당 제품에 대한 승인을 취소할 상황에 놓이게 되어, A사는 매우 급박한 상황에 직면하게 되었다.

기존에 활동한 내용은

지난 3개월 동안 시행착오 실험을 진행한 개발자들의 실험 자료에 대해 유의차 분석을 실행한 결과, 모두 유의차가 나타나지 않아 그동안의 실험 내용은 의미가 없다는 결론을 내릴 수 있었다.

개발자들이 진행한 실험 내용을 살펴보니, 오븐에서의 다양한 조건(온도, 시간, 가스 종류 및 투입량, 오븐 내 제품 투입량)을 변경하며 조사를 진행하고 있었다. 개발자들이 이러한 조건들을 변경한 배경은 '과거에 쇼트 문제를 오븐 조건으로 해결한 경험이 있었기 때문' 이라고 설명했다. 즉, 원인 규명이 아니라 해결책 경험이 쌓여 있었고, 상황이 급박해지자 이번에도 원인 규명보다는 해결책 중심으로 3개월 동안 시행착오 실험을 진행한 것이다.

따라서 이를 명확히 하기 위해 오븐 조건 변수로 직교 배열 실험을 진행한 결과, 오븐 조건이 문제의 원인과 무관함을 확인했다. 이후 개발자들과 함께 해결 접근을 '어떻게(How to)'중심에서 '왜(Why)' 중심으로 전환하고, 근본적인 원인 규명을 추진하기로 하였다.

쇼트불량 현상을 확인해보니

쇼트불량을 발생시키는 영향 요인을 구분하기 위해 쇼트가 발생한 제품을 층별로 분석한 결과, 쇼트가 발생한 위치는 하나의 제품 기준으로 가장자리에서 발생하고 있음을 확인할 수 있었다.

▼ 그림 2.2.1 쇼트불량 발생 현상

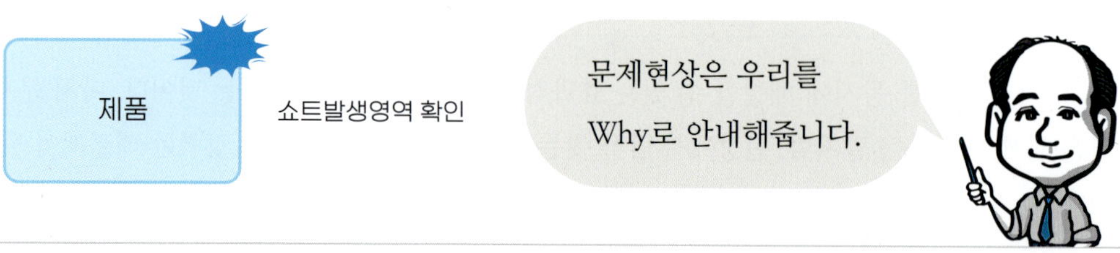

또한 개발자들이 그동안 진행한 실험들이 쇼트 발생과 관련성이 있는 영역인지 확인한 결과, 인과성이 없는 영역에 해당한다는 결론을 내렸다.

이는 곧 〈문제의 현상을 구체화하지 않은 상태에서 관련이 없는 영역을 대상으로 실험을 진행한 점〉, 그리고 〈원인 규명보다 해결 중심 접근을 우선시한 점〉이 실험의 방향성과 결과 모두에 오류를 초래한 것으로 해석되었다.

3현에서 원인과 답을!

쇼트 불량의 현상을 기반으로 제품의 가장자리에 영향을 주는 요인을 1차적으로 분류하여 주요요인을 규명하기 위하여 3현 중심으로 제조 현장에 직접 가서 제품의 가장자리에 영향을 주는 요인을 나열하여 4M으로 분류하고, 이를 확인하는 과정에 작업자가 제품을 운반하면서 제품 취급 방법이 작업자간에 차이가 있다는 것을 발견하였다.

작업자에게 제품 취급이 왜 서로 다른지 확인해 보니, 제품취급방법에 대한 기준이 없어 작업자별로 편의에 따라 제품 가운에 영역을 취급하는 경우와 가장자리를 취급하는 경우가 있다고 하였다.

제품 취급방법에 의한 쇼트 불량 유의성을 확인하기 위하여 두 가지 취급 방법에 대하여 작업을 진행하여 쇼트발생을 확인 한 결과 취급방법간의 유의차가 있어, 한 가지 취급방법으로 양산을 진행한 결과 쇼트 문제는 발생하지 않았다. 이처럼 예상치 못한 영역에서 불량 발생 요인을 발견하고, 제품 취급 방법을 표준화함으로써 쇼트불량문제를 효과적으로 해결할 수 있었다.

▼ 그림 2.2.2 제품 취급 방법의 차이에 따른 쇼트불량 발생 유무

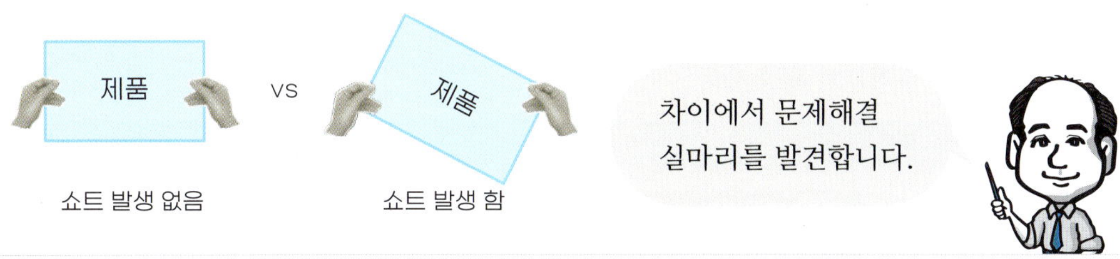

쇼트불량문제를 해결해보니

개발인력 20명이 3개월 동안 문제점을 발견하지 못했었지만, 3현 활동을 통하여 단 3일만에 문제해결을 마무리하면서, 해당 기업이 얻은 주요 메시지는 크게 두 가지로 정리할 수 있었다.

1) 불량발생 원인 영역을 효율적으로 분류하기 위해, 불량 현상을 구체적으로 파악하자.
2) 인과관계를 규명하기 위해 3현(현상, 현장, 현실) 활동을 간과하지 말자.

Tip

3현 의미 및 사례

3현이란 다음과 같이 정리할 수 있다.

1) 품질 문제 유형 및 현상, 원인, 해결점을 현장에서 실제 현물을 보고, 현실적으로 전개하는 것을 말한다.
2) 3현을 통해 문제 해결의 실마리를 발견하기가 용이해진다.
3) 문제와 답은 함께 존재하는 경우가 많아서, 3현을 통해 문제 해결 아이디어 발견이 용이해진다.
4) 3현별 활용 효과

3현 구분	활용 효과
현장	현장에서 직접 관찰하고 분석함으로써 문제의 근본 원인을 파악할 수 있다
현물	문제를 구체적으로 이해하기 위하여 세부사항을 직접 확인 할 수 있다.
현실	현실적인 제약과 조건을 고려하여 실행 가능한 해결책을 도출할 수 있다.

현장에 와서 현물을 보고
이야기하니 설명이 필요 없어요!

3현의 힘

직접 현장에 와서 보니
사무실에서 생각할 때와 다르네요!

〈 3현을 통한 품질문제 해결 사례 〉

내용	사진	3현 결과	대책
공정조건 실측	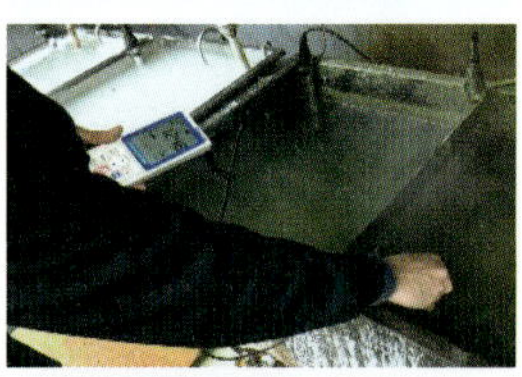	공정에서 용액의 온도를 확인한 결과 디스플레이는 63℃, 실측한 결과는 75℃	온도센서 위치 변경
작업자의 불편요소 확인	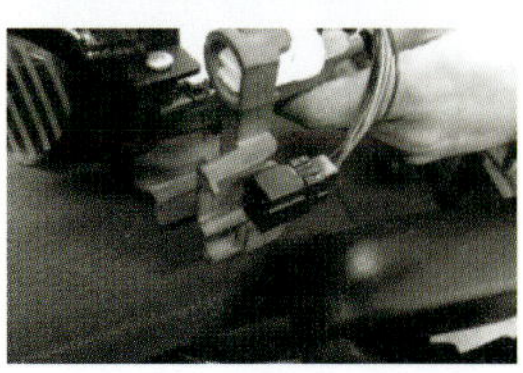	고객에서 자주 발생하는 커넥터 조립 불량을 확인한 결과 커넥터 자체의 문제가 아닌, 커넥터 체결 조립 공간이 잘못되어 있었다.	커넥터 체결 공간 확보

Uniformity는 품질수준의 척도

용어 정의	Uniformity는 균일성을 의미하며 주요품질특성에 대한 관리척도로 활용한다

품질수준을 나타내는 척도

품질수준을 나타내는 품질 척도는 크게 두 가지 관점으로 구분할 수 있다. 하나는 고객 만족 또는 품질 관련 비용을 중심으로 하는 척도와 다른 하나는, 제품의 안정성에 중점을 둔 척도이다.

이러한 다양한 품질 척도중에서도, 가장 기본이 되며 우선적으로 관리되어야 할 항목은 공정의 안정성과 일관성을 평가하는 척도이다.

공정이 안정적으로 운영되고 있을 경우, 제품의 품질이 일정하게 유지되며, 이로 인해 고객의 기대를 충족하거나 초과 달성할 가능성이 높아진다. 또한 결함률이 낮아지고 재작업이나 클레임 발생이 줄어들기 때문에, 결과적으로 품질 비용도 절감되는 긍정적인 효과를 얻을 수 있다.

즉, 공정 안정성 관점의 품질 척도가 우수할수록, 고객 만족도와 비용 측면의 품질 척도도 자연스럽게 유리한 방향으로 전개된다고 볼 수 있다.

이러한 이유로, 많은 기업들은 품질관리를 위해 공정의 상태를 실시간으로 모니터링하는 관리도와 제품이 설계된 사양 범위 내에서 얼마나 일관되게 생산되는지를 평가하는 공정능력분석을 기본적인 관리 수단으로 활용하고 있으며, 여기에 추가로 제품 및 공정의 균일성을 나타내는 Uniformity를 사용함으로써 품질예방관리 활동을 더욱 강화할 수 있다.

▼ 표 2.3.1 품질 척도 종류

구분	척도	개념
고객 만족 및 비용관점	고객 만족도	고객이 제품 및 서비스에 만족한 정도
	고객 불만율	제품이나 서비스에 대한 고객 불만 건수 비율
	6시그마 수준	제품의 품질수준을 통계적으로 표현한 것
	품질 비용	품질확보를 위해 투입한 비용(예방,평가,실패비용)
	MTBF	제품이 고장 나기까지의 평균 시간
공정 안정성 관점	규격 만족도	고객이 요구한 품질규격을 만족한 정도 (공정능력지수)
	공정 안정성	공정이 안정적으로 관리되고 있는 정도 (Uniformity)
	수율	전체 생산 중 양품이 차지하는 비율

Uniformity 계산 공식 종류

균일성을 나타내는 Uniformity은 공정의 일관성과 제품 품질의 안정성을 나타내는 중요한 특성으로, 품질관리 활동의 핵심적인 성과 지표 중 하나로 간주된다.

제품 간 또는 공정 내에서의 편차가 작고 특성이 일정하게 유지되는 경우, 전반적인 품질 수준이 향상되며 고객 신뢰도를 높일 수 있기 때문에, 균일성 확보는 품질관리의 주요 목표 중 하나로 설정된다. 이를 위해 많은 기업들은 생산 특성, 공정 특성, 산업군의 특성에 따라 다양한 방식으로 균일성을 측정하고 분석한다.

특히 정량적인 판단이 필요한 경우에는 Uniformity를 수치로 표현하기 위한 여러 가지 공식을 상황에 맞추어 활용하면서, 생산 공정의 일관성과 불량 가능성을 사전에 진단하고 관리한다.

즉, Uniformity는 단순한 품질 특성이 아니라, 이를 어떻게 계량화하고 지속적으로 개선할지를 포함하는 품질경영 전략의 중요한 수단으로 인식되며, 기업에서는 자사의 공정 특성과 제품의 특수성에 맞는 Uniformity 측정 공식을 선택적으로 활용함으로써, 예방 중심의 품질 확보 활동을 강화하고 있다.

▼ 표 2.3.2 Uniformity 계산 공식

Uniformity 구하는 공식	판단기준
$(1-\frac{\text{최대값-최소값}}{\text{평균}})\times 100\ (\%)$	100%에 가까울수록 우수
$(1-\frac{\text{표준편차}}{\text{평균}})\times 100\ (\%)$	
$(\frac{\text{최대값-최소값}}{\text{최대값+최소값}})\times 100\ (\%)$	작을수록 우수 (시료수가 작을수록 작아지는 경향)
$(\frac{\text{최대값-최소값}}{2\times\text{평균}})\times 100\ (\%)$	
$(\frac{3\times\text{표준편차}}{\text{평균}})\times 100\ (\%)$	작을수록 우수 (10% 초과시 균일성 미흡, 상대비교 가능)

Uniformity 공식 계산 방법별 장단점

Uniformity를 계산할 때 최대값과 최소값의 차이(Max − Min)를 활용하는 공식은 간단하고 직관적이라는 장점이 있지만, 집단별로 사용하는 시료 수가 동일하지 않을 경우, 집단 간 균일성을 정량적으로 비교하기 어렵다는 한계가 있다.

일반적으로는 공정 간 또는 로트 간의 균일성을 상대적으로 비교하기 위해 시료 수를 동일하게 맞추는 것이 이상적이지만, 실제 제조 환경에서는 공정의 특성, 생산 조건, 검사 방식 등에 따라 시료 수가 달라지는 경우가 많다.

이러한 현실적인 제약을 고려할 때, 집단 간 시료 수가 다르더라도 균일성의 상대 비교가 가능한 지표, 즉 표준편차를 포함한 공식을 활용하는 것이 보다 타당하고 객관적인 방법이라 할 수 있다.

표준편차는 시료 수에 상관없이 공정의 일관성과 변동성을 객관적으로 비교할 수 있는 장점이 있으며, 기업체의 상황에 따라 활용해도 좋으리라 본다.

Uniformity 활용 예시

제품 또는 공정의 주요 품질 특성에 대해 균일성을 평가하기 위해, 표준편차를 이용한 Uniformity 공식을 이용하여 품질 특성 간 상대 비교를 수행하고, 이를 통해 개선 정보를 도출한 사례는 아래와 같다. (활용한 Uniformity 공식 : (3×표준편차)/평균 = 3CV (coefficient of variation, 변동계수))

1) 하나의 공정에서 로트 간 변동에 대한 균일성 평가 및 해석

: 동일 모델을 대상으로 주요 품질 특성에 대하여 로트 간 데이터를 분석하고, 3CV(변동계수)를 활용하여 개선이 필요한 요소를 도출하였다. 그리고 이와 함께 관리도 및 공정능력분석을 병행하여 품질 특성의 변동 현상을 함께 아래 그림2.2.1에 나타냈다.

▼ 그림 2.3.1 하나의 공정에서의 균일성 평가 및 해석

제품특성 규격 : 35.5 ± 1.5%, 로트별 n=6개씩 시료에 대하여 관리 진행

lot no	X1	X2	X3	X4	X5	X6	평균	표준편차	3CV
1	35.596	35.576	35.656	35.636	35.576	35.596	35.6058	0.03288	0.28%
2	35.296	35.376	35.416	35.296	35.276	35.356	35.3356	0.05517	0.47%
3	35.674	35.634	35.534	35.574	35.774	35.754	35.6573	0.09585	0.81%
4	35.636	35.516	35.716	35.616	35.696	35.736	35.6525	0.08145	0.69%
5	35.196	35.276	35.256	35.276	35.316	35.316	35.2723	0.04460	0.38%
6	35.674	35.794	35.714	35.634	35.774	35.814	35.7340	0.07155	0.60%
7	35.474	35.534	35.474	35.494	35.514	35.494	35.4973	0.02338	0.20%
8	35.534	35.534	35.274	35.434	35.314	35.314	35.4007	0.11639	0.99%
9	35.506	35.546	35.546	35.646	35.526	35.766	35.5893	0.09913	0.84%
10	36.026	35.946	35.846	35.986	35.866	35.966	35.9393	0.07005	0.58%
11	35.894	35.954	36.014	36.014	35.994	35.894	35.9607	0.05610	0.47%
12	35.614	35.814	35.714	35.694	35.594	35.694	35.6873	0.07866	0.66%
13	35.774	35.814	35.754	35.654	35.614	35.594	35.7007	0.09180	0.77%
14	35.474	35.434	35.714	35.694	35.474	35.474	35.5440	0.12506	1.06%
15	35.918	35.878	35.878	35.938	35.918	35.838	35.8947	0.03670	0.31%

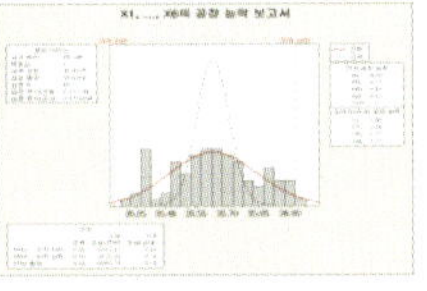

공정능력분석결과
: 규격을 겨우 벗어나지 않도록 관리하고 있음

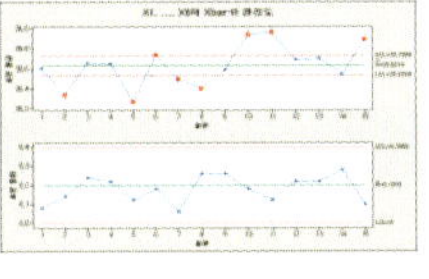

Xbar-R관리도 작성결과
: 군간변동은 불안정함

[해석]

1) 3CV 허용 기준이 10% 보다 훨씬 작은 1.5%로 설정되어 있어, 매우 중요한 품질 특성으로 판단된다.

2) 3CV 값은 규격의 한쪽 허용 기준인 1.5% 이내보다 훨씬 더 작게 관리되어야 하며, 이는 Cpk 목표와 연계하여 설정할 필요가 있다.

3) 3CV 값이 0.28%에서 1.06%까지 크게 변동하므로, 허용 기준을 안정적으로 만족하기 위해서는 로트 간 균일성 관리가 필수적이다. 로트 간 균일성은 곧 4M 관리 능력 수준을 나타내며, Xbar-R 관리도와 연계하여 관리가 필요하다.

2) 동일한 제품에 대한 공정 간 균일성 평가 및 해석

: 동일한 제품에 대해 전반부 공정부터 후반부 공정까지 각 공정별 주요 관리 항목을 대상으로 균일성을 비교 평가하여, 품질 개선이 필요한 요소를 다음 페이지의 표 2.2.3에 나타냈다. (대상 공정은 Uniformity가 특히 중요하게 적용되는 반도체 fab공정을 기준으로 하였다.)

▼ 표 2.3.3 동일한 제품에서의 공정간 균일성 평가 및 해석

공정명	노광	산화	에칭	증착	이온주입	평탄화
주요품질특성	선폭(CD)	산화막두께	에칭깊이	증착두께	도핑농도	평탄도
n	12	12	8	5	5	10
평균	150	1010	50	251	199	9
표준편차	12.5	25.8	0.33	5.8	20	0.05
3CV(%)	25.0%	7.7%	2.0%	6.9%	30.2%	1.7%

[해석]

1) 공정별 시료 수에는 차이가 있지만, 3CV 값을 활용하면 균일성을 상대적으로 비교할 수 있다. 분석 결과, 에칭 공정이 가장 우수한 균일성을 보였다. 또한, 각 주요 품질 특성에 대해 Cpk와 함께 비교하면, 개선이 시급한 공정을 효과적으로 구분할 수 있다.

2) 각 품질 특성별로 월 단위의 3CV 추이를 추가 분석함으로써, 시간 경과에 따른 균일성의 변화를 상대적으로 파악할 수 있다. 이를 통해 품질 안정성의 장기적인 경향을 모니터링하고, 돌발적인 이상징후를 조기에 감지할 수 있다.

3) 균일성을 최대값과 최소값의 차이로 산출할 경우, 시료 수에 따라 결과가 달라 질 수 있어 공정 간 균일성을 상대적으로 비교하기 어렵다.

3) 서로 다른 제품간 규일성 평가

: 서로 다른 제품(또는 모델)을 대상으로 동일한 품질 특성에 대하여 균일성 및 Cpk를 함께 비교·평가함으로써, 하여 개선이 필요한 요소를 확인하였다.

▼ 표 2.3.4 모델별 균일성 및 Cpk 비교 평가 해석

모델명(%)	ABC1	BCD2	DEF3
주요품질특성	전류	두께	치수
n	25	15	30
3CV	4.8%	12.2%	8.7%
Cpk	1.65	1.52	0.95

[해석]

1) 균일성 측면에서는 BCD2 모델이 가장 좋지 않지만, Cpk가 1.5 이상으로 우수하므로 개선이 필요하지 않다.

2) 3CV는 공정 간 균일성을 상대적으로 비교할 수 있는 지표이지만, Cpk는 각 모델의 평균값과 규격 폭을 함께 반영하므로, 개선 여부를 판단할 때는 Cpk를 우선적으로 고려해야 한다.

3) DEF3모델은 Cpk가 낮아 개선이 필요하며, 3CV 또한 상대적으로 우수하지 않아 전반적인 품질 안정성 측면에서 개선이 요구된다.

품질확보를 위한 Uniformity 활용 의미

품질 관리를 더욱 강화하기 위한 방법으로, 기존에 널리 사용되고 있는 관리도 및 공정능력분석(Cpk 등)에 기반하여, Uniformity 지표를 함께 활용하면 전반적인 품질 수준을 한층 더 향상시킬 수 있는 효과적인 관리 수단이 될 수 있다.

> Uniformity는 단일 공정 내에서만 활용하는 데 그치지 않고, 여러 공정 간 또는 서로 다른 모델 및 부품 간의 균일성을 비교함으로써, 품질 안정성이 낮은 공정이나 모델을 조기에 식별할 수 있는 장점을 가진다.
>
> 이러한 비교 분석을 수행하기 위해서는 3CV(coefficient of variation × 3)를 활용하는 것이 바람직하며, 시료 수의 차이를 고려한 상대적인 균일성 평가 지표로써 유용하게 사용될 수 있다.

따라서 Uniformity는 기존의 품질 지표를 보완하고, 균일성 확보가 필요한 대상을 빠르게 선정하여 우선적인 개선 활동에 집중할 수 있도록 돕는 유용한 품질 관리 도구로 활용될 수 있다.

Tip

표준편차 개념

표준편차(Standard Deviation)는 데이터가 평균을 중심으로 얼마나 흩어져 있는지를 나타내는 대표적인 지표로, 산포의 크기를 파악하기 위해 주로 정규분포를 기반으로 해석된다.

또한, 표준편차는 관리도, 공정능력분석(Capability Analysis), 측정시스템분석(MSA) 등 다양한 품질 관리 기법에서 핵심적으로 활용되며, 일반적으로 S 또는 σ로 표기한다.

1) 표준편차 계산 예

시료 3개에서 얻은 3개의 치수데이터에서 평균과 표준편차를 구해보자.

11, 12, 13

- 평균 $\bar{x} = \frac{\sqrt{\sum x_i}}{n} = \frac{11+12+13}{3} = 12$
- 표준편차 $s = \sqrt{\frac{\sum (x_i - \bar{x})^2}{n-1}} = \sqrt{\frac{(-1)^2+0^2+1^2}{3-1}} = 1$

표준편차는 각 편차의 크기를 표준화 시킨 값이다.

정규분포 성질 (μ-(모)평균, σ-(모)표준편차)
일반적으로 데이터는 정규분포 특성을 가지며, 모집단의 약 99.73%는 $\mu \pm 3\sigma$ 범위 내에 존재합니다.

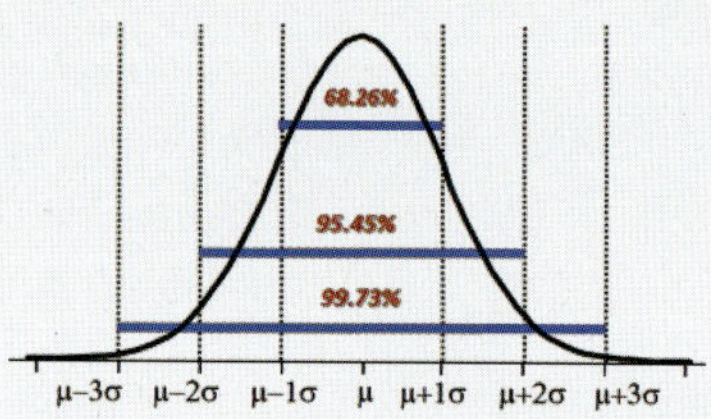

2) 표준편차 활용 예

시료 3개에서 얻은 3개의 치수데이터에서 평균과 표준편차를 구해보자.

집단에서 시료 5개 대하여 치수를 측정한 결과이다.
산포의 크기가 만족스러운지 알아보자. (규격 15±5)

11, 14, 16, 18, 15

- 평균 = 14.6 표준편차 = 2.61
- $\mu \pm 3\sigma = 14.6 \pm (3 \times 2.61) = 6.8 \sim 22.4$

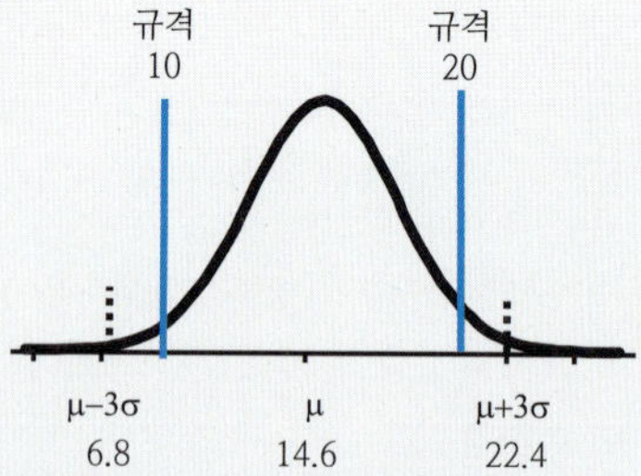

3σ 값(3 × 2.61 = 7.8)이 규격 한쪽 허용폭인 5보다 크기 때문에 산포가 만족스럽지 않다. 현재 시료 5개는 모두 규격 내에 있으나, 모집단 분포는 규격을 벗어나는 부분이 있음을 분포 그래프에서 확인할 수 있다. 따라서, 최종적으로 집단의 분포를 정확히 파악하기 위해서는 대표성을 갖는 시료 수를 추가로 확보하여 분포를 다시 분석할 필요가 있다.

불량개선 실마리 발견을 위한 층별 활용

용어 정의	QC7도구 중에 하나인 층별은 불량데이터를 원인 영역별로 나누는 것이다.

QC도구 활용 의미

건축물을 지을 때 적절한 도구를 활용하면 작업이 훨씬 수월해지듯, 품질 문제를 해결하는 과정에서도 QC 수법을 활용하면 문제를 보다 효율적이고 체계적으로 해결할 수 있다.

모든 일에 반드시 지켜야 할 순서가 있듯이, 품질 문제 해결에도 단계별 접근이 필요하다.

첫 번째 단계는 현상을 정확히 파악하는 것이며, 마지막 단계는 원인을 분석하고 해결책을 도출한 뒤, 이를 유지·관리하는 체계를 실행하는 것이다.

현재는 품질 문제 해결을 위한 다양한 수법과 방법이 널리 알려져 있으며, 많은 기업들이 이러한 도구를 활용해 효율적인 품질 관리와 문제 해결을 수행하고 있다. 필자의 경험을 바탕으로, 품질 문제 해결 과정에서 특히 유용했던 두 가지 주요 수법을 소개하고자 한다.

- 현상 파악 단계에서의 '층별(Stratification)'
- 원인 정리 단계에서의 '특성요인도(Fishbone Diagram)'

이 두 가지 방법의 핵심 개념과 실무 적용 사례를 중심으로 살펴보려고 한다. 본 절에서는 층별에 대하여, 2.5절에서는 특성요인도에 대하여 설명하고자 한다.

층별을 효율적으로 활용하는 방법

층별이란, 집단을 구성하는 요소들을 특정한 특징에 따라 몇 개의 그룹으로 나누는 과정을 말한다. 이는 품질문제를 해결하는 데 자주 활용되는 수법으로, 수집된 자료를 원인 영역별로 구분하여 비교함으로써 불량 발생의 문제 영역을 쉽게 발견할 수 있다.

예를 들어, 불량이 발생하는 원인 영역(작업자, 설비, 환경, 시간 등)으로 나누어 분석하면, 문제를 일으킨 핵심 원인 영역을 효율적으로 규명하여 품질문제 해결 실마리를 쉽게 찾을 수 있다.

층별을 수행하는 방법으로는 일원적 층별과 이원적 층별이 있다.

- 일원적 층별: 하나의 원인을 기준으로 데이터를 분석하여 각 원인별로 문제 영역을 규명할 수 있다.
- 이원적 층별: 두 가지 원인을 조합하여 데이터를 분석하여 문제가 되는 조합을 규명할 수 있다.

또한, 이원적 층별을 활용하면, 단일 기준으로 분류했을 때는 보이지 않던 숨겨진 문제의 패턴이나 원인을 효과적으로 발견할 수 있습니다.
이는 일원적 층별로는 파악하기 어려운 요인 간 상호작용이나 복합적 원인 구조를 시각적으로 분석할 수 있게 해 주며, 보다 정밀한 품질 문제 해결로 이어질 수 있습니다.

▼ 표 2.4.1 불량률 관련 데이터 집계

NO	장치	원료	작업자	양품	NO	장치	원료	작업자	양품
1	1	B	을	14.0%	16	1	C	을	4.0%
2	1	A	병	3.0%	17	1	A	병	12.0%
3	1	B	병	14.0%	18	1	C	병	8.0%
4	2	B	병	3.0%	19	1	C	을	13.0%
5	2	A	을	18.0%	20	2	C	병	7.0%
6	2	A	갑	12.0%	21	1	C	병	2.0%
7	1	B	을	2.0%	22	2	B	병	11.0%
8	2	B	갑	9.0%	23	1	B	갑	24.0%
9	1	A	갑	28.0%	24	2	C	을	9.0%
10	2	A	을	4.0%	25	2	A	갑	3.0%
11	2	A	을	13.0%	26	1	A	을	7.0%
12	2	B	갑	6.0%	27	1	C	갑	26.0%
13	1	C	갑	21.0%	28	2	B	을	7.0%
14	2	C	갑	1.0%	29	1	B	갑	17.0%
15	2	C	병	16.0%	30	2	A	병	6.0%

최근 생산한 총 30로트에 대하여 장치, 원료, 작업자별로 구분하여 불량률 데이터 집계

1) 일원적 층별 결과

〈표 2.8.2〉는 수집된 데이터를 장치, 원료, 작업자 등 개별 원인 영역별로 층별하여 분석한 결과를 나타낸 것이다. 각 원인 조건별로 범위(최대값과 최소값 간의 차이)를 산출하여 비교한 결과, 장치 1호기와 작업자 A에서 불량률이 가장 높아, 이들이 주요 불량 원인으로 확인되었다.

반면, 원재료 공급업체별 불량률은 큰 차이가 없어, 불량 발생에 미치는 영향은 상대적으로 미미한 것으로 분석되었다.

▼ 표 2.4.2 일원적 층별 결과

구분	장치		원료 업체			작업자		
	1호기	2호기	A	B	C	갑	을	병
불량률	13.0%	8.3%	10.6%	10.7%	10.7%	14.7%	9.1%	8.3%
범위(차이)	4.7%		0.1%			6.4%		

- 불량률 : 해당 원인 조건별로 불량률에 대한 평균값
- 범위(차이) : 원인별 최대값과 최소값이 차이

▼ 표 2.4.3 이원적 층별 결과

구분		작업자		
		갑	을	병
장치	1호기	23.2%	8.0%	7.8%
	2호기	6.2%	10.2%	8.6%

- 불량률 : 두개의 원인 조합 조건별 불량률에 대한 평균값

2) 이원적 층별 결과

동일한 데이터를 설비와 작업자를 조합하여 층별 한 〈표 2.8.3〉에서는 일원적 층별과 다른 새로운 사실이 발견되었다.

> 불량이 자주 발생하는 원인은 장치 1호기의 문제나 작업자 A의 문제가 단독으로 발생하는 것이 아니라, 작업자 A가 장치 1호기에서 작업할 때에 불량이 많이 발생하는 것으로 나타났다.

일원적 층별과 이원적 층별의 결론이 상이할 경우에는 조합에 의한 이원적 층별의 결론을 기준으로 불량 영향요인을 검토해주어야 한다.

3) 결론 및 활용

일원적 층별은 데이터를 단일 요인(예: 장치, 치공구, 원재료, 작업자, 시간대 등)으로 분석하여 문제 영역을 정의하고, 이원적 층별은 두 개의 요인을 결합하여 분석함으로써, 더 구체적이고 명확한 부적합 발생 원인을 규명할 수 있는 장점이 있다. 따라서, 부적합 문제를 해결하기 위해서는 필요에 따라 일원적 층별 및 이원적 층별을 활용하여 품질문제 해결 실마리를 발견하도록 한다.

Tip

층별 사례

[층별은]

① 수집된 데이터를 원인 영역별로 나누는 것이다.

ㄴ 원인영역 : 설비간, 작업자간, 근무조간, 원재료간, 작업방법간, 환경간,...

② 문제해결 실마리를 찾는데 용이해 진다.

③ 어렴풋했던 문제 영역이 명확해 진다.

사례) 고객에서 자주 클레임이 발생하는 용접불량에 대한 층별을 실시한 결과
→ 1번 위치에서 주로 불량이 발생하고 있다는 것을 보여주고 있다.

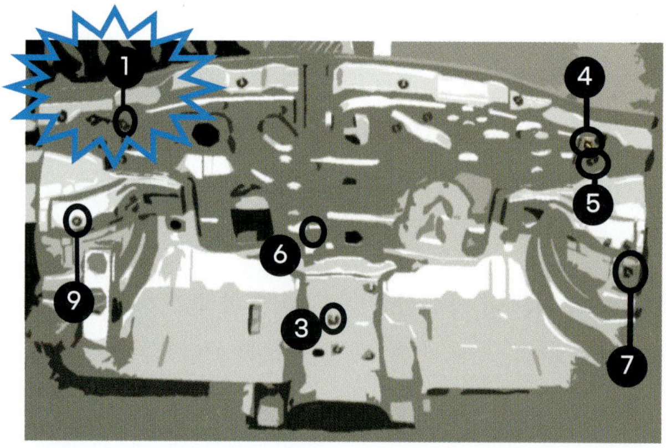

구분	용접위치								
	1	2	3	4	5	6	7	8	9
불량수량	10	2	1	1	1	2	1	1	1

불량발생 위치별로 데이터를
구분해보니, 4번 위치에서
불량이 집중적으로 발생해요!

중량이 가벼운 금형에서
온도가 높은 경우에
많은 불량이 발생해요!

문제영역에 대하여 느낌이 아닌,
데이터로 이야기하니
소통이 훨씬 수월해요!

**층별 후 결과에 대한
담당자 반응입니다.**

2.5

특성요인도를 품질 학습 도구로 이용

용어 정의	특성요인도는 특성과 요인을 구조화 시켜 놓은 그림이다.

특성요인도 활용 의미

특성요인도(Cause-and-Effect Diagram, Fishbone Diagram)는 문제 해결 과정에서 매우 유용한 도구로, 품질문제를 해결하거나 원인을 분석할 때 매우 유용한 도구로, 다음과 같은 활용 가치를 가지고 있다.

1) 문제의 근본원인 파악

- 품질 문제의 표면적인 현상에만 집중하지 않고, 근본 원인을 체계적으로 파악할 수 있다.
- "왜 이런 문제가 발생했는가?"를 여러 관점에서 생각하며, 모든 가능한 원인을 나열하고 분석할 수 있도록 도와준다.

2) 원인과 결과간의 관계 시각화

- 문제(결과)를 중심으로 원인들을 계층적으로 나열하기 때문에 원인과 결과의 관계를 명확하게 시각화할 수 있다.
- 복잡한 문제에서도 구조화된 접근 방식을 제공하여, 분석을 효율적으로 수행할 수 있다.

3) 팀원 간 협업 촉진

- 특성요인도는 브레인스토밍 과정에서 팀원들의 의견을 구조화하고 정리하는데 매우 유용하게 활용된다.
- 팀원들이 다양한 아이디어를 내며, 서로 다른 관점에서 문제를 분석하게 만들어 협업의 질을 높인다.

▼ 그림 2.5.1 특성요인도 구조

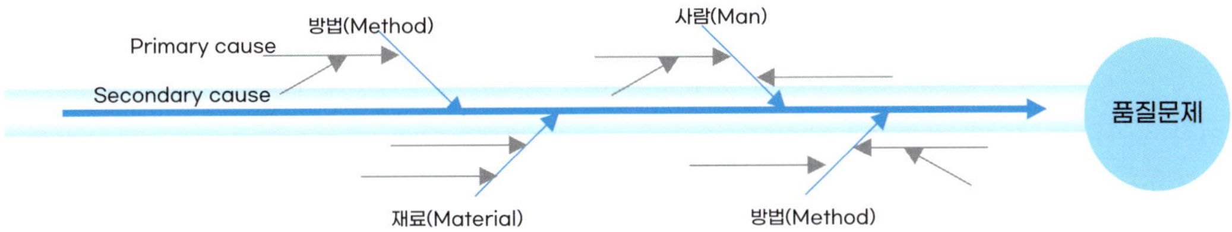

1) 체계적인 종합 분석

- 일반적으로 4M 관점을 기반으로 문제를 분석한다.
- 이렇게 다양한 카테고리로 원인을 나눔으로써, 특정 영역에 치우치지 않고 문제를 종합적으로 이해할 수 있다.

2) 문제해결 우선 순위 설정

- 원인을 나열하고 분석하면서, 실제로 문제가 발생하는 주된 요인을 파악하고, 이를 해결하는데 우선 순위를 부여할 수 있다.
- 이를 통해 자원을 효과적으로 배분하고, 해결 노력을 집중시킬 수 있다.

3) 재발방지

- 근본 원인을 명확히 함으로써, 문제의 재발 가능성을 줄이고, 품질 관리 프로세스 개선을 지원한다.
- 동일한 문제가 반복적으로 발생하지 않도록 프로세스에서 취약한 부분을 공유 시켜준다.

이처럼 특성요인도는 문제를 체계적으로 분석하고 해결 방안을 도출하며, 품질 관리 프로세스를 강화하는 데 중요한 도구이다. 이를 활용하면 문제를 보다 명확히 이해하고, 효과적인 해결책을 마련할 수 있다.

특성요인도 전개 핵심 포인트

특성요인도를 활용한 문제 해결 과정에서 다수의 참여와 체계적인 접근에 대한 핵심포인트를 알아본다..

1) 문제(결과)를 명확히 정의한다

- "무엇이 문제인가?"를 팀원 모두가 정확히 이해하도록 중심에 핵심 문제를 구체적으로 설정한다.

2) 주요 범주(대분류)를 설정한다

- 일반적으로 5M1E (Man, Machine, Method, Material, Measurement, Environment) 또는 4M 등의 분류를 활용하여 원인 범주를 정한다.

3) 브레인스토밍을 통해 원인을 폭넓게 도출한다.

- 팀 구성원들과의 자유로운 의견 교환을 통해 직접적 원인과 간접적 원인을 다양하게 수집한다.

4) 계층적 구조로 원인을 정리한다

- 각 범주 아래에 1차, 2차, 3차 원인을 가지 형태로 정리하여 원인의 깊이와 관계를 시각화 한다.

5) 사실과 데이터에 기반한 검토를 병행한다

- 브레인스토밍 이후 도출된 원인을 현장 데이터, 관찰, 실측 결과 등과 대조하여 신뢰도 있는 원인을 선별한다.

6) 원인 간 연결성과 상관관계를 고려한다.
- 단순 나열이 아니라, 원인들 간의 논리적 인과 관계를 검토하여 원인 구조를 정교화 한다.

7) 근본 원인 추출 후 후속 조치로 연결한다
- 작성된 특성요인도를 바탕으로 우선순위를 정하고, 근본 원인에 대한 실질적 개선 활동으로 이어지도록 한다.

▼ 그림 2.5.2 특성요인도 활용 절차

1단계 : 특성요인도 작성 — 다수의 의견을 취합하여 정리하고 다듬어서, 특성요인도를 작성하여 공유한다.

↓

2단계 : 주요요인 표시 및 공유 — 주요요인후보를 특성요인도에 표시하여, 개선이 필요한 주요 요인을 강조하면서 공유한다,

↓

3단계 : 부적합 해결 마무리 — 주요요인에 대한 조치를 취하고 최종적으로 개선효과를 공유한다.

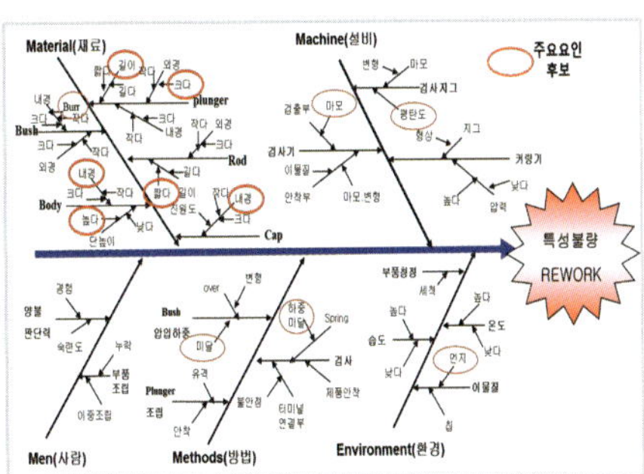

[1,2단계 실행 내용]

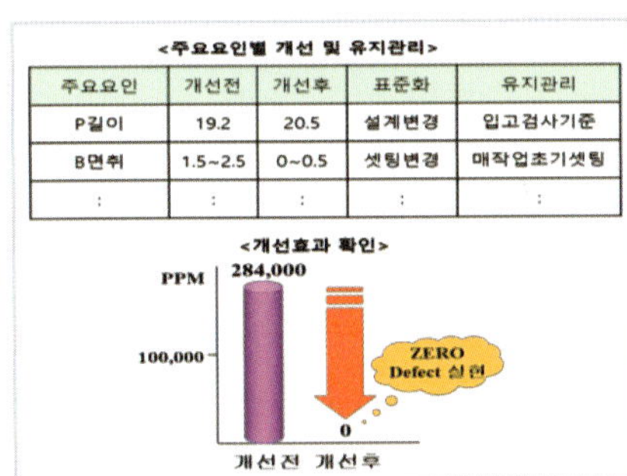

[3단계 실행 내용]

특성요인도 활용을 통한 1석3조 효과

문제해결과정에서 특성요인도를 활용하기 위하여 다수의 참여와 체계적인 접근으로 다양한 관점의 의견을 모을 수 있고, 다양한 의견은 해결의 정확성과 효과성을 높이는데 기여한다.

소수만 참여하면 관심이 제한될 수 있지만, 다수가 참여하면 품질 문제에 대한 조직 전체의 관심을 확산시키고 협업 문화를 형성하는 데 도움이 된다.

이처럼 특성요인도 활용의 효과를 3가지로 정리해 본다.

효과1) 학습활동

특성요인도 활용 절차 1~2단계에서 다수가 참여하며, 서로 알지 못했던 영향을 이해하고 공유할 수 있다. 이 과정은 업무의 의미와 과정을 다시 생각하게 하는 넛지 효과를 만들어 낸다.
결과적으로 개인과 조직 모두가 새로운 학습 기회를 얻고, 문제 해결 능력을 높이는 데 기여한다.

효과2) 참여활동

2~3단계를 통해 주요 요인을 규명하고 해결 대책을 논의하며, 이를 조직내에서 공유한다. 문제 해결의 과정에 직접 참여함으로써 참여자들은 성취감을 느끼고, 조직의 목표 달성에 기여했다는 만족감을 얻게 된다. 이는 조직 내 협업과 책임감을 강화 시키는 긍정적 영향을 미친다.

효과3) 주요요인규명 및 부적합 제로 기반 조성

참여활동을 통해 문제의 근본 원인을 규명하고, 해결책을 실행하여 부적합 발생을 방지하는 체계를 구축한다. 이는 품질 문제 해결 뿐만 아니라, 부적합 제로를 실현할 수 있다는 자신감과 신뢰를 조직에 심어주는 기반이 된다. 결과적으로 조직 내 품질 관리 문화가 한 단계 발전하는 시너지 효과를 창출한다.

특성요인도는 단순히 문제를 분석하는 도구를 넘어, 조직 내 품질 문제에 대한 학습, 참여, 개선 문화를 형성하는 데 중요한 역할을 한다.

다수의 참여와 체계적인 접근은 문제 해결의 정확성을 높이고, 조직 전체의 품질 관리 능력을 향상시키는 데 기여한다.

이를 통해 단순한 문제 해결을 넘어 지속 가능한 품질 개선 문화를 구축할 수 있게 된다.

Tip

특성요인도 작성을 위한 포스트 잇 이용 방법

특성요인도 작성을 위하여 브레인스토밍을 통하여 의견을 정리하는 대신 포스트 잇을 이용하여 다양한 의견을 모으는 방법입니다.

〈 특성요인도 작성 순서 〉

1st) 불량 현상을 현물(또는 사진, 그래프)중심으로 공유한다.
2nd) 개인별로 포스트잇 5장씩 나누어 준다.
3rd) 개인별로 한 장에 한 가지의 요인을 총 5장 작성한다.
4th) 작성한 내용을 4M기준으로 구분하여 게시한다.
5th) 게시된 내용을 정리/보완하여 특성요인도를 작성한다.

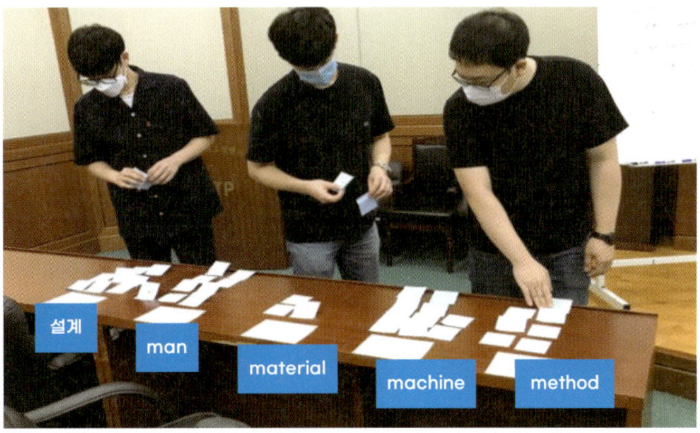

특성요인도를 작성하기 위하여 포스트 잇을 활용하고 있는 모습

참여하고 학습하면서 생각의 폭이 넓어지고,
서로가 품질에 관심을 가지면서 조직이 지속적으로 성장한다.

SPC수법을 이용한 개선 포인트 발견

용어 정의	SPC는 통계적인 공정관리 개념으로 주요관리항목에 대하여 관리하는 방법이다.

품질관리를 위한 SPC수법 활용

품질관리 활동의 핵심은 부적합의 검출과 예방으로 구분할 수 있다. 이 중 예방관리 활동은 신제품 개발부터 생산 단계까지 광범위하게 전개된다. 개발 및 생산 단계에서는 주요 품질 특성의 품질 수준을 평가하며, 생산 단계에서는 부적합 발생을 방지하기 위해 4M을 중심으로 예방 활동을 수행한다.

일반적으로 기업에서는 품질 예방 활동으로 자주보전 및 SPC(Statistical Process Control, 통계적 공정 관리)활동을 전개한다. 자주보전을 위해 5S 및 시각적 관리(눈으로 보는 관리)를 병행하여 예방관리 활동을 수행하며, 주요 품질 특성에 대하여 품질 수준을 평가하면서 SPC기법인 관리도를 활용하여 주요 품질 특성의 공정 안정성을 확인하고 공정능력지수를 통해 규격 만족도를 평가하여, 필요 시 개선 활동과 연계한다.

관리도와 공정능력지수를 활용하기 위해서는 주요 품질 특성에 대한 데이터를 확보해야 하며, 이를 위해 계측기를 사용한다. 본 절에서는 SPC활동을 효율적으로 전개하기 위하여 주요 기법인 관리도, 공정능력지수, 그리고 MSA(Measurement System Analysis, 측정 시스템 분석)의 활용 방법과 주요 해석 포인트를 설명한다.

관리도 활용 핵심요소

제품을 생산하면서 공정의 안정성을 평가하고 예방관리를 위해 주요 품질 특성에 대한 관리도를 작성한다. 일반적으로 계수형 관리도보다 계량형 관리도를 더 선호하는데, 이는 계수형 데이터의 특성상 정확한 품질 정보를 제공하는 데 한계가 있기 때문이며, 또한 고객이 요구하는 품질특성은 계량형 특성이 주를 이루고 있기 때문이다.

> 생산 공정에서 주로 사용하는 Xbar-R 관리도는 주료 품질특성에 대하여 계획된 주기에 따라 시료를 측정하고 관리도를 작성하는 방식으로 운영된다. 관리도는 제품 규격과 관계없이 작성되며, 공정에서 발생하는 우연 상태와 이상 상태를 구분하는 역할을 한다.

Xbar 관리도는 군간 변동을 나타내며, 4M에 대한 관리 능력을 평가하는 데 활용되고, R 관리도는 군내 변동을 나타내며, 설비의 기술적 능력 또는 제품 설계 능력을 반영한다.

그러므로, Xbar 관리도에서 이상점이 발견되면, 4M 요인의 영향을 분석하여 개선점을 찾아야 한다. 반면, R 관리도에서 이상점이 발견되면, 설비 자체의 정밀성 능력 또는 제품 설계상의 변동 감소능력을 확인하고 개선해야 한다.

> 제조 공정의 기본 준수를 철저히 하면 Xbar 관리도에서 이상 상태가 발생할 가능성이 낮아지며, 설비의 정밀성 확보 능력이나 설계 단계에서의 변동 감소 능력이 확보되면 R 관리도에서 이상 상태가 발생할 가능성이 줄어든다.

경험적으로, 관리도에서 이상점이 발견되는 경우 Xbar 관리도에서 더 자주 발생(약 80%)하는 경향이 있다. 따라서 Xbar-R 관리도를 작성할 때 각 관리도의 정보를 면밀히 분석하고, 이상점이 발견되면 해당 영역에 대한 적절한 조치를 수행해야 한다.

▼ 그림 2.6.1 관리도 해석 방법

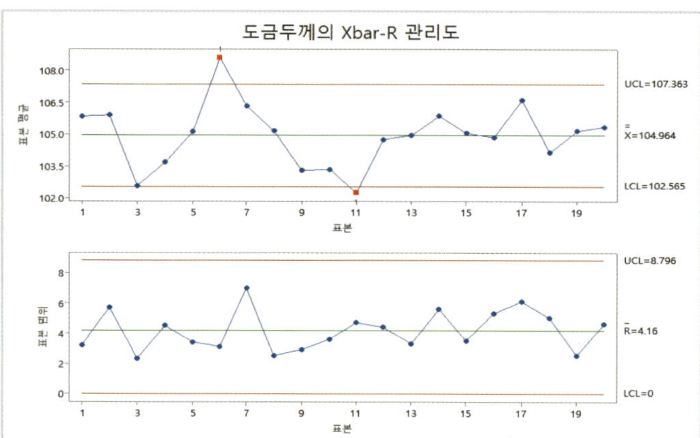

군간변동으로 4M에 대한 관리 능력을 보여줍니다.

- UCL : Upper Control Limit (관리상한)
- CL : Center Line (중심선)
- LCL : Lower Control Limit (관리하한)

군내변동으로 기술(설계,설비) 능력을 보여줍니다.

1) Xbar관리도는 규격과 비교하여
- CL이 규격의 목표값 근처에 있어야 한다.
- UCL, LCL이 규격보다 훨씬 더 안쪽에 있어야 한다.

2) 관리도 활용은
- 관리도는 주요 품질특성에 대한 공정의 안정상태를 보여준다.
- 주로 사용하는 관리도는 Xbar-R이다.
- 공정이 안정상태일때 공정능력분석을 진행한다.

이처럼 관리도를 활용하여 공정의 안정성을 확인하면서 시각적으로 품질수준을 모니터링하면서 이상 변동을 감지하여 품질문제 예방 및 조기대응이 가능하며, 필요에 따라 지속적인 품질 개선 기회를 가이드 하면서 데이터 기반의 의사결정을 할 수 있다.

공정능력지수 활용 핵심요소

고객이 요구하는 주요 품질 특성에 대해 규격 만족도를 평가하는 방법으로 공정능력지수를 활용한다. 공정이 통계적인 관리상태에 있으면 공정능력지수를 구하여 공정능력을 평가하게 된다. 공정능력지수는 다음과 같이 네 가지 종류로 나뉜다. 설비 관점의 Cm, 산포 관점의 Cp, 규격 관점의 Cpk, 설계 목표치 관점의 Cpm. 모든 공정능력지수는 값이 클수록 좋으며, 일반적으로 1.67 이상을 목표로 한다.

예를 들어, 공정능력지수가 요구 수준에 미치지 못할 경우, 개선 포인트는 지수별로 다르게 나타난다.

> Cm의 경우 개선 포인트는 주로 설비에 있으며, Cp는 공정의 산포 감소에 초점을 둔다. Cpk와 Cpm은 Cp와 비교하여 중심을 이동시킬 것인지, 아니면 산포를 줄이면서 중심을 이동해야 할지에 대한 판단을 내리는 데 사용된다.

만약 다수의 주요 품질 특성이 있는 경우, 4Block Diagram(〈그림 2.6.3〉)을 활용하여 현재의 품질 수준을 나타내고 개선 방향을 제시하는 것이 효과적이다. 이를 통해 전사원이 품질 수준과 개선 방향을 공유하고, 전사적 참여를 통해 품질 문화를 조성하는 것이 바람직하다.

▼ 표 2.6.1 공정능력지수별 의미

구분	의미	비고
Cm	설비능력에 의한 규격만족도 확보 능력	machine
Cp	규격대비 분포의 산포만족도 확보 능력	-
Cpk	분포의 규격만족도 확보 능력	kadayori(치우침)
Cpm	분포의 규격만족도를 설계목표치와 함께 확보 능력	nominal

공정능력지수는 단순히 공정 상태를 평가하는 도구를 넘어, 품질 개선의 방향을 설정하고 전사적 품질 문화를 조성하는 데 중요한 역할을 한다. 이를 효과적으로 활용하려면 지수별 의미를 명확히 이해하고, 데이터의 정확성과 공정 안정성을 기반으로 개선 활동을 체계적으로 수행해야 한다.

▼ 그림 2.6.2 공정능력지수 우수성 판단 기준

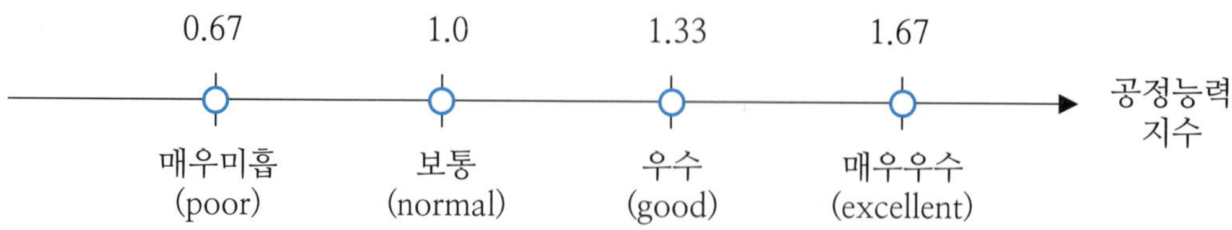

$$Cp = \frac{\text{허용폭}}{\text{실제폭}} = \frac{(USL - LSL)}{6\sigma}$$

USL : Upper Spec Limit 규격상한
LSL : Lower Spec Limit 규격하한

▼ 그림 2.6.3 공정능력수준을 나타낸 4 Block Diagram

품질 특성 공정 능력 지수

품질특성	범례	Cp	Cpk	Cp-Cpk
도금두께	●	2.77	2.69	0.08
인장강도	●	1.21	0.46	0.79
마모량	●	1.42	0.70	0.72
갭	●	1.11	1.05	0.06

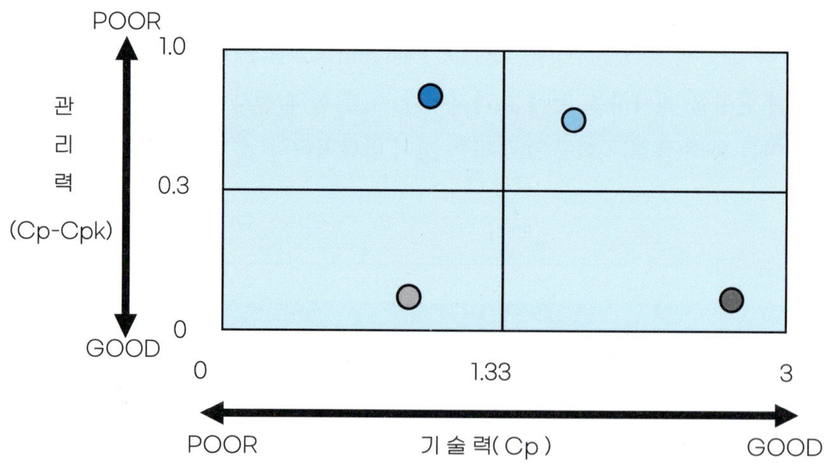

품질 수준 및 개선 검토	
	● 도금두께는 매우 우수한 수준이므로 현재 수준을 유지한다. ● 인장강도는 매우 POOR한 수준으로 산포감소 및 중심이동에 대한 개선이 필요하다. ● 마모량은 산포는 만족스럽지만, 중심이동에 대한 개선이 필요하다. ● 갭은 중심은 만족스럽지만, 산포감소에 대한 개선이 필요하다.

MSA 실행 핵심요소

품질 수준은 대부분 데이터를 기준으로 판단한다. 만약 데이터의 신뢰성이 떨어지면 품질 수준을 정확하게 파악할 수 없게 되며, 이로 인해 해당 기업은 큰 리스크에 처할 수 있다.

따라서 기업에서 수집되는 모든 데이터는 측정을 통해 얻어지므로, 측정 시스템에 오류가 없도록 지속적으로 MSA(Measurement System Analysis, 측정시스템분석)를 실시해야 한다.

이를 위해 기업은 계측기의 정확성 오류를 최소화하기 위해 공인된 외부 기관에 계측기 검교정을 주기적으로 의뢰하고, 계측기의 정밀성 오류를 줄이기 위해 내부에서 Gage R&R(Repeatability & Reproducibility, 반복성 및 재현성) 분석을 주기적으로 실시하여 측정시스템에 대한 합격 상태를 유지해야 한다. 정확성은 외부 공인기관에서 제시한 오차 크기를 반영하여 활용하고, 정밀성은 Gage R&R의 오차가 규격 대비 30% 이내이면 합격 또는 조건부 합격으로 평가한다. 또한, 기업의 상황과 검사 항목에 따라 매일 검사 작업 시 마스터 시료를 사용하여 계측기의 정확성 및 반복성을 평가하는 Cg와 Cgk 값을 산출하여 1.67 이상을 유지하도록 관리하기도 한다.

▼ 표 2.6.2 MSA 평가항목별 의미

구분	의미	비고
Gage R&R	측정시스템의 반복성 및 재현성 오차에 대한 만족도 능력	-
Cg	게이지의 오차 분포에 대한 반복성 확보 능력	gage
Cgk	게이지의 오차 분포에 대한 정확성 및 반복성 확보 능력	-

스마트공장에서의 SPC 수법 활용 의미

4차 산업혁명에 따라 스마트공장의 저변 확대가 빠르게 진행되고 있다. 스마트공장에서는 주요 품질 특성 에 관한 데이터를 자동으로 수집하고 이를 가공하는 과정에서 SPC 수법인 관리도와 공정 능력 분석이 자연 스럽게 이루어지고 있다.

또한, 머신러닝을 활용한 학습 기능을 통해 품질 변동에 영향을 미치는 요소를 사전에 발견하고 이를 개선하는 방향으로 가이드를 제공하고 있다. 이러한 과정에서 SPC 활동을 전개하면서 품질 예방 활동을 효율적이고 효과적으로 활용하기 위한 세 가지 핵심 요소를 살펴본다.

1) MSA의 광범위한 전개

스마트공장의 핵심은 데이터를 기반으로 관리, 해석 및 개선하는 것이다. 따라서 수집되는 모든 데이터의 신뢰성을 확보하기 위해 MSA를 주기적으로 실시하고, 이를 관리하여 측정 오차를 최소화해야 한다. 이를 통해 스마트공장에서 데이터를 효율적으로 활용할 수 있는 기반을 마련하게 된다.

2) 관리도 해석을 통한 조치 사항의 주의점

스마트공장에서는 4M의 관리에 의한 변동이 적기 때문에 주요 품질 특성에 대한 관리도에서 이상점이 발 생한 경우, 조치 여부를 신중하게 검토해야 한다. 규격 만족도가 매우 높은 경우, 무리한 조치로 인한 예방 비용이 불필요하게 증가할 수 있기 때문이다. 관리도에서 이상점이 발생하면, 조치 사항에 대한 원인별 대응 절차를 정립한 OCAP(Out of Control Action Plan)를 스마트공장 환경에 맞게 효율적으로 적용하는 것도 바람직하다.

3) 공정 능력 지수의 목표 상향 검토

공정의 4M 변동 관리가 최소화되면 주요 품질 특성에 대한 규격 만족도가 높게 나타난다. 기존의 Cpk 목표는 1.67이었으나, 이제는 2.0이상을 목표로 설정하여 제품의 균일성 및 규격만족도를 더 높은 수준으로 확보하고, 부적합 제로를 달성함으로써 글로벌 품질 경쟁력을 강화해야 한다.

Tip

SPC수법 활용 예

통계적 공정관리(Statistical Process Control, SPC)를 효과적으로 수행하기 위해 현장에서 자주 활용되는 주요 수법3가지(관리도,공정능력분석,MSA)에 대한 실제 활용 예시이다.(미니탭 통계프로그램 이용)

각 수법을 어떻게 해석하는지 현장 중심으로 정리하였다.

1) 관리도

자동차 부품 가공 공정에서 축의 직경(Ø)을 4시간마다 측정한 데이터로, Xbar–R 관리도를 작성함

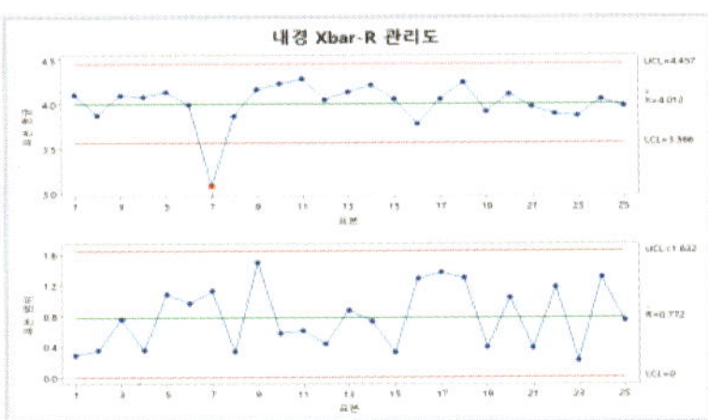

- 공정 안정성 확인 : 관리한계를 벗어나면 이상상태
- Xbar 관리도 확인
  ① 군간변동 확인 – 4M관리능력 의미
  ② UCL,LCL이 규격보다 훨씬 더 안쪽에 있어야 함
  ③ CL이 규격의 목표값에 근접해 있어야 함
- R 관리도 확인 : 군내변동 – 기술(설비, 설계)능력 의미
- 안정상태이면 공정능력지수 산출 필요

2) 공정능력분석

플라스틱 사출품의 두께 허용범위가 2.00 ± 0.10mm일 때, 65개 제품 측정 후 공정능력을 분석함

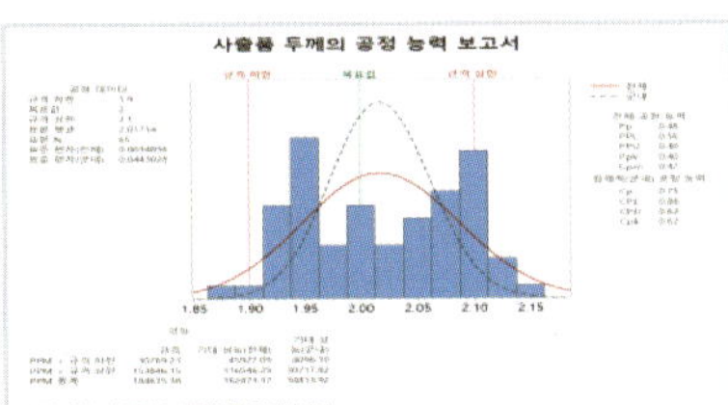

- Pp 가 작은면(1.33이하) 산포개선 필요
- Pp와 Cp의 차이가 크면(0.3이상) 군간변동 개선 필요
- Pp와 Cpk 차이가 크면(0.3이상) 중심값 이동 필요
- Cpm을 통한 목표 만족도 확인
- 분포의 히스토그램이 정규분포모양이 바람직하며, 필요시 층별하여 추가 분석 필요
- Ppk를 기준으로 시그마 수준 산출 : (Ppk×3) +1.5
- 규격 벗아남에 대한 PPM 확인

3) MSA

금속 부품의 길이를 측정하는 디지털 버니어 캘리퍼스의 반복성 및 재현성(Gage R&R) 분석 수행함

Gage 평가

출처	표준 편차(SD)	연구 변동 (6 × SD)	%연구 변동(%SV)	%공차(SV/공차)
총 Gage R&R	0.77483	4.64896	63.52	23.24
반복성	0.43232	2.59394	35.44	12.97
재현성	0.64300	3.85803	52.72	19.29
Operator_1	0.64300	3.85803	52.72	19.29
부품-대-부품	0.94201	5.65205	77.23	28.26
총 변동	1.21973	7.31837	100.00	36.59

- %공차 확인 : 고객 요구대비 합격수준 검토
- %연구변동 확인 : 내부 개선용 활용 대비 합격수준 검토
- 반복성과 재현성의 오차크기 상대비교

관리기준 설정을 위한 상관/회귀분석 활용

용어 정의	상관분석은 변수들간의 선형성 성질의 관계를 알아보는 방법이며, 회귀분석은 y=f(x)의 관계식을 규명하는 방법이다.

상관/회귀분석 전개 요약

V사에서는 공정 불량을 개선하고 품질 수준을 향상시키기 위한 일환으로, 생산 공정을 면밀히 점검하던 중 공정 상에서 즉시 확보할 수 있었던 양품 3개와 불량품 3개를 기준으로 각 제품에 대한 다양한 원인계 관련 변수들을 수집하였다.

이후, 수집된 데이터를 바탕으로 상관분석을 실시하여 각각의 변수들이 제품의 불량 발생에 어떠한 영향을 미치는지를 정량적으로 분석하고, 불량과 유의미한 상관관계를 보이는 주요 요인을 도출하였다.

상관분석을 통해 파악된 핵심 변수들을 중심으로 1차 회귀분석을 수행하여, 불량 발생과 관련된 요인의 예측 모델을 수립하였고, 이를 바탕으로 품질을 안정적으로 관리할 수 있는 공정 관리 기준을 설정하였다.

일반적으로 이처럼 쌍으로 수집된 데이터는 상관분석과 회귀분석이라는 통계 기법을 통해 각 변수 간의 관계를 체계적으로 파악하고, 실제로 불량에 영향을 미치는 유의한 요인들을 식별해낼 수 있으며, 이러한 분석 결과는 단순한 수치 해석을 넘어, 현장의 품질 문제를 체계적으로 확인하고, 궁극적으로 기업이 추구하는 품질 개선 목표를 보다 효율적이고 효과적으로 달성하는 데 유용하게 활용될 수 있다.

데이터 수집

공정에서 발견된 양품 3개와 불량품 3개를 기준으로 수집한 데이터는 아래 〈표 2.7.1〉과 같다.

일반적으로 6개의 제품만으로 분석하기에는 데이터 수가 부족하지만, 이는 공정 현장에서 즉시 확인된 제품들이기 때문에 해당 데이터를 바탕으로 우선 분석을 진행 하기로 하였다.

▼ 표 2.7.1 양품과 불량품에 대한 수집한 원인계 및 결과 데이터

불균형 값 ≤ 10이면 양품

시료번호	내경	축경	외경	갭1	갭2	A치수	A직경	B치수	B직경	C치수	C직경	불균형	상태
#1	24.220	29.992	42.377	0.08	0.038	0.035	0.069	0.018	0.014	0.080	0.050	4.2	양품
#2	24.225	29.990	42.379	0.098	0.028	0.039	0.087	0.065	0.031	0.081	0.043	23.5	불량품
#3	24.223	29.992	42.379	0.058	0.008	0.007	0.035	0.019	0.018	0.031	0.009	5.0	양품
#4	24.223	29.991	42.378	0.093	0.012	0.023	0.088	0.043	0.039	0.094	0.072	22.5	불량품
#5	24.228	29.993	42.377	0.020	0.021	0.010	0.020	0.022	0.008	0.047	0.018	3.8	양품
#6	24.227	29.994	42.378	0.051	0.008	0.012	0.064	0.019	0.039	0.071	0.040	21.0	불량품

분석 결과에 따라 특별한 경향이 나타날 경우에, 필요에 따라 제품 수량을 추가하여 보다 심층적인 분석을 실시하기로 하였다.

상관분석을 통한 주요 변수 발견

수집한 데이터를 바탕으로 상관분석을 수행하였다. 이를 위해 엑셀의 데이터 분석 기능과 미니탭 통계 프로그램을 활용할 수 있으며, 상관분석 및 회귀분석은 엑셀에서 보다 간편하게 실행할 수 있어 엑셀을 사용하였다.

상관분석 결과, 제품 불량에 영향을 미치는 핵심 변수는 B직경으로 나타났으며, 제품의 주요특성인 불균형과의 상관계수는 0.94로 매우 강한 상관관계를 보였다.

데이터의 크기가 6개로 크지 않지만, 우선 B직경과 불균형 간의 산점도를 작성하여 변수 간 경향을 파악하였으며, 선형성이 강하기 때문에 회귀분석을 진행 하였다.

▼ 그림 2.7.1 상관분석 및 B직경과 불균형의 산점도

	내경	축경	외경	갭1	갭2	A치수	A직경	B치수	B직경	C치수	C직경	불균형
내경	1.00											
축경	0.43	1.00										
외경	0.00	-0.47	1.00									
갭1	-0.63	-0.80	0.42	1.00								
갭2	-0.42	-0.36	-0.42	0.29	1.00							
A치수	-0.49	-0.70	0.02	0.79	0.78	1.00						
A직경	-0.40	-0.58	0.27	0.91	0.22	0.76	1.00					
B치수	0.05	-0.83	0.51	0.68	0.19	0.64	0.66	1.00				
B직경	0.09	-0.16	0.45	0.53	-0.45	0.16	0.74	0.46	1.00			
C치수	-0.28	-0.40	-0.14	0.72	0.34	0.73	0.90	0.53	0.61			
C직경	-0.37	-0.37	-0.16	0.71	0.21	0.61	0.87	0.43	0.63			
불균형	0.21	-0.34	0.46	0.57	-0.26	0.34	0.78	0.70	0.94	0.68	0.62	1.00

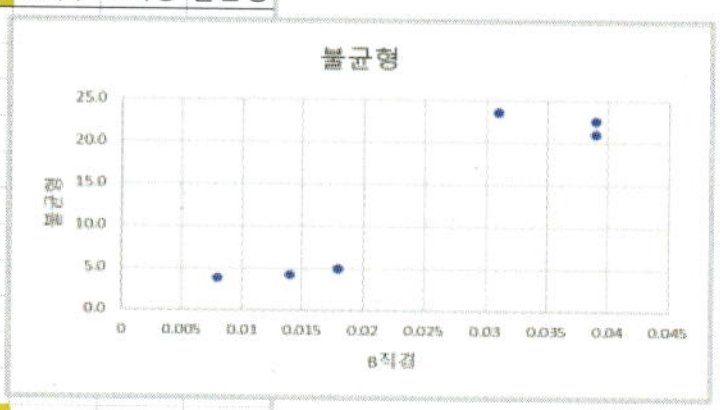

회귀식을 이용한 관리기준 설정

산점도를 바탕으로 변수 간의 선형성을 확인하기 위해 엑셀 그래프의 추세선 기능을 활용하여 1차 회귀식을 도출하였다. 이를 통해 B직경과 불균형 간의 관계를 회귀식으로 표현하였으며, 분석 결과를 기반으로 불균형을 10 이하로 관리하기 위한 B직경의 기준을 0.02 이하로 설정하였다.

▼ 그림 2.7.2 회귀식을 이용한 B직경의 간리기준 설정

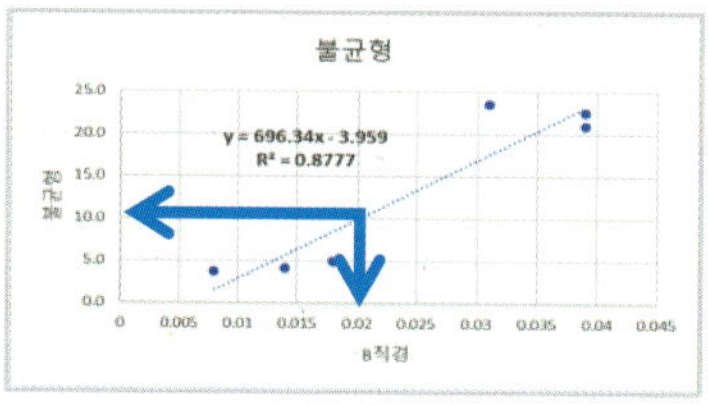

- B직경 0.01단위 증가 시 불균형은 6.96증가함 (회귀식의 기울기) 활용
- 불균형 10 이하를 위하여 B직경의 기준은 0.02이하로 결정할 수 있음

관리기준 표준화

앞서 설명한 것처럼, 적은 시료수를 바탕으로 상관분석과 회귀분석을 수행하여 초기 관리 기준을 설정하였다. 이후 이 분석 방법을 관련자들과 함께 공유하고, 추가로 30쌍의 시료를 확보해 변수의 타당성을 검토하였다.

시료 확대 후 재분석 결과, B직경이 불량 발생에 중요한 영향을 주는 요인임이 확인되었고, 이에 따라 관리 기준을 0.02 이하로 최종 확정하였다.

그동안 B직경은 관리 항목에서 제외되어 있었지만, 이번 분석을 통해 그 중요성이 새롭게 인식되었고, 기준 적용 이후 불균형 불량이 90% 이상 개선되는 성과를 거둘 수 있었다.

Tip

상관분석 개념

상관분석(correlation analysis)이란 변수간의 선형성질을 확인하는 방법으로 상관계수 r을 구하여 확인한다. ($-1 \le r \le 1$)

$$r = \frac{SS_{xy}}{\sqrt{SS_{xx}SS_{yy}}} = \frac{\sum(x_i - \bar{x})(y_i - \bar{y})}{\sqrt{\sum(x_i - \bar{x})^2(y_i - \bar{y})^2}}$$

상관계수 절대값 r이 1에 가까우면 상관이 높다는 것을 의미하고, 0에 가까우면 상관이 없다는 것을 의미한다.

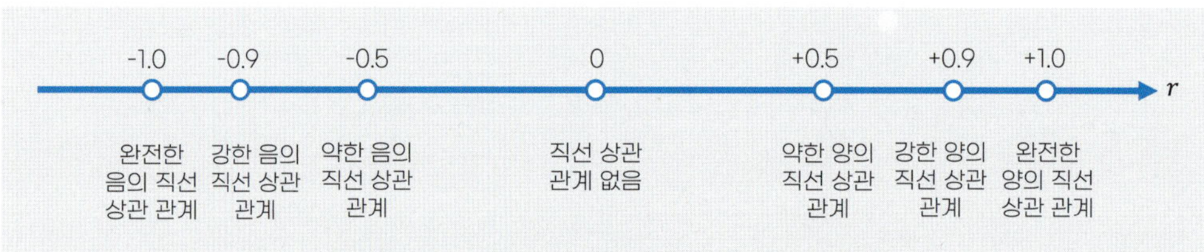

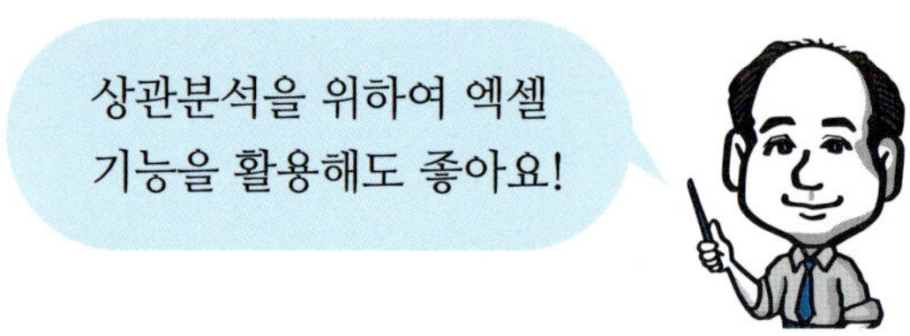

상관계수는 통계프로그램 또는 엑셀의 데이터 분석기능을 이용하여 구할 수 있다. 상관분석은 필요시 엑셀의 아래 기능을 이용하면 된다.

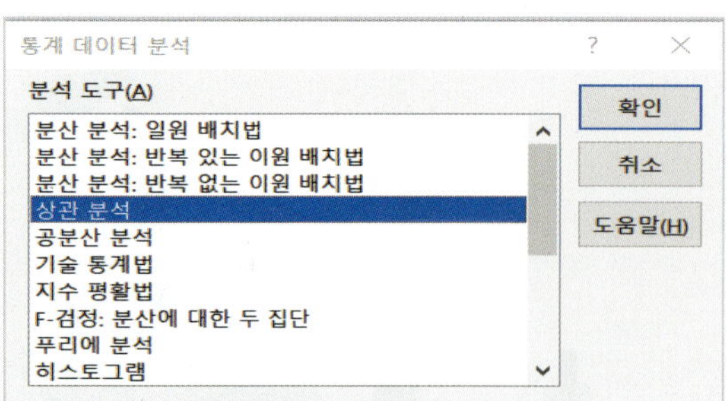

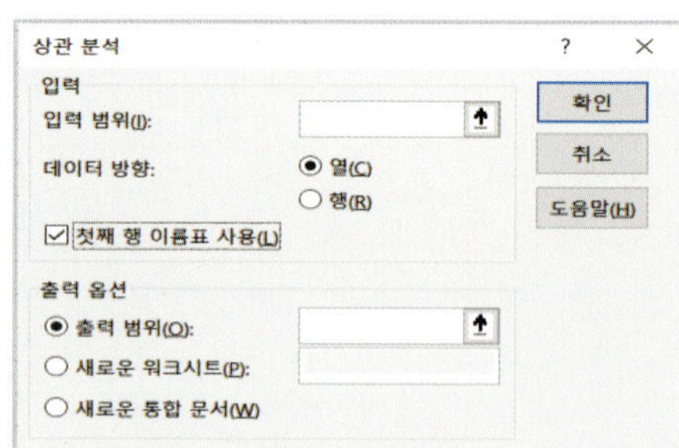

- 엑셀에서 통계 데이터 분석 기능을 사용하려면, '옵션' 메뉴의 '추가기능' 항목에서 '분석 도구'를 활성화시켜주면 된다.

Tip

회귀분석 개념

회귀분석(regression analysis)이란 변수 간의 관계를 함수식으로 나타내는 통계적 방법이다.

회귀분석에는 단순회귀, 곡선회귀, 다중회귀분석 등의 종류가 있으며, 독립변수를 x, 종속변수를 y라고 할 경우에 회귀분석은 크게 4가지 영역으로 분류할 수 있다.

1) 회귀분석에서 함수식 (회귀계수 b_i)

① 단순회귀분석 : x가 한 개이면서 1차 함수식인 경우, $y = b_0 + b_1x$

② 곡선회귀분석 : x가 한 개이면서 곡선 함수식인 경우, $y = b_0 + b_1x + b_{11}x^2$

③ 다중회귀분석 : x가 여러 개이면서 1차 함수인 경우, $y = b_0 + b_1x_1 + b_2x_2$

④ 반응표면분석 : x가 여러 개이면서 2차 함수인 경우,

$$y = b_0 + b_1x_1 + b_{11}x^2 + b_2x_2 + b_{22}x_2^2 + b_{12}x_1x_2$$

회귀분석에서는 회귀식의 설명능력을 평가하기 위하여 결정계수 R^2 을 확인한다.

결정계수는 회귀식이 데이터를 얼마나 잘 설명하는지를 나타내는 지표로, 0~1사이에 있는 값이다.

만일 회귀식이 데이터와 완전히 일치할 경우 결정계수 $R^2=1$ 이 되며, 결정계수 R^2 값이 0.5 또는 0.65이상이면 회귀식의 설명능력이 양호하다고 판단한다.

2) 결정계수 구하는 식

$$R^2 = \frac{SS_{회귀}}{SS_{yy}} = \frac{\Sigma(y_i - \hat{y}_i)^2}{\Sigma(y_i - \bar{y})^2} \quad (\hat{y}_i\text{는 } y_i\text{의 추정값})$$

두 변수 간 회귀분석이 필요한 경우, 수집한 데이터를 기반으로 산점도를 작성하여 경향을 파악한 후, 이를 바탕으로 회귀식을 도출한다.

회귀식은 엑셀의 분산형 그래프에서 추세선 추가 기능을 활용하여 구할 수 있습니다.

설계목표값을 만족시켜라

용어 정의	제품의 품질경쟁력은 주요특성이 설계의 목표값에 가까울수록 유리하다.

품질경쟁력 강화를 위하여

제품의 품질 수준을 단순히 "양품"과 "불량품"으로 구분하는 이분법적 방식에서 벗어나, 보다 정교한 품질 관리 체계를 구축해야 한다. 즉, 양품 내에서도 "완벽한 양품(확실한 양품)"과 "겨우 양품"으로 세분화하여 관리하고 개선하는 품질 문화를 정착시켜야 한다.

> 겨우 양품은 출하당시에는 문제가 없더라도, 최종 고객이 실제 사용 중에 품질문제가 발생할 가능성이 높아지기 때문이다.

따라서 단순히 적합 기준을 충족했다고 해서 출하하는 것이 아니라, 완벽한 양품만을 고객에게 제공함으로써 품질 경쟁력을 강화하고, 고객 만족도를 높이는 것이 바람직하다. 결국, 이러한 세분화된 품질 관리 체계는 단순한 합격/불합격 판정을 넘어 사전 예방적 품질 관리(Preventive Quality Management)로 나아가는 중요한 전략이 될 수 있다.

> 운동경기인 컬링에서는 스톤을 단순히 원 안에 넣는 것보다 원의 중심(Target)에 최대한 가깝게 위치시키는 전략이 승리를 좌우한다. 마찬가지로, 제품 품질도 단순히 "규격 만족(In Spec)"을 기준으로 관리하는 것이 아니라, "목표값 만족(In Target)"을 목표로 해야 한다.

이를 통해 완벽한 적합품을 생산하는 품질 전략을 수립해야만 글로벌 시장에서 1등 품질을 확보할 수 있다. 예를 들어, 제품의 주요 특성이 치수인 경우에, 설계 허용 기준이 50±5(즉, 45~55)이면, 치수가 50인 제품과 54인 제품은 모두 적합품으로 간주되어 출하될 수 있다. 하지만 54의 겨우 양품은 다른 부품들과 조립될 때 오차가 누적되어, 최종 조립된 제품이 실제 사용 환경에서 제대로 기능하지 못할 잠재된 위험을 내포하고 있다.

따라서 불량 제로 문화를 실현하기 위해서는 단순히 주어진 규격 내에 들어오는 제품을 생산하는 수준에 그치는 것이 아니라, 보다 정밀하게 설계 목표값에 근접한 품질을 구현하는 관리 전략이 반드시 수반되어야 한다. 이는 단순한 합격과 불합격을 가르는 기준이 아닌, 제품이 실제 사용 환경에서 최상의 성능을 발휘하고 고객의 기대를 충족하거나 초과 달성할 수 있도록 하기 위한 접근 방식이다. 이러한 전략을 통해 기업은 고객 신뢰 확보는 물론, 시장에서의 지속 가능한 품질 경쟁력을 강화하는 기반이 될 수 있다.

다구찌 박사가 제안한 손실함수 의미

일본의 다구찌 박사(Genichi Taguchi, 1924~2012)는 제품이 작동 불능이 되거나 안전성 문제를 일으켜 사회에 끼치는 손실을 최소화하는 것이 품질 전략의 핵심이라고 강조했다.

이를 위해 그는 제품 설계 및 공정 조건을 강건하게(robust) 설계하는 다구찌 기법(Taguchi Method)을 제안했다. 특히, 다구찌 박사는 제품 주요 특성이 설계 목표값에서 멀어질수록 사회적 손실이 증가한다는 손실 함수개념을 도입했다.

> 즉, 제품의 주요 특성이 목표값에 가까울수록 품질이 우수하며, 이는 곧 비용 절감으로 이어진다. 따라서 품질 관리는 단순히 규격 내(In Spec) 여부를 판단하는 것이 아니라, 목표값(In Target)에 가깝게 유지하는 것이 중요하다고 설명했다.

예를 들어, 제품의 주요 특성이 치수이고, 허용 기준이 50 ± 5라고 가정하자.

- 만약 치수가 50mm이면 손실 비용은 0원이다.
- 하지만 치수가 54mm인 제품은 규격 내에서 적합품으로 판정되더라도, 다구찌 손실 함수에 따라 6,400원의 손실 비용이 발생할 수 있다.(아래 그림 2.4.1 참조)

이는 평균 손실 비용을 예측하는 기대 손실 함수를 통해 분석할 수 있으며, 손실 비용을 최소로하는 방법은 다음 두 가지로 요약할 수 있다.

1. 산포(Variation)를 줄이는 것
2. 평균값을 목표값(Target)으로 이동시키는 것

▼ 그림 2.8.1 손실함수 이해

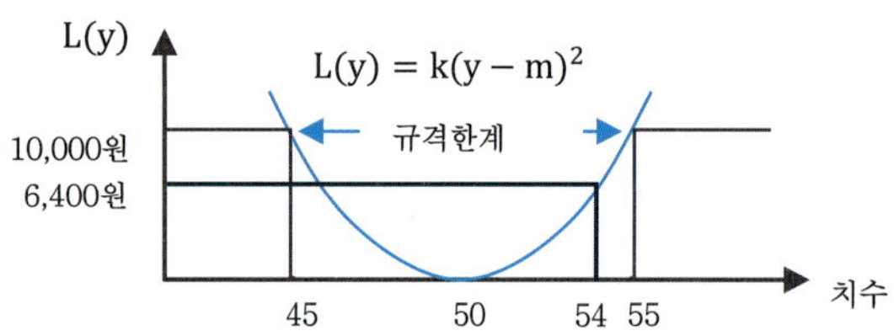

가대 손실함수
$E\{L(y)\} = k\{\sigma^2 + (\mu - m)^2\}$

L(y) : 손실비용
E{L(y)} : 기대손실비용
k : 상수
y : 치수(제품특성)
σ : 표준편차
μ : 평균
m : 목표값(50)

✓ y=50이면 손실비용 0원 발생
✓ y=54이면 손실비용 6,400원 발생

결국, 다구찌 박사의 손실 함수는 단순한 규격 만족이 아닌, 설계 목표값에 근접한 제품을 생산해야 한다는 품질 철학을 바탕으로 한다. 이는 목표값에서 벗어날수록 품질 손실이 커진다는 점을 강조하며, 품질 편차로 인한 비용까지 고려해 품질 향상과 비용 절감을 동시에 달성할 수 있는 실용적 접근을 제시하고 있다. 따라서 제품이 규격에만 맞는 수준에서 벗어나, 가능한 한 목표값에 수렴하도록 품질을 관리하고 생산하는 것이 글로벌 시장에서의 품질 경쟁력을 확보하고 지속 가능한 성장 기반을 마련할 수 있다는 다구찌 박사의 철학은 오늘날에도 강력한 시사점을 제공한다.

부품 입고검사의 Go-No gage 활용 의미

일부 기업에서는 불량 제로문화를 실현하기 위해 부품 입고 검사 시 Go-No Go gage를 활용한 샘플링 검사를 시행하고 있는 기업을 본 적이 있다. 그러나 만약 입고되는 부품을 100% 전수검사한다면, 이는 예방적 품질 관리가 아닌 검출 중심의 소극적인 품질 전략이 될 가능성이 크다.

미국의 품질 관리 전문가 쥬란(Joseph M. Juran)박사는 품질 비용을 예방비용, 평가비용, 실패비용의 3가지로 구분하면서, 이들 간에는 1:10:100 법칙이 적용된다고 설명했다.

즉, 검출(평가비용)에 의존할 경우, 예방활동에 비해 10배의 비용이 소요되며, 이를 방치할 경우 실패비용은 100배까지 증가할 수 있다.

이에 따라 많은 기업에서는 품질 예방 관리 전략의 일환으로 통계적 공정 관리(SPC)를 적용하여, 공정능력지수를 관리하고 있다.

모 기업에서 주요 부품 입고 검사 시, 치수 검증을 위해 Go-No gage를 활용하여 합격/불합격 여부를 판정한 부품에 대하여, 해당 검사의 신뢰성을 평가하기 위해, 합격 판정을 받은 동일 모델(32개 로트)의 샘플을 다시 계측기로 측정하여, 관리도를 작성하고 공정능력지수를 분석했다.

그 결과, 관리도에서 군간 변동이 크고, 일관성이 부족함이 확인되었으며, Cpk 값이 1.0 이하로 나타나, 개선이 필요한 수준으로 나타났다. 이는 샘플 자체는 규격을 만족하지만, 전체 모집단을 기준으로 예상 불량률이 약 6,500ppm으로 추정되었다. 즉, Go-No gage를 이용한 입고 검사 방식만으로는, 규격 만족도가 불완전하고, 부품 간 일관성 미흡으로 인해 조립 과정에서 보이지 않는 품질 및 생산성 문제가 발생할 가능성이 크다.

▼ 그림 2.8.2 Go-No gage 활용기업의 입고품질평가 결과

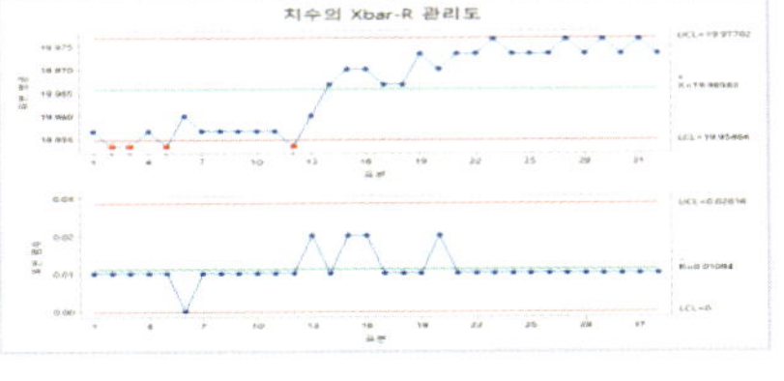

[부품의 주요특성의 일관성 결여]

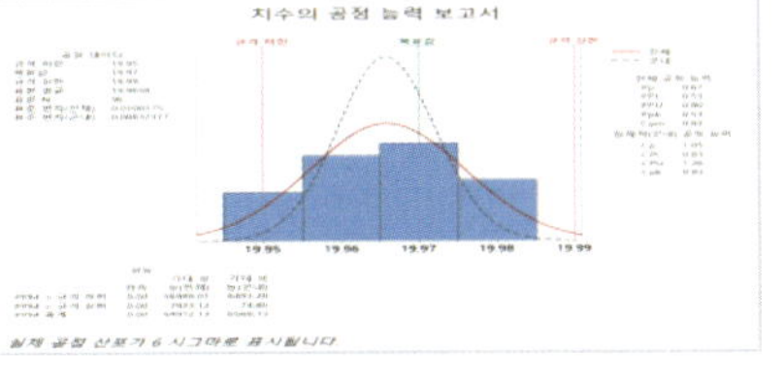

[불량 부품의 공정 투입 우려]

그러므로 해당 기업이 부품 품질을 안정적으로 확보하기 위해 다음과 같은 세 가지 개선 방향을 제시하였다.

첫째, 샘플링 검사만으로는 전체 품질 수준을 완벽히 반영하기 어렵기 때문에, 입고 검사 과정에 통계적 공정 관리(SPC)를 적용하여 공정 전반의 이상 징후를 조기에 감지하고, 품질 변동을 사전에 예방할 수 있도록 해야 한다.

둘째, Cpk 및 Cpm과 같은 공정 능력 지표의 관리 기준을 강화하고, 부품의 주요 특성이 단순히 규격 내에 있는지를 넘어서 설계 목표값에 최대한 가깝도록 관리하는 전략을 통해 공정 불량률을 낮추고 부품의 품질 일관성을 확보할 필요가 있다.

셋째, 기존의 합격·불합격만을 판정하는 Go-No gage 방식 대신, 정량적인 계측 검사 방식을 병행하여 제품의 정밀도를 높이고, 미세한 이상도 정밀하게 관리할 수 있는 검사체계를 구축해야 한다.

이러한 세 가지 품질 전략을 적용함으로써, 기존의 검출 중심 품질 관리 방식에서 벗어나 사전에 문제를 차단하는 예방 중심의 품질 관리 체계로 전환할 수 있으며, 궁극적으로는 품질 비용을 절감하고 고객 만족도와 기업 경쟁력을 동시에 향상시킬 수 있다.

Cpk도 중요하고, Cpm도 중요하고!

제품의 주요 특성에 대한 규격 만족도를 평가하는 공정능력지수인 Cpk는 품질 관리에서 널리 사용되고 있으며, 일반적으로 Cpk≥1.67을 목표로 한다. 이 경우 예상 불량률은 약 0.3ppm 수준으로, 거의 무결점 품질에 가까운 우수한 품질 수준을 의미한다. 그러나 규격만족도뿐만 아니라, 설계 목표값(Target Value)만족도를 평가하는 공정능력지수 Cpm도 중요하다. 이는 제품의 품질을 단순히 규격 내에서 유지하는 것이 아니라, 목표값에 최대한 근접하도록 관리하는 전략이 필요하기 때문이다.

공정능력지수인 Cpk와 Cpm의 이해를 돕고자 이들의 차이를 아래 표에 나타내었다.

▼ 표 2.8.1 Cpk와 Cpm비교를 통한 차이점 확인

구분	Cpk	Cpm
관점	규격 만족도	설계목표 만족도
목표	1.67이상	
표준편차	$\sigma = \sqrt{\frac{\Sigma(x_i - \bar{x})^2}{n-1}}$	$\sigma_m = \sqrt{\sigma^2 + (\mu - m)^2}$
핵심 용어	kadayori (치우침)	nominal (목표값)
공식	$Cpk = (1-k)\frac{(USL - LSL)}{6\sigma}$	$Cpm = \frac{(USL - LSL)}{6\sigma_m}$
	k : 치우침비율 , USL : $Upper\ Spec\ Limit$, LSL : $Lower\ Spec\ Limit$	

Cpk와 Cpm의 차이 비교

- Cpk가 높다고 해서 Cpm도 높은 것은 아님.
- Cpk는 산포가 적을수록 높아지지만, 평균이 목표값에서 벗어나 있으면 이를 반영하지 못함.
- Cpk가 높더라도 Cpm이 낮다면, 제품의 품질이 최적 상태는 아닐 가능성이 큼.
- Cpm은 목표값에서의 편차를 고려하므로, Cpk보다 더 엄격한 품질 평가 기준이 될 수 있음.

일제 변속기를 선호하는 미국인!

앤서니 라빈스의 저서 『네 안의 거인을 깨워라』에 인용된 다음 사례는, 품질 관리에서 '목표값 중심의 관리'가 왜 중요한지를 명확하게 보여주는 대표적인 예시로 소개 하고자 한다.

미국에서 생산된 포드 변속기와 일본에서 제조된 일본 변속기를 비교한 사례인데, 두 제품 모두 동일한 규격을 적용하고 있음에도 불구하고, 그 결과는 현저히 달랐다.

포드 변속기의 경우, 각각의 부품은 규격 내에 있었지만 조립 시 여러 부품 간의 작은 오차들이 누적되면서 변속기의 작동에 문제가 발생했다.

반면, 일본에서 생산된 변속기는 각 부품이 단순히 허용된 규격 안에 있을 뿐 아니라, 설계 목표값에 매우 근접하게 제조되어 조립 후에도 변속기의 성능이 매우 균일하고 안정적이었으며, 결과적으로 고객 만족도 또한 매우 높았다.

▼ 표 2.8.2 변속기에 대한 고객 반응 비교

구분	포드 변속기	일본 변속기
도면	동일	
부품치수	m± Δ에 넓게 분포 (규격 범위내에 고루 분포)	m부근에 분포 (목표값 중심으로 분포)
고객 반응	소음과 진동이 크게 발생 유지보수비용이 많음	소음과 진동이 거의 없음 고장이 거의 없음

이 사례가 우리에게 주는 중요한 시사점은 명확하다. 진정으로 고객을 만족시키는 품질은 단순히 규격 내에 들어가는 수준의 관리(in-spec)가 아니라, 설계 목표값에 최대한 근접하게 생산되는 관리(in-target)라는 점이다.

따라서 품질 개선은 단순히 허용 오차를 만족시키는 수준에서 멈출 것이 아니라, 모든 생산 활동이 철저하게 목표값을 중심으로 이루어지도록 전략을 수립하고 실행해 나가야 한다. 이것이야 말로 품질 경쟁력을 강화하고, 고객 감동을 실현할 수 있는 궁극적인 접근 방식이다.

글로벌 품질을 확보하기 위한 품질관리 전략

이와 같이, 단순히 Cpk≥1.67을 달성하는 것만으로는 완벽한 품질 보장을 할 수 없으므로, 진정한 불량 제로의 품질을 확보하기 위해서는 Cpk와 Cpm을 병행 관리하고, 목표값 중심의 품질 전략을 적용하는 것이 필수적이다. 그러므로 글로벌 품질확보를 위한 품질관리 전략으로 아래와 같이 Cpk와 Cpm을 병행해서 관리하는 방안이 필요하다.

이는 곧 다구찌 박사가 제안한 손실함수식에 다라 손실비용을 최소화하는 방법이기도 하다.

1) Cpk와 Cpm을 병행 관리하여, 제품의 규격 만족도와 목표값 만족도를 동시에 확보

2) 품질 관리 기준을 단순한 규격 내 허용이 아닌, 목표값 중심의 품질 경쟁력 강화 추구

3) 공정 분석 시 두 가지 표준편차(σ, σm)를 모두 활용하여 보다 정밀한 평가 수행

공정능력지수와 손실함수 비교

제품의 품질수준을 나타내는 공정능력지수를 관리하면서, 설계 완성도를 높이기 위해 Cpm을 포함하여 관리하는 품질관리 전략을 강조하기 위하여 손실비용과 연계하여 비교 설명해본다.

1) 공정능력지수에 따른 손실함수

허용규격 : m±1

품질수준						폐기손실비용 발생률	품질수준에 따른 평균손실비용(원)/개
주요품질특성		규격outrate	공정능력지수				
치우침	시그마수준	(ppm)	Cp	Cpk	Cpm		
10%	3σ	3,950	1.00	0.90	0.96	12.1%	1,211
	4σ	165	1.33	1.20	1.24	7.3%	725
	5σ	3	1.67	1.50	1.49	5.0%	500
	6σ	0	2.00	1.80	1.71	3.8%	378
30%	3σ	17,913	1.00	0.70	0.74	20.1%	2,011
	4σ	2,555	1.33	0.93	0.85	15.3%	1,525
	5σ	233	1.67	1.17	0.92	13.0%	1,300
	6σ	13	2.00	1.40	0.97	11.8%	1,178
50%	3σ	66,811	1.00	0.50	0.55	36.1%	3,611
	4σ	22,750	1.33	0.67	0.60	31.3%	3,125
	5σ	6,210	1.67	0.83	0.62	29.0%	2,900
	6σ	1,350	2.00	1.00	0.63	27.8%	2,778

- 치우침 : 평균이 목표값으로부터 치우침 정도
- 시그마 수준 : 산포만 고려하여 산출, Cp×3, 클수록 산포 우수
- 손실비용 : 제품이 규격을 벗어남으로 인한 제품 폐기비용으로 개당 손실비용 10,000원 가정

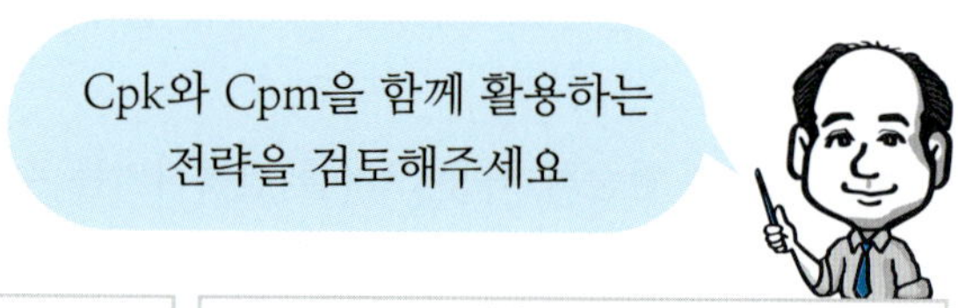

2) Cpk 와 Cpm 상관성 확인

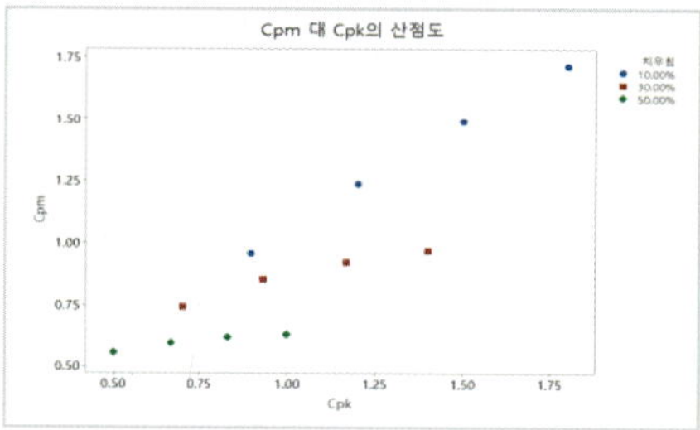

[치우침에 따른 Cpk와 Cpm 상관성]

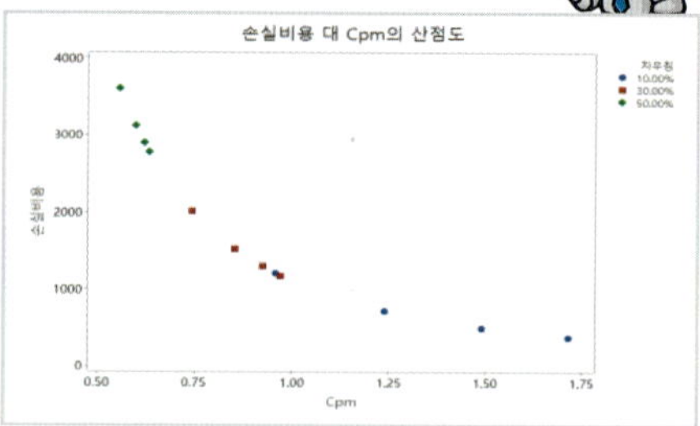

[손실함수와 Cpm 관련성]

① 일반적으로 Cpk가 크면 Cpm도 크지만, 절대 비례관계는 아니므로 동시에 관리 필요 (치우침이 적으면 Cpk ≒ Cpm 이지만, 치우침이 크면 Cpk > Cpm이 됨)

② 손실비용은 자체적으로 치우침량을 반영하였기 때문에, Cpm일치하며, 손실비용을 최소화하기 위하여 Cpm 관리 필요

2.9

고객에게 유출불량 제로를 위하여

용어 정의	고객에게 유출되는 불량은 불량 최종검사 검출력을 확보하면서 대응해주어야 한다.

고객에서 불량이 발생하면 우선!

고객에서 품질 문제가 발생했을 때, 경영진이 가장 우선적으로 지시하는 조치는 사내에서 불량 제품이 유출되지 않도록 하는 것이다. 물론, 불량이 발생하지 않도록 예방하는 활동이 중요하지만, 원인이 규명되지 않은 상황에서는 무엇보다도 불량 제품이 고객에게 전달되지 않도록 검출 활동에 집중해야 한다.

필자는 품질관리의 사각지대로 세 가지 영역(부품 입고 검사, 작업자의 마음, 최종 검사 검출력,)을 경험했으며, 이 중의 하나인 최종 검사 검출력 관련하여 사례 중심으로 접근 방안을 언급한다

최종검사 검출력을 확인해보니!

새로 부임한 S사의 CEO는 팀별 실적과 관련된 KPI(주요 성과 지표)를 점검하던 중, 고객 만족도와 직결되는 핵심 성과 지표 중 하나인 고객 불량률의 추이를 확인하다가 다소 의아한 점을 발견했다.

최종 검사 공정에서 전수 검사를 시행했음에도 불구하고, 고객에게 전달된 완제품에서 지속적으로 불량이 발생하고 있었던 것이다.

이에 CEO는 다른 KPI보다 고객 불량률을 최우선적으로 개선할 것을 관련 팀에 지시했다. 품질팀은 우선적인 대응 방안으로 공정 내 불량 개선보다는 고객 불량과 직접적으로 관련된 최종 검사 공정의 검출력을 평가하여, 불량 유출을 방지하는 데 집중하기로 했다. 이를 위해 최종 검사 검출력에 대한 간이 평가 절차를 〈그림 2.9.1〉과 같이 계획하여 실행한 결과, 최종 검사의 검출력과 관련된 베타 오류가 예상보다 심각한 수준임을 확인할 수 있었다.(〈표 2.9.1〉)

이로 인해 고객 불량이 지속적으로 높게 유지되는 원인을 명확히 이해하게 되었다.

평가 결과에서 나타난 베타 오류의 크기는 고객 불량과 직결되므로, 품질팀은 CEO에게 베타 오류 개선이 시급함을 보고했고, 이에 따라 즉각적인 개선 조치를 지시 받았다.

이후 품질팀은 관련 부서와 협력하여 최종 검사 검출력을 향상시키는 개선 활동을 추진했고, 그 결과 베타 오류를 0%에 가깝게 낮추면서 고객 불량을 획기적으로 줄일 수 있었다.

▼ 그림 2.9.1 최종검사 검출력 간이 평가 절차

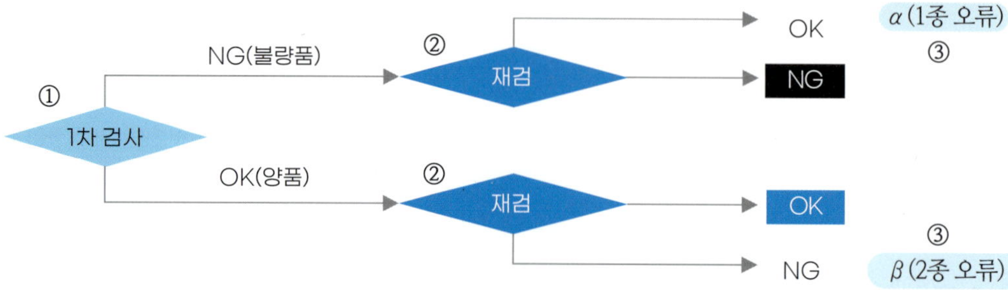

① 100개의 제품에 대하여 1차 검사를 통하여 OK(양품), NG(불량품)을 구분한다.
② 1차 검사한 제품에 대하여 다시 재검사를 진행하여 OK, NG로 구분한다.
③ 구분한 OK, NG제품을 기준으로 α, β 오류 발생 여부를 확인한다.
- α 오류 : 검사에서 OK를 NG로 판단하는 오류
- β 오류 : 검사에서 NG를 OK로 판단하는 오류

또한, 고객 유출 불량을 빠르게 개선한 이후에는 최종 검사 검출력에 대한 품질 관리 시스템을 보완하여 불량품이 지속적으로 발생하지 않도록 예방 활동을 강화했다. 이를 통해 제품의 생산 초기 단계부터 최종 단계까지 품질 관리의 핵심 요소를 재정립하고, 지속적인 모니터링의 중요성을 다시 한번 인식하는 계기가 되었다.

▼ 표 2.9.1 최종검사 검출력 간이 평가 결과

알파오류 평가			
1차 검사에서 NG평가 제품			
모델	검사수량	재검사 OK수량	알파 오류(%)
A	30	5	17%
B	32	7	22%
C	35	3	9%
종합	97	15	15%

베타오류 평가			
1차 검사에서 OK평가 제품			
모델	검사수량	재검사 NG수량	베타오류(%)
A	22	3	14%
B	24	2	8%
C	33	0	0%
종합	79	5	6%

최종검사에서 오류가 왜 발생했을까?

상기 S사는 최종 검사 공정에서 불량품 발견하면 즉시 폐기하지 않고, 재검사를 거쳐 반복적으로 불량 판정을 받은 경우에만 최종적으로 폐기하는 방식을 적용하고 있었다.

이는 알파 오류를 최소화하기 위한 조치였으며, 고객 불량과는 직접적인 연관이 없는 방법이었다. 양품으로 판정된 제품은 그대로 고객에게 출하되었지만, 베타 오류로 인해 불량품이 양품으로 잘못 평가되어 고객에게 전달되는 문제는 간과되고 있었다.

이로 인해 고객 불량이 지속적으로 발생하는 상황이 이어졌다. 최종 검사 공정의 검출력 평가를 통해, 불량품이 양품으로 또는 양품이 불량품으로 판정되는 오류가 발생하는 배경에는 두 가지 주요 원인이 있음이 밝혀졌다.

첫째는 검사기의 작동 오류 발생이고, 둘째는 제품의 특성이 규격 한계 부근에 위치하는 경우이다.

검사기의 작동 오류와 관련하여 알파 오류와 베타 오류가 존재하는데, 알파 오류가 클 경우 양품이 불량품으로 잘못 평가되어 불필요한 폐기가 발생하며, 이는 생산성 저하와 비용 낭비로 이어진다. 반면, 베타 오류가 클 경우 불량품이 양품으로 잘못 평가되어 고객에게 유출될 가능성이 높아지고, 이는 고객 불만 및 클레임으로 이어져 고객 만족도에 중대한 영향을 미친다.

따라서, 기업은 정책적으로 알파 오류 및 베타 오류에 대한 기준을 설정하고, 이를 주기적으로 평가하며 지속적으로 관리 및 개선해야 한다. 이에 대한 개선 예시는 아래와 같다.

▼ 그림 2.9.2 최종검사기 개선 예시

[접촉 핀 노후화] [지그 이물질]

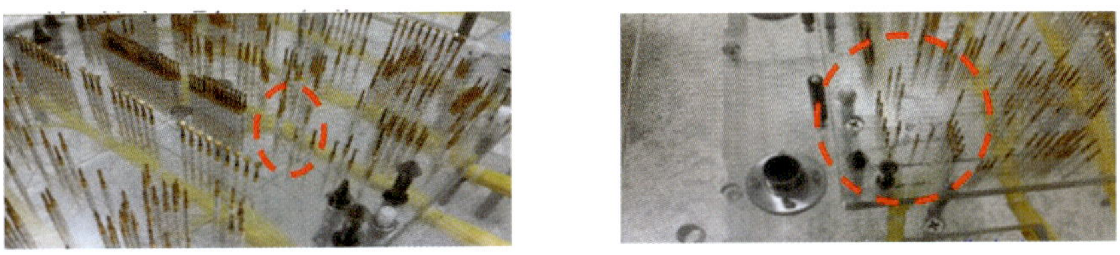

NO	문제점	검출력 영향내용
1	접촉 핀 노후화	핀 노후화로 접촉 오류 발생
2	지그 이물질	지그 이물질로 핀 접촉 영향
3	재료 스케일링값 상이	픽쳐와 핀 접촉시 틀어짐 발생

또한, 제품의 특성이 규격 한계에 가까운 경우, 검사기의 성능을 향상시키는 것이 필요할 수 있다. 그러나 모든 검사기에는 일정 수준의 측정 오차가 존재하므로, 검사기의 성능 향상보다는 최종 검사 이전 공정에서 제품 특성이 규격의 목표치에 근접하도록 예방적 품질 관리 활동을 강화하는 것이 보다 효과적인 접근법이라 할 수 있다.

최종검사 검출력 향상 방안

제품을 완성하는 마지막 단계인 최종 검사 공정에서 검사기의 검출력 향상 체계는 크게 세 가지 영역으로 구분할 수 있다.

첫 번째 영역은 검사기의 일상 점검을 위한 Cgk 분석으로, 검사기의 정확성과 반복성에 대하여 확인하고

Cgk 목표를 설정하여 지속적으로 관리 및 개선해야 한다. 다행히 이 영역은 많은 기업에서 비교적 잘 실행하고 있는 부분이다.

두 번째 영역은 검사기의 알파 및 베타 오류를 주기적으로 평가하여 성능을 극대화하는 것이다. 검사기는 매우 민감하게 작동하므로, 순간적인 관리 오류가 발생하면 즉시 고객 클레임으로 이어질 수 있다. 따라서 품질 관리 시스템에서 누락된 부분이 없는지 철저히 점검하는 것이 중요하다.

세 번째 영역은 제품 품질 자체를 향상시키는 방법으로, 제품 특성을 단순히 규격 한계 내에 맞추는 것이 아니라 설계 목표에 근접하도록 개선하는 활동을 의미한다. 이를 통해 검사기의 고유한 측정 오차를 보완할 수 있으며, 결과적으로 고객 만족도를 더욱 향상시킬 수 있다.

위에서 언급한 세 가지 영역을 〈표 2.6.2〉와 같이 정리할 수 있다. 고객 부적합 발생은 기업의 신뢰성과 직결되는 민감한 문제이므로, 각 기업은 환경에 맞춰 이 세 가지 영역에 대한 품질 관리 및 개선 체계를 지속적으로 보완하고 발전시켜야 하며, 이를 통해 품질 관리 사각지대를 해소해 나가야 한다.

▼ 표 2.9.2 최종검사 검출력 향상 대응 체계

NO	대응방안	관련팀	주기	비고
1	Type1 Gage 연구* 실행을 통한 Cgk**관리	생산	매일	일상점검
2	알파, 베타오류의 주기적인 평가체계 실행	품질	반기별	-
3	제품주요특성을 목표값부근에 일치	기술	상시	Cpm***관리

*) Type1 Gage 연구 : 검사기의 정확성과 반복성에 대한 평가 방법

**) Cgk : 게이지 능력지수 (Gage Capability index)

***) Cpm : 설계목표값에 대한 만족도를 나타내는 공정능력지수 (m은 nominal 의미)

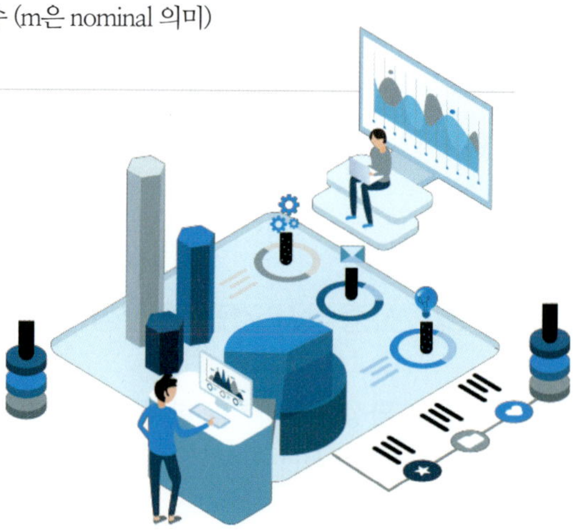

최종검사 검출력 평가 예시

1) 최종검사 검출력 평가 절차

1st) 24개의 시료를 준비한다. (생산 주요 모델)

ㄴ완전한 양품 & 완전한 불량품은 각 1/3씩 (각 8개씩)

ㄴ경계지점의 양품 & 경계지점의 불량품은 각 1/6씩 (각 4개씩)

2nd) 시료에 번호를 기입한다. (평가자가 인지할 수 없도록)

3rd) 평가를 무작위로 진행한다. (최소 5회 반복 측정)

4th) 정확성 및 검출력을 평가한다.

A : Acceptable(양품), R : Rejectable(불량품)

시료 NO	시료상태	반복측정결과					오류발생수	
		1회	2회	3회	4회	5히	α	β
1	A	A	A	A	A	A		
2	A	A	A	R	A	A	1	
3	A	A	A	A	A	A		
4	A	A	R	A	A	A	1	
5	A	A	A	A	A	A		
6	A	A	A	A	R	R	2	
7	A	A	A	A	A	A		
8	A	R	A	A	A	A	1	
9	A	A	A	A	A	A		
10	A	A	A	A	A	A		
11	A	A	A	A	A	A		
12	A	A	A	A	A	A		
13	R	R	R	R	R	A		1
14	R	R	R	R	R	R		
15	R	R	R	R	R	R		
16	R	R	R	R	R	R		
17	R	R	R	R	R	A		1
18	R	R	R	R	R	R		
19	R	R	R	R	R	R		
20	R	R	R	R	A	R		1
21	R	R	R	R	R	R		
22	R	R	R	R	R	R		
23	R	R	R	R	R	R		
24	R	R	R	R	R	R		
오류발생회수 합계							5	3

2) 최종검사 검출력 평가 결과

✓ 정확성 = 정확히 검사해 내는 능력

$$= 1-\frac{\text{검사오류합계}}{\text{총검사회수}} = 1 - \frac{5+3}{5\times24}$$

$= 0.933(93.3\%)$

✓ 검출력 = 1 − β오류

$= 1 - 0.05 =$ **0.95 (95%)**

판정 : 정확성은 93%로 합격수준이지만,
검출력은 95%로 개선이 필요하다

▪ **α오류 = 양품을 불량품으로 판단하는 오류**

$$= \frac{\alpha\text{오류발생합계}}{\text{총 양품검사회수}} = \frac{5}{12\times5} = 0.08$$

▪ **β오류 = 불량품을 양품으로 판단하는 오류**

$$= \frac{\beta\text{오류발생합계}}{\text{총 불량품검사회수}} = \frac{3}{12\times5} = 0.05$$

〈합격 판단 기준〉

구분	정확성	검출력
합격	90% 이상	98%이상
불합격	80%이하	95%이하

고품해결을 위하여 다변량 분석으로 접근

용어 정의	다변량 분석은 하나의 변수에 의한 영향보다는 복수의 변수를 고려하여 실험 또는 분석을 실시하는 방법이다.

품질문제해결 일반

고품(고질적인 품질 문제)는 기업들이 많은 관심을 가지고 접근하고 있는 주요 이슈 중 하나이다. 고객에게 품질 문제가 발생하면 이를 해결하기 위해 다양한 조치를 실행하지만, 결국 해결이 쉽지 않아 오랫동안 품질 문제로 남게 되어 " 고품 " 이라고 한다.

즉, 오래된 품질 문제(古品) 또는 고질적인 품질 문제(痼品)를 의미한다. 이러한 고품을 해결하기 위해서는 요인의 조합에 의한 고품 영향을 간과해서는 안 된다. 요인의 조합에 의한 영향을 파악하는 방법으로 단변량 실험(하나의 요인만으로 고품의 영향성을 고려하는 실험방식)이 아닌, 여러 요인들의 조합에 의해 고품이 발생하는지를 확인하는 것이다.

즉, 기업에서는 엔지니어링 업무 특성상 하나의 변수에 의한 고품 발생 영향을 알아보는 선형적인 접근 방법을 사용하는 경우가 많다. 그러나 이러한 접근 방법에서는 하나의 변수 조건이 바뀌어도 특성에 아무런 영향을 주지 않지만, 다른 변수와 조합으로 바뀌는 경우에 고품 발생에 영향을 주는 경우가 있기 때문에 단변량의 접근은 주요요인을 규명하는 데 한계가 있다.

따라서 고품을 해결하기 위해서는 가능하면 단변량이 아닌 다변량 관점에서 접근하고, 요인들 간의 조합에 의한 영향을 포함시켜야 한다.

이는 〈교호작용에 의한 영향을 간과하지 말라〉는 것이며, 가장 바람직한 방법은 완전 요인 배치 실험을 진행하는 것이다. 하지만, 기업 현업에서는 문제 해결을 위해 시간과 비용을 고려하여 효율적인 방법을 찾아야 하므로, 접근 방법을 두 가지로 구분하여 설명하고자 한다. 첫 번째 방법은 고품에 영향을 줄 수 있는 요인들을 완전요인배치실험 대신에 직교배열실험을 이용하는 방법이고, 두 번째 방법은 기존의 데이터 및 제품을 이용한 짝비교(샤이닌기법)와 부품추적실험, 0-1 산점도 그리고 의사결정나무를 활용하는 방법이다.

단변량 접근시 고품해결의 한계점

고품 해결을 위해 단변량으로 접근하는 예를 들어보면, 부품 형상이 제품 성능에 영향을 미치는지 알아보기 위해 형상의 변화를 주면서 다른 변수는 고정한 상태에서 실험 결과를 확인하는 방식이다.

형상의 조건을 바꾸어도 특성이 특별한 영향을 보이지 않으면, 이번에는 재질강도라는 다른 변수를 바꾸어 제품 성능에 미치는 영향을 알아본다. 또한 재질강도가 영향을 미치지 않으면, 또 다른 변수인 부품 치수를 바꾸어 실험을 진행하는 방식으로 하나의 요인만 순차적으로 실험을 진행한다.

이와 같은 방식으로 고품 발생 요인을 규명하려 할 경우, 서로 다른 요인의 조합에 의해서 고품이 발생한다고 가정하면, 고품 발생의 근본 원인을 규명하는 데 한계가 있게 된다.

> 결과적으로 오랜 시간과 비용을 허비하게 되고, 품질 문제를 해결하지 못한 채 고품(古品)으로 남게 된다.

이를 이해하기 위해 〈그림 2.10.1〉의 실험 내용을 언급한다.

▼ 그림 2.10.1 단변량 실험의 오류 이해

②	① 형상1	형상2
재질강도1	OK	OK
재질강도2	OK	NG

주) OK=고품발생하지 않음, NG=고품발생

→

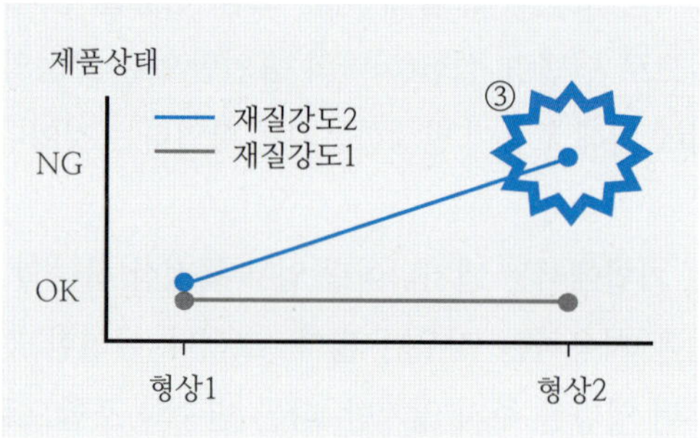

실험 결과 해석	① 재질강도1,2는 형상1에서 모두 OK이므로 재질강도는 acceptable ② 형상1,2,는 재질강도1에서 모두 OK이므로 형상은 acceptable ③ 그런데 형상2와 재질강도2의 조합에서 NG(불량) 발생

고품 NG발생은 재잘강도2와 형상2의 조합에서 발생하고 있습니다

이처럼 하나의 변수만 고려하는 방법인 단변량으로 접근시 형상 조건이 문제인지, 재질강도 조건이 문제인지 고품 발생 원인을 규명하는 데 한계가 있다는 것이다.

이처럼 하나의 변수의 영향만을 고려할 때, 품질 문제는 해결되지 않고 계속 고품으로 남을 가능성이 크다. 예를 들어, S사에서도 발열로 인한 제품의 변형 및 변색 문제를 해결하기 위해 10년 동안 단변량으로 접근했으나 해결하지 못하고 고품으로 남아 있었다.

하지만 기존의 접근 방식을 바꾸어 다변량으로 접근하여 관련 변수들의 조합을 고려하여 실험과 분석을 시도하여, 발열 발생 원인을 규명하고 이에 대한 대응으로 발열 문제를 해결할 수 있었다.

다변량으로 접근-완전요인 배치 실험

완전요인배치실험은 다변량의 접근이 필요할 경우에 제품 성능에 미치는 영향을 분석하는 가장 바람직한 방법이다. 하지만 요인의 개수가 많아지면 실험 규모가 기하급수적으로 증가하여 실험이 어려워질 수 있다.

예를 들어, 2개의 요인에 대해 각 2가지 수준으로 실험하면 2×2=4가지 조합이므로 부담이 없지만, 7개의 요인에 대해 각 2가지 수준으로 실험하면 27=128가지 조합이 필요하여 실험 부담으로 현실적으로 적용이 어렵다.

이처럼 요인이 많을 경우 일부 요인만 검토하여 실험을 진행할 수 있으나, 주요 요인을 빠뜨릴 경우 문제 해결의 근본 원인을 찾지 못할 위험이 있다. 따라서 요인이 적을 때는 완전요인배치실험이 가능하지만, 요인이 많을 경우에는 이의 활용은 용이하지 않다.

다변량으로 접근-직교배열 실험

완전요인배치실험이 어려운 경우, 검토 요인을 축소하기보다는 차선책으로 직교배열실험을 활용하는 것이 바람직하다. 직교배열실험은 실험계획법의 부분요인배치실험 기법 중 하나로, 실험 횟수를 획기적으로 줄이면서도 주요 요인의 영향을 분석할 수 있다. 예를 들어, 7개의 요인에 대해 각 2가지 수준으로 실험할 경우 완전요인배치실험에서는 128가지 조합이 필요하지만, 직교배열실험을 활용하면 8가지 조합으로 실험이 가능하다.

즉, 실험 부담을 크게 줄일 수 있는 장점이 있지만, 단점으로 교호작용(Interaction)에 대한 정보를 파악하는데는 한계가 있다. 그러나 직교배열실험은 제품 성능 문제를 해결하기 위한 최적 조건을 도출하는 데 매우 유용하며, 교호작용 정보를 고려하지 않더라도 실무에서 효과적인 결과를 얻을 수 있다.

직교 배열 실험은 교호작용(interaction effect)을 명확히 파악하는 데는 한계가 있으나, 여러 요인을 동시에 체계적으로 변화시키며 실험을 수행함으로써 개별 요인의 주효과(main effect)를 효율적으로 분석할 수 있다. 이로 인해 다양한 요인의 복합적인 영향을 반영할 수 있어, 품질 문제의 해결 조건을 신속하게 도출하는 데 유리하다.

또한, 교호작용 정보를 충분히 반영하기 어려운 직교 배열 실험의 한계로 인해 최적 조건 도출 시 오류가 발생할 가능성을 줄이기 위해, 필자가 직교 배열 실험에 대한 다양한 실무 경험을 바탕으로 정리한 뒤에서 언급한 〈2.11〉의 『품질문제 해결을 위한 직교배열실험 활용』의 내용을 참고하여 활용하면 된다.

다변량으로 접근-짝비교 방법과 0-1 산점도 활용

고질적인 품질 문제를 해결하기 위해 반드시 새로운 실험을 진행할 필요는 없다. 기존의 데이터를 효과적으로 활용하는 것도 중요한 접근법이며, 이에 대해 샤이닌 박사(Dorian Shainin, 1914~2000, 미국)는 부품추적실험법과 짝비교 방법을 제안하였다. 이 방법에서는 기존 자료 또는 제품을 기준으로 BoB(Best of Best, 최상의 양품 또는 모델)와 WoW(Worst of Worst, 최악의 불량품 또는 모델)을 준비하여 관련 변수를 상호 비교하면서 핵심 요인을 규명한다. 이를 통해 품질 문제를 유발하는 설계 변수의 worst조건을 발견할 수 있다.

부품추적실험법에서는 분석 과정에서 주효과 뿐만 아니라 교호작용도 고려하여, 주요 요인과 요인 간 조합이 제품 품질에 미치는 영향을 파악한다. 이를 통해 유의한 요인을 규명하고, 품질 문제를 유발하는 조건을 도출할 수 있다.

한편, 짝비교 방법은 개별 요인 간 차이를 비교하는 데 유용하지만, 요인 조합의 영향을 분석하는 데는 한계가 있다. 따라서 짝비교 방법을 사용할 때는 0-1 산점도(0-1 Scatter Plot)를 병행하면 품질 문제를 유발하는 요인의 조합을 보다 쉽게 찾을 수 있다.

참고로, 0-1산점도는 공식적인 QC도구는 아니지만, 필자가 실무에서 기존 산점도와 차별화하여 정립한 방법이다.

▼ 그림 2.10.2 0-1 산점도 해석 방법

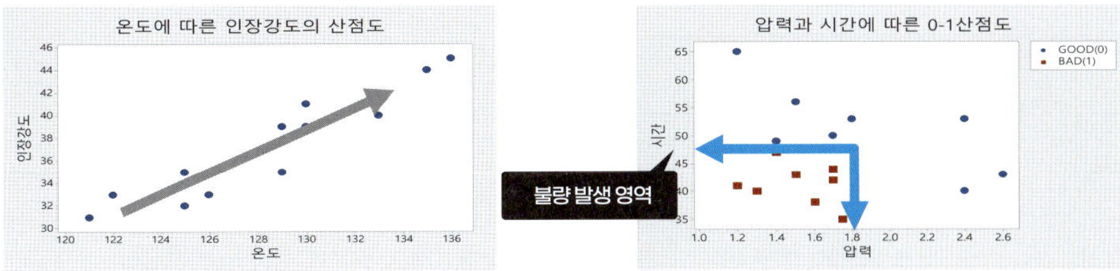

해석: 온도가 증가하면 인장강도가 증가한다.

해석: 압력이 1.8이하이면서 시간이 48이하일 경우에 불량(BAD)이 발생한다.

- 0-1산점도는 가로,세로축에 원인계 변수를 나타내면서 각 조합에서의 제품 상태를 GOOD(0), BAD(1)로 구분하여 나타낸 산점도이다.
- 0-1산점도를 통하여 고품(NG) 발생에 대하여 요인의 독립적인 영향 또는 조합에 의한 영향을 파악할 수 있다.

다변량으로 접근-의사결정나무(Decision Tree)

의사결정나무를 다변량 접근의 도구로 활용한다는 것은, 복합적인 변수 간의 관계를 시각적으로 해석하고 이를 의사결정에 반영하는 전략적 분석을 의미한다.

이는 여러 개의 원인변수가 결과 변수에 어떤 영향을 미치는지를 동시에 고려하는 방식으로, 단일 요인의 영향뿐만 아니라 다양한 요인들의 결합 효과를 통해 문제 발생 원인을 설명해주는 분석 방법이다.

품질문제 해결 과정에서 다변량 분석의 도구로서 의사결정나무를 활용하는 것은 세 가지 측면에서 그 의미를 찾을 수 있다.

의미1) 변수 간 상대적 중요도 평가

어떤 변수가 결과에 가장 큰 영향을 주는지를 자동으로 구조화 해준다.

예를 들면, X1 〉 X3 〉 X5 순으로 분기해주어 영향력 높은 변수를 파악할 수 있다.

의미2) 교호작용과 조건부 관계 식별

X1이 특정 조건일 때만 X2가 영향을 주는 등, 조건부 의존성 구조를 시각화 해준다.

의미3) 다변량 분포의 시각적 단순화

고차원의 입력 공간을 조건문 기반 분기로 단순화하여 담당자의 의사결정이 용이하게 해준다.

▼ 그림 2.10.3 의사결정나무 전개 예시

제품상태	온도	압력	rpm	대기시간	비중	갭	산농도	사용횟수	air압력
Good	361	2.5	209.1	0.028	0.0055	0	0.0184	2530	0.0113
Good	363	2.6	332.5	0.0255	0.0018	0	0.0304	2200	0.013
Good	358	1.9	328.5	0.0236	0.0006	0	0.0303	1850	0.0121
Good	370	2.5	495.7	0.0327	0.0011	0.0013	0.5189	2520	0.0115
Good	362	1.8	561.7	0.026	0.0164	0.0018	0.4414	1380	0.0104
Good	365	1.7	330	0.0285	0	0	0.4141	1520	0.0105
Good	349	1.6	466.8	0.0237	0.0202	0.0011	0.4498	1470	0.0091
Bad	376	1.6	464	0.0296	0.0102	0.0002	0.4361	1530	0.0095
Bad	359	2.4	506.6	0.0293	0.0232	0.0034	0.4926	2310	0.0105
Bad	356	2.4	567.5	0.0279	0.0174	0.0017	0.5069	2220	0.0116
Bad	360	2.4	535.7	0.0298	0.0154	0.0013	0.5164	2740	0.0114
Bad	365	1.8	386.5	0.0224	0.0169	0	0.435	2490	0.0102
Bad	369	1.9	197.3	0.0227	0.0018	0	0.0263	1400	0.0114
Bad	365	1.9	192	0.0271	0	0	0.0161	2230	0.0103
Bad	362	1.8	173.2	0.0203	0	0	0.0165	1560	0.0123
Bad	359	2.5	460.1	0.0254	0.0177	0.0007	0.4652	2620	0.0113

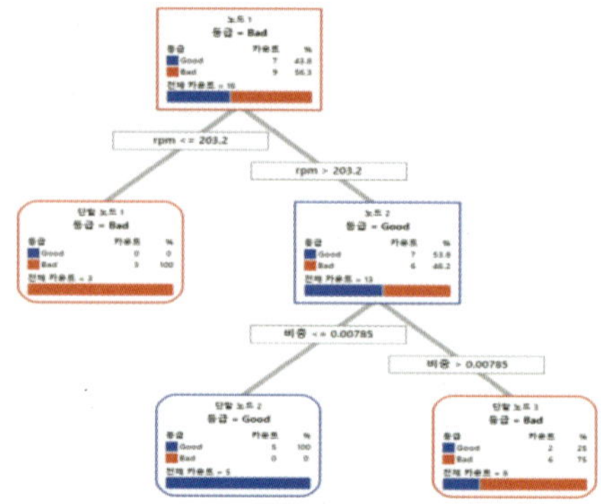

- 해석 : 제품의 상태가 Bad가 발생하는 조건은 rpm≤203.2일 경우이다. 만일 rpm〉203.2일 경우에는 비중〉0.00785에서 제품이 Bad가 발생한다.

다변량으로 접근하여 고품을 해결한 사례

자체적으로 다양한 방법을 이용해도 고품해결이 어려웠던 경우에 다변량 실험 또는 요인의 조합으로 접근하여 고품을 해결한 3개사의 사례를 아래와 같이 정리하였다.

사례1) K사 – 직교배열실험을 활용하여 고품해결을위한 설계표준 정립

K사는 특정 모델에서만 반복적으로 품질 문제가 발생하여, 다양한 설계 변수를 대상으로 직교배열실험을 실시하였다. 이를 통해 핵심 원인을 규명하고, 핵심원인에 대한 해결책을 찾고 이에 대한 설계 표준을 정립함으로써 고품해결을 마무리 하였다.

사례2) S사 – 〈짝비교 & 0-1산점도〉방법으로 발열 문제 해결

S사는 제품의 발열로 인해 변형 및 변색 문제가 지속적으로 발생하여 제품 개발이 지연되어 고객 대응이 어려웠다. 이에 변형 및 변색이 문제가 되는 모델과 그렇지 않은 모델을 구분하여 BoB 와 WoW모델로 정의하여 짝비교 방법과 0-1산점도를 활용하여 근본 원인을 규명하였다. 이를 통해 발열 문제를 유발하는 설계 변수의 조합을 규명하였고, 설계관점의 근본적인 해결책을 마련할 수 있었다.

사례3) D사 – 직교배열실험을 통한 신뢰성 문제 해결

D사는 양산 과정에서 신뢰성 시험 중 쇼트문제가 발생하여 제품 출하가 중단되는 위기를 겪었다. 기존 경험을 바탕으로 단변량 실험을 통해 원인을 찾으려 했지만, 문제를 해결하지 못했다. 이에 다양한 요인을 고려한 직교배열실험을 실시한 결과, 당초 검토했던 요인이 아닌 다른 원인이 문제의 근본적인 원인임을 발견하게 되었고, 이를 해결하여 쇼트 문제를 성공적으로 해결할 수 있었다.

사례4) T사 – 의사결정나무를 이용하여 이물질 발생요인 규명

T사는 제조 공정 중 발생하는 이물질 불량을 분석한 결과, 공정에서 사용하는 코팅 약품에 기인한 이물질 유형이 전체의 약 80%를 차지하는 것으로 나타났다. 이에 따라 자체적으로 다양한 물리적 개선 시도를 진행하였지만, 불량 발생 수준이 무작위로 높고 낮음을 반복하며 일관되지 않아 주요 원인 규명에 어려움을 겪었다.

문제 해결을 위해 변수 간 조합 효과를 분석하고자 의사결정나무 기법을 활용하여 이물질 불량 발생 요인을 도출한 결과, 예상과 달리 불량의 주요 원인은 공정 조건이 아닌, 제품의 치공구 사용 수명과 공정에서의 제품 대기 시간에 따른 영향인 것으로 밝혀졌다.

세부 분석을 통해 두 가지 의외의 사실을 발견하였다. 첫째, 코팅 치공구를 새로 사용할 초기 단계에서 돌발 적인 이물질 불량이 많이 발생했으며, 둘째, 일부 공정에서는 제품 대기시간 상태에 따라 이물질 불량 발생이 줄어드는 경향이 나타났다. 이는 제품의 코팅 경도가 시간이 지나야 안정화 된다는 것을 시사하며, 코팅 경도에 대한 안정화 관리가 필요함을 보여주는 결과였다.

이러한 분석을 통해 기존에 관리 대상으로 고려하지 않았던 항목들의 중요성을 새롭게 인식하게 되었고, 해당 요소들에 대한 관리 기준을 재정립하여 적용한 결과, 이물질 불량을 기대 이상으로 개선할 수 있었다.

이처럼 기업에서 품질 문제가 발생하면 고객 만족도 저하, 납기 지연, 원가 상승 등 비즈니스에 미치는 영향이 크기 때문에 문제 해결 활동이 최우선 과제가 된다.

이러한 문제 해결 과정에서 직교배열실험, 짝비교 방법, 0-1산점도, 의사결정나무방법 등 다양한 분석 방법을 활용함으로써 보다 체계적이고 효과적인 접근이 가능하다.

또한, 이러한 분석을 통해 기존에 알고 있던 제품 설계 규칙을 뛰어넘는 새로운 설계 규칙을 발견하거나, 제조 공정에서 새롭게 관리해야 할 항목을 도출함으로써, 궁극적으로 기업의 기술 및 관리 노하우를 재정립하고 제품 경쟁력을 한층 더 강화하는 계기가 될 수 있다.

Tip

의사결정나무 개념

〈 의사결정나무(decision tree)란 〉

데이터를 기반으로 특정 규칙을 찾아내고, 그 결과를 트리 구조로 시각화하는 분류 기법이다.

이 방법을 활용하면 품질 데이터를 기준으로 양품과 불량품을 분류할 수 있는 설계 또는 제조 조건상의 특정 규칙을 도출할 수 있다.

즉, 데이터를 활용하여 품질 특성과 관련된 의사결정 기준을 명확히 제시할 수 있다.

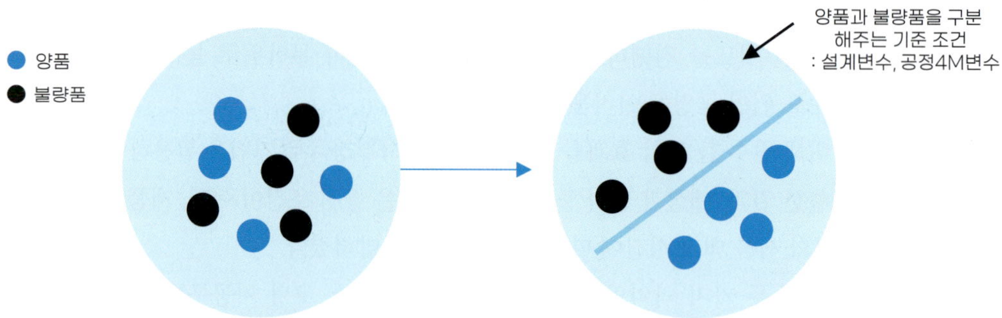

[수집한 데이터]　　[의사결정나무분석결과]

공정 데이터(온도, 압력, 비중, rpm 변수)를 기반으로 불량이 발생한 제품을 분석(의사결정나무)했더니, "온도>417.8 이면서, 압력<108.5일 때 Bad발생"의 조건이 됨을 알 수 있다.

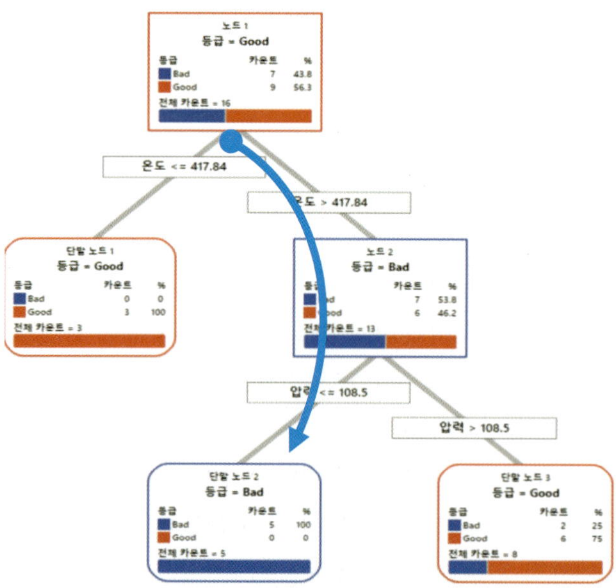

유의차 확인 방법

용어 정의	유의차는 집단 간 차이가 통계적으로 의미 있음을 나타내며, 가설 검정에서 자주 사용된다.

유의차 확인 방법

유의차 확인은 "두 집단 이상이 실제로 다르다"는 통계적 근거를 확보할 때 사용한다. 특히 공정4M간 차이, 제품개선, 실험분석, 설문결과 해석 등에서 필수적으로 활용된다.

〈유의차 확인이 자주 사용되는 상황〉

1) 두 집단 이상의 평균이나 비율을 비교할 때
   - 예 : 새로운 조건과 기존 조건과의 효과 비교
   - 통계 방법 : t 검정, 분산분석, 카이제곱(χ 2) 검정, 등분산 검정 등

2) 실험 전후의 변화 확인
   - 예 : 교육 프로그램 참여 전후의 성적 비교
   - 통계 방법 : 쌍체 t 검정

3) 공정이나 품질개선 전후 비교
   - 예 : 불량률 개선 전후 차이
   - 통계 방법 : 비율 비교, 카이제곱 검정

유의차를 확인하려면 통계적 근거가 필요하므로, 먼저 각 상황에 맞는 가설을 설정한 후 이에 대한 통계량을 계산한다. 이후 계산된 통계량을 바탕으로 p값을 구하고, 이를 통해 귀무가설을 기각할지 여부를 판단하게 된다. 가설 검정의 대상은 크게 분포의 중심, 산포, 불량 비율 등으로 구분할 수 있다.

▼ 표 2.11.1 유의차 확인을 위한 가설검정 방법

대상	중심	산포	불량 비율
가설	귀무가설 : 집단 간의 차이 또는 변화가 없다. (특별한 차이는 없다) 대립가설 : 집단 간의 차이 또는 변화가 있다. (실제로 차이가 존재한다.)		
통계량	Z 검정, t 검정, 분산분석	F 검정, χ^2 검정, 등분산 검정	Z 검정, χ^2 검정
판단	p값이 유의수준(α)보다 크면 귀무가설 채택, α보다 작으면 귀무가설 기각 (α는 분석 목적에 따라 보통 0.01, 0.05, 또는 0.1 중에서 선택한다.)		

산포에 대한 가설 검정 방법

확인이 필요한 대상 중 분포의 중심에 대한 유의차를 검정하기 위해서는 먼저 분포의 산포에 대한 유의차를 확인해야 한다. 이는 산포의 유의성 여부에 따라 중심값에 대한 유의차 검정 방법이 달라지기 때문이다.

또한, 분석 상황에 따라 적절한 검정 방법을 선택하여 통계량을 계산하고, 이를 바탕으로 귀무가설의 기각 여부를 판단한다.

〈상황별 산포에 대한 유의차 확인 방법〉

1) 단일 집단의 산포가 기준값과 차이를 확인할 경우 : χ^2 검정을 사용
   예를 들면, A제품의 공정 분산이 기준(예: σ =3)과 다른지 확인
2) 두 집단 간 산포의 차이를 확인해야 하는 경우 : F 검정을 사용
3) 두 개 이상의 집단 간 산포를 비교해야 하는 경우 : 등분산 검정 사용
   예를 들면, 여러 설비에서 생산된 제품의 품질 변동성 비교

중심에 대한 가설 검정 방법

확인 대상에 대해 산포의 유의차 검정을 실시한 후, 그 결과에 따라 분포의 중심에 대한 유의차 검정을 수행한다. 이때, 모표준편차를 알고 있는 경우와 모르는 경우로 나누어 적절한 통계량을 계산하고, 이를 바탕으로 귀무가설의 기각 여부를 판단한다.

〈상황별 중심에 대한 유의차 확인 방법〉

1) 단일 집단의 평균이 기준값과 차이를 확인할 경우 ; Z 검정, t 검정을 사용
   예를 들면, A 제품의 평균 길이가 100mm와 차이가 있는지 확인
2) 두 집단 간 중심값의 차이를 확인할 경우 : Z 검정, t 검정을 사용
   예를 들면, 두 공정에서 생산된 제품의 평균 강도가 차이가 있는지 확인
3) 두 개 이상 집단간 중심값의 차이를 확인할 경우 : 분산분석을 사용
4) 같은 집단의 사전·사후 비교처럼 대응된 두 값의 차이를 확인할 경우 : 쌍체 t 검정 사용

불량 비율에 대한 가설 검정 방법

확인 대상의 불량 비율에 대한 유의차 검정은 분포의 중심이나 산포와는 다른 방식으로 접근한다. 불량 비율 검정에서는 시료 수와 불량(또는 부적합품) 수를 기준으로 관련 통계량을 산출하며, 이를 바탕으로 귀무가설의 기각 여부를 판단한다.

〈상황별 불량 비율에 대한 유의차 확인 방법〉

1) 두 집단 간 불량 비율의 차이를 확인할 경우 : Z 검정을 사용
   예를 들면, 조건A와 조건B의 불량률이 차이가 있는지 확인
2) 두 개 이상 집단간 불량 비율의 차이를 확인할 경우 : χ^2 검정을 사용
   예를 들면, 세 대의 설비에서 생산된 제품 간 불량률이 차이가 있는지 확인

p값을 기준으로 귀무가설 기각 여부 판단 방법

p값은 확률(probability)을 의미하며, 각 분포에서 기준치에 대한 확률을 구할 수 있도록 해준다. 분석 대상 간 차이가 있는지를 확인하고자 할 경우, 기준치를 중심으로 분포의 좌우 양쪽에서 확률을 계산하여 p값을 결정하며, 이때는 양측 검정으로서 두 배의 확률이 구해진다. 반면, 차이가 크거나 작다는 방향성을 확인하고자 할 경우에는 기준치에 대해 한쪽 방향만 고려하는 단측 검정을 사용하여 해당 방향의 p값을 이용한다.

p값은 귀무가설을 지지(귀무가설이 맞을 수도 있다)하는 확률을 의미하며, 일반적으로 p값이 유의수준((α)보다 클 경우 귀무가설을 채택(또는 '기각하지 않음')하고, p값이 α보다 작을 경우에는 귀무가설을 기각한다. 이때, 귀무가설을 기각하면서 동시에 그 판단이 잘못될 가능성(제1종 오류)을 유의수준(α)으로 표시한다. 유의수준은 보통 0.01, 0.05 또는 0.1 등으로 설정되며, 이는 귀무가설이 실제로 참일 때 이를 잘못 기각할 확률을 의미한다.

▼ 그림 2.11.1 p값을 기준으로 귀무가설 기각 여부 판단 개념

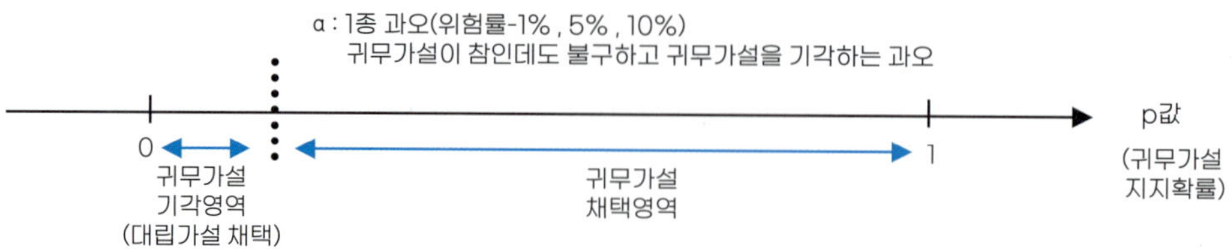

유의차 확인 후 상황별 대응 방안

일반적으로 p값은 시료 수(n)가 증가할수록 작아지는 경향이 있다. 따라서 p값을 기준으로 귀무가설의 기각 여부를 판단할 경우, 시료 수의 영향을 함께 고려하여 유의차를 해석하는 것이 바람직하다.

또한 유의차가 확인되었다면, 단순히 차이의 유무에 그치지 않고 차이의 크기를 정량적으로 파악하기 위해 신뢰구간을 추정하는 것도 필요하다.

유의차 확인에 따른 차이에 대한 간이 해석 방법으로, p값이 0.01보다 작으면 차이가 상당히 클 가능성이 높고, p값이 0.10에 가까우면 차이가 크지 않을 가능성이 높다고 판단할 수 있다.

> 한편, 귀무가설을 채택한다는 것은 '효과 없음' 또는 '차이 없음'을 의미하므로, 특별한 조치를 취하지 않아도 되는 경우가 많다.

반면, 귀무가설이 기각될 경우에는 차이나 효과가 존재한다는 의미이므로, 그에 따른 실질적인 조치가 필요한 경우가 대부분이다.

다음은 상황별로 귀무가설을 기각했을 때의 대응 방안 예시이다.

① 개선 조건 적용 시 불량률 감소 여부

→ 귀무가설 기각 시, 개선 조건이 효과 있었음을 의미하므로 해당 조건을 공정에 반영한다.

② 신제품의 성능 향상 여부

→ 기각 시, 신제품이 더 나은 성능을 제공하므로 신제품 승인 및 활용 전략에 활용한다.

③ 설비 간 품질 특성 차이 여부

→ 기각 시, 설비 간 차이가 존재하므로 문제가 되는 설비에 대한 원인 분석 및 조치가 필요하다.

④ 작업 방법 간 불량률 차이 여부

→ 기각되었다면, 작업 방법 간 차이가 있으므로 더 나은 작업 방법을 표준화 하여 확대 적용한다.

Tip

가설검정 종류별 맵

가설검정을 위한 다양한 상황을 아래의 맵으로 정리하였다. 데이터의 성질에 따라 계량형 또는 계수형으로 구분하고, 각 데이터가 정규성을 따르는 지 여부에 따라 유의차를 확인하기 위한 분석 방법이 달라진다.

또한, 비교 대상이 하나의 집단인지, 두 집단인지, 또는 세 집단 이상인지에 따라 적용되는 검정 방법도 달라지므로, 이러한 기준을 종합적으로 고려하여 적절한 가설검정 기법을 선택할 수 있도록 본 맵에 체계적으로 정리하였다.

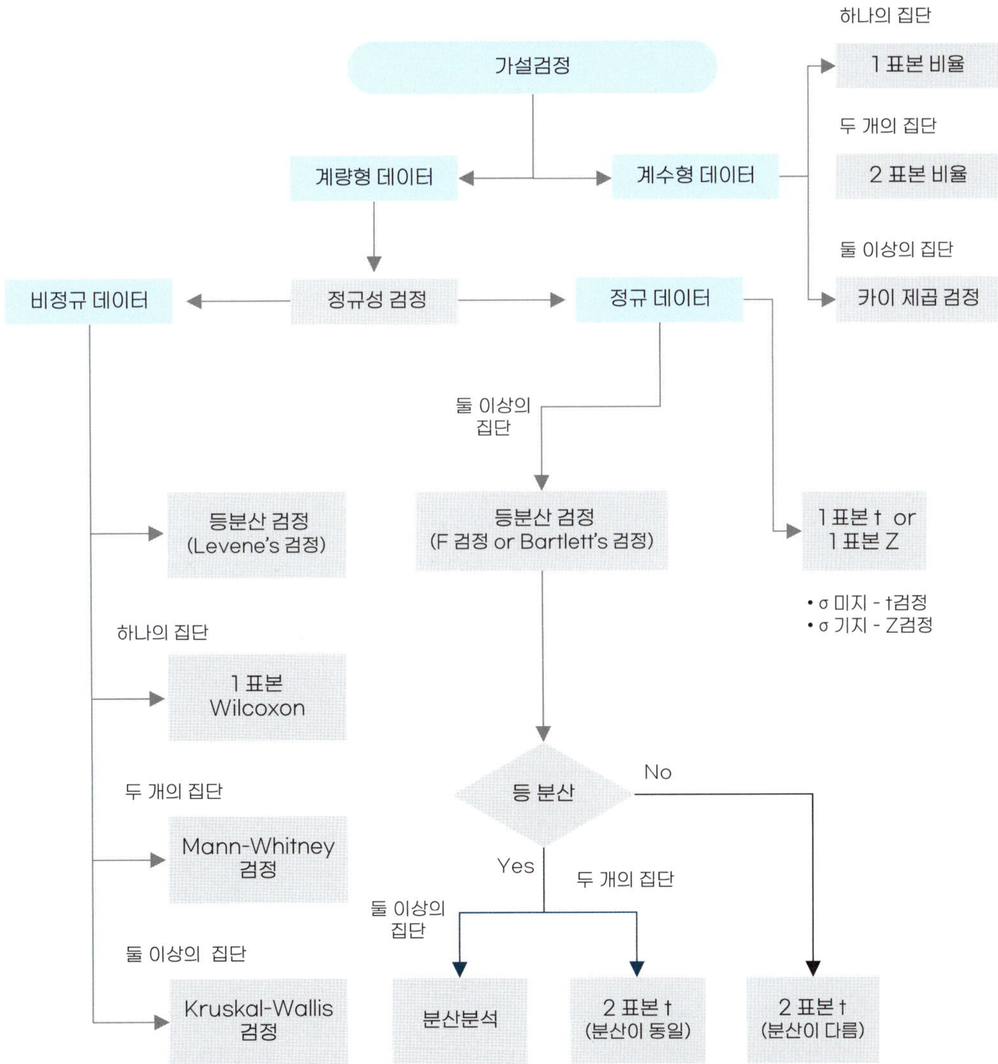

가설검정 통계량 구하는 공식

유의차를 확인하기 위한 가설검정에서는 대상에 따라 적용되는 통계량이 달라지며, 이에 따라 사용하는 계산 공식도 달라진다.

아래 표에서는 유의차 확인 대상별로 구분하여 각각에 적합한 통계량과 그에 따른 계산 공식을 표로 정리하였다.

각 통계량 공식이 언제, 어떤 상황에서 활용되는지를 정확히 이해하고 파악하는 것은 가설검정의 정확도와 실무 적용력 향상에 매우 중요하다.

대상	집단구분	통계량공식	비고
중심	1 개 집단	$Z = \frac{\bar{x} - \mu_0}{\sigma/\sqrt{n}}$	σ를 알고 있는 경우 σ : 모표준편차
		$t = \frac{\bar{x} - \mu_0}{s/\sqrt{n}}$	σ를 모르고 있는 경우 s : 시료표준편차
	2 개 집단	$Z = \frac{\overline{x_1} - \overline{x_2}}{\sqrt{\frac{{\sigma_1}^2}{n_1} + \frac{{\sigma_2}^2}{n_2}}}$	σ를 알고 있는 경우
		$t = \frac{\overline{x_1} - \overline{x_2}}{\sqrt{\frac{V_1}{n_1} + \frac{V_2}{n_2}}}$	σ를 모르고 있는 경우 서로 다른 분산 V: 분산
		$t = \frac{\overline{x_1} - \overline{x_2}}{\sqrt{V_{pool}(\frac{1}{n_1} + \frac{1}{n_2})}}$	σ를 모르고 있는 경우 동일한 분산 $Vpool$: 합동분산
		$t = \frac{\bar{d} - \Delta_0}{s_d/\sqrt{n}}$	대응이 있는 경우 $\bar{d}$: 차이의 평균 Δ_0 : 차이 기대값
	여러 개 집단	분산분석	F분포 이용
산포	1개 집단	$\chi^2 = \frac{SS}{\sigma^2}$	SS: 제곱합
	2개 집단	$F = \frac{V_1}{V_2}$	–
	여러 개 집단	등분산	Bartlett방법, Hartley방법, Cochran방법
불량 비율	1개 집단	$Z = \frac{p - P_0}{\sqrt{P_0(1 - P_0)/n}}$	p: 시료불량비율 $P_{0:}$: 모불량비율
	2개 집단	$Z = \frac{p_1 - p_2}{\sqrt{\bar{p}(1 - \bar{p})(\frac{1}{n_1} + \frac{1}{n_2})}}$	$\bar{p}$: 시료 평균 불량 비율
	여러 개 집단	$\chi^2 = \Sigma\Sigma\frac{(O_{ij} - E_{ij})^2}{E_{ij}}$	O_{ij}:관측치, E_{ij}:기대치

부품별 제품영향 정량화를 위한 분산분석 활용

용어 정의	분산분석은 요인에 따른 특성 데이터의 변동을 분석하는 방법으로 요인별 변동 영향을 정량화 할 수 있다.

분산분석 전개 요약

T사에서는 3개의 주요 부품 모듈로 구성된 제품의 불량 문제를 해결하기 위해, 제품 불량에 영향을 미치는 주요 부품 모듈을 규명하고자 한다.

불량에 영향을 주는 주요 부품 모듈이 확인되면, 해당 부품을 중심으로 집중적인 개선활동을 전개할 계획이다.

이를 위하여 직교배열표를 활용한 실험을 통해 데이터를 수집하고, 분산분석을 실시함으로써 각 부품 모듈이 제품에 미치는 영향을 정량적으로 평가하려고 한다.

관련 변수 정렬

제품 특성에 영향을 줄 수 있는 3개의 부품 모듈과 3개의 사용조건(환경 변수)을 나열하였다. 이 중 부품 모듈은 제품 특성에 미치는 영향을 확인하고자 하는 주된 변수이며, 사용조건은 외부 요인으로 간주되어 잡음 변수로 분류하였다. 따라서 주된 변수와 잡음 변수를 서로 다른 군으로 구분하여 실험 설계 시 독립적으로 배치하기로 하였다.

부품 모듈의 경우, Lower 수준과 Upper 수준은 각 모듈의 성능 범위에 따라 설정하였으며, 사용조건은 표준(standard) 조건과 최악(worst) 조건으로 구분하여 실험 조건을 구성하였다.

▼ 표 2.12.1 주요관심변수와 사용조건에 대한 실험수준 범위 설정

주요관심변수	Lower수준	Upper수준
부품 모듈A	120	180
부품 모듈B	25	35
부품 모듈C	10	20

잡음변수	standard	worst
tur각도	0	180
dam각도	0	180
hub각도	0	180

실험변수 배치 및 실험 데이터

요인은 주요 관심 변수(부품 모듈)와 사용 조건(잡음 요인)으로 구분하여 독립적으로 배치 하였다.

주요 관심 변수는 내측 배열에, 잡음 변수는 외측 배열에 배치하였다. 실험 조합은 완전 요인 배치가 아닌 직교배열표 L4를 기준으로 설계하였으며, 각 조합에 따라 제품 특성을 측정하여 데이터를 수집하였다.

▼ 표 2.12.2 직교배열 실험조합에 따른 실험 데이터

	주요관심변수			사용조건				
Lower수준	120	25	10	0	0	180	180	TUR 각도
Upper수준	180	35	20	0	180	0	180	DAM 각도
NO	부품모듈A	부품모듈B	부품모듈C	0	180	180	0	HUB 각도
1	120	25	10	42.8	37.3	34.3	43.6	
2	120	35	20	55.1	57.8	32.4	59.5	
3	180	25	20	101.6	65.2	76.7	103.7	
4	180	35	10	102.4	62.8	62.5	101.2	

- 실험NO1의 데이터 42.8은
  - 부품모듈A 120 + 모듈B 25 + 모듈C 10 + TUR각도 0 + DAM각도 0 + HUB각도 0 의 조합으로 실험하여 얻은 제품의 특성이다.

주요 관심 변수별 제품특성 영향도 정량화

실험 데이터에 대해 각 변수별 영향도를 파악하기 위해 분산분석(ANOVA)을 실시하였다. 이를 위해 실험 조건별 데이터를 재정렬한 후, 미니탭 통계 프로그램을 이용하여 분산분석을 수행하였으며, 각 요인별 제곱합을 비율로 환산하여 기여율을 산출하였다.

▼ 표 2.12.3 통계프로그램을 이용하기 위한 실험데이터 정렬

부품모듈A	부품모듈B	부품모듈C	TUR 각도	DAM 각도	HUB 각도	제품특성
120	25	10	0	0	0	42.8
120	35	20	0	0	0	55.1
180	25	20	0	0	0	101.6
180	35	10	0	0	0	102.4
120	25	10	0	180	180	37.3
120	35	20	0	180	180	57.8
180	25	20	0	180	180	65.2
180	35	10	0	180	180	62.8
120	25	10	180	0	180	34.3
120	35	20	180	0	180	32.4
180	25	20	180	0	180	76.7
180	35	10	180	0	180	62.5
120	25	10	180	180	0	43.6
120	35	20	180	180	0	59.5
180	25	20	180	180	0	103.7
180	35	10	180	180	0	101.2

기여율은 전체 제곱합(SS) 중 각 요인의 제곱합이 차지하는 비율을 나타내며, 특성 요인의 제곱합이 클수록 해당 요인의 영향이 크다는 것을 의미한다.

▼ 표 2.12.4 분산분석을 통한 요인별 기여율 계산

SOURCE	자유도(DF)	제곱합(SS)	분산(MS)	F-값	P-값	기여율
부품모듈A	1	6134.81	6134.81	52.07	0	63.9%
부품모듈B	1	50.77	50.77	0.43	0.528	0.5%
부품모듈C	1	264.88	264.88	2.25	0.168	2.8%
TUR 각도	1	7.7	7.7	0.07	0.804	0.1%
DAM 각도	1	33.93	33.93	0.29	0.605	0.4%
HUB 각도	1	2045.3	2045.3	17.36	0.002	21.3%
오차	9	1060.46	117.83			11.0%
총계	15	9597.83				100.0%

- 부품모듈 A의 기여율 63.9% 산출과정은 아래와 같다.
  : 부품모듈 A의 SS / 총계 SS = 6134.81 / 9587.83 = 0.639 (63.9%)

부품 모듈별 영향도 결과

부품 모듈 3개 영역에 대한 영향도 분석 결과, 부품모듈 A가 64%로 가장 큰 영향을 미치는 것으로 나타났다. 이에 따라 제품 특성 개선을 위해 부품 모듈 A를 중심으로 개선 작업을 추진해야 한다.

개선 방향으로는 부품 모듈 A의 변동을 감소시키기 위해 관련 세부 부품별 영향도를 추가로 분석하고, 이에 대한 관리 기준을 검토하거나 설계 단계에서 강건한 조건을 설정하는 방안을 고려할 수 있다.

반면, 부품 모듈 B와 C는 영향도가 크지 않으므로 현재의 관리 기준을 그대로 유지해도 무방하다.

한편, 사용 환경 요인 중 HUB 각도가 제품 특성에 21%의 영향을 미치는 것으로 파악되었으므로, 제품 설계 단계에서 HUB 각도에 대한 강건성을 확보할 수 있도록 설계 방향을 설정해야 한다.

Tip

분산분석과 기여율

분산분석(ANOVA, Analysis of Variance)은 분산을 분석하여 두 개 이상의 집단 간 모평균 차이를 비교하는 통계 기법이다.

실험을 진행하면 데이터에 다양한 변동이 발생하게 되며, 이러한 변동은 요인의 조건 변화 또는 반복에 의해 나타날 수 있다.

분산분석은 이러한 데이터 변동의 원인을 구분하고, 요인이 결과에 유의한 영향을 미치는지 여부를 검정하는 데 활용된다.

〈 분산분석 전개 flow및 내용 〉

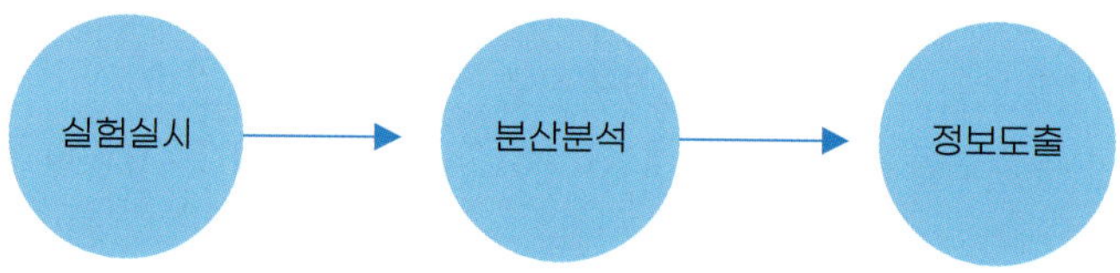

1) 실험실시 : 실험조합에 따라 실험을 실시하여 데이터를 얻는다.

2) 분산분석 : 실험데이터에 대하여 통계량을 구하여 정리한다.

① SS계산 : 실험데이터에 대한 변동량을 구한다.

② DF산출 : 실험조건 및 데이터의 크기에 따른 자유도를 산출한다.

③ V계산 : SS와 DF를 이용한여 분산을 구한다. MS라고도 한다.

④ F계산 : V를 이용하여 F값(분산비)을 구한다.

⑤ P산출 : F값을 기준으로 P값을 산출한다.

⑥ 기여율 산출 : 필요시 기여율을 산출한다.

(전체 제곱합에서 각 요인의 제곱합이 차지하는 비율이다.)

Source	제곱합 (SS)	자유도 (DF)	분산 (V, MS)	분산비 (F)	유의확률 (P)	기여율 (ρ)
요인A	SS_A	DF_A	V_A	F_A	P_A	SS_A/SS_{Total}
Error	SS_{error}	DF_{error}	V_{error}			SS_{error}/SS_{Total}
Total	SS_{Total}	DF_{Total}				

3) 정보도출 : 분산분석 통계량으로부터 정보를 도출한다.

① 실험에 참여한 요인이 유의한지 판단한다.

② 오차의 크기를 확인한다.

③ 실험요인 및 오차에 의한 기여율을 계산한다.

④ 모평균 추정을 위한 오차의 크기를 신뢰구간 기본값을 활용한다.

⑤ 자유도를 통하여 실험데이터의 크기 및 요인별 수준 크기를 확인한다.

제조현장을 움직이게 하는 질문 활용법(넛지효과)

용어 정의	무엇을 질문해야 할지 넛지(nudge, 팔꿈치로 슬쩍 찌르기) 효과를 활용하여 협업 & 소통 기회를 발전시켜 나간다.

제조 현장 작업자와의 협업 의미

'멀리 가려면 함께 가라'는 말이 있다. 이는 어려운 상황이 발생했을 때 서로의 시너지를 활용하고 지혜를 모아 문제를 해결해야 한다는 의미로 해석할 수 있다. 이러한 이유로 많은 기업들은 상호 소통과 존중을 바탕으로 협업의 중요성을 강조하고 있다.

원활한 소통을 위해서는 상호 존중의 문화가 필수적이며, 소통이 이루어져야 비로소 협업이 가능하다. 따라서 존중, 소통, 협업은 조직 활동의 기본 요소로서 서로 밀접하게 연결된 개념이라고 할 수 있다.

품질 문제가 발생했을 때 엔지니어들은 근본 원인을 찾기 위해 문제의 현상을 분석하고 원인을 조사하여 해결책을 도출한다. 이 과정에서 현장 작업자의 참여는 문제 해결의 실마리를 제공할 뿐만 아니라, 참여를 통해 효율성과 효과를 더욱 극대화할 수 있다.

이처럼 품질 문제 해결을 위해서는 제조 현장 작업자들이 보유한 경험과 지혜를 적극 활용함으로써 시너지를 극대화할 필요가 있다. 이를 위해 현장 작업자와 효과적으로 소통할 수 있는 질문 방법을 소개하고자 한다.

또한, 질문을 준비하는 과정에서 '넛지 효과'의 개념을 인지하고 이를 활용하면, 더 효과적인 질문 방향을 설정하는 데 도움이 될 것이다.

현장의 노하우를 활용한다

흔히 "어려운 문제를 해결하는 데 중요한 것은 시간보다 방향성이다"라는 말이 있다. 이는 기업에서 품질 문제를 해결할 때도 그대로 적용된다는 점을 강조하고 싶다.

기업은 제한된 시간 내에 품질 문제를 신속히 해결하여 생산에 차질이 없도록 하는 것을 최우선 과제로 삼는다. 이로 인해 엔지니어가 문제를 단독으로 해결하는 경우가 많다. 문제 해결이 성공적으로 이루어진다면 다행이지만, 그렇지 않을 경우 해당 문제는 고질적이거나 만성적인 품질 이슈로 남게 된다.

이는 엔지니어의 업무 부담을 가중시킬 뿐 아니라, 생산 과정에서의 낭비를 기하급수적으로 증가시키는 원인이 된다. 이러한 만성 부적합이나 고질적인 품질 문제를 해결하기 위해, 기업에서는 문제의 중요도에 따라 TFT를 구성하여 활동을 전개한다. TFT활동은 구성원을 중심으로 품질 문제를 정의하고, 문제의 원인을 발견하여 해결하는 방식으로 진행된다.

하지만 이 과정에서 현장 작업자의 참여를 적극적으로 활용하면, TFT 활동은 더욱 효율적으로 전개될 수 있으며, 문제 해결의 핵심 요소를 보다 신속하게 파악하여 품질 문제를 단기간 내에 해결할 가능성이 높아진다.

즉, 부적합 대응을 위해서는 문제를 정확히 정의하고 해결의 실마리를 찾아 방향을 설정하는 것이 중요하며, 이를 위해 현장 작업자의 경험과 지혜를 적극적으로 활용해야 한다.

그렇다면, 현장 작업자의 경험을 어떻게 효과적으로 활용할 수 있을까?

핵심은 '어떤 질문을 어떻게 하느냐'에 달려 있습니다.

> 일반적으로 지시형 업무보다 질문형 업무가 두 배 이상 높은 효율을 발휘한다는 연구 결과가 있다. 이는 적절한 질문을 던지는 것만으로도 현장 작업자가 불량 발생을 사전에 예방하거나 문제의 원인을 발견하는 데 중요한 역할을 할 수 있다는 뜻이다.

또한, 질문은 반드시 상대방을 존중하는 태도로 접근해야 한다. 존중을 바탕으로 이루어진 질문은 현장 작업자가 자신의 경험과 아이디어를 자유롭게 공유할 수 있는 환경을 조성하며, 이를 통해 보다 창의적이고 효과적인 문제 해결 방안이 도출될 가능성이 높아진다.

질문형 접근 예시

상대방에게 질문을 한다는 것은 상대방을 인정하고 존중하는 적극적인 소통 방식이라고 할 수 있다. 따라서 주어진 상황을 효율적으로 전개하기 위해서는, 상대방에게 어떤 질문을 어떻게 해야 할지 미리 준비하는 것이 중요하다.

> 이를 위하여 작업자의 경험과 관점을 끌어낼 수 있는 열린 질문이면 넛지 효과에 더욱 효율적이다.

이에 따라, 아래에 질문 내용을 문제 해결을 위한 협업의 자세로 접근하도록 몇 가지 예시를 정리하였다.

〈 현상 파악을 위한 질문 〉

① 불량이 발생한 시점에 평소와 달랐던 점이 있었나요?

② 해당작업을 진행할 때 어려움이나 불편한 점이 있었나요?

③ 이 불량은 어떠한 조건에서 발생할 수 있을까요?

④ 이 불량은 특정 제품이나 로트에 집중되어 발생하나요?

⑤ 쇼트불량이 제품 가장자리에서 집중적으로 발생해요. 이전에도 비슷한 불량이 발생한적이 있나요?

⑥ 불량이 발생한 부위에서 특정한 작업이 이루어 지나요?

⑦ 불량이 돌발적으로 발생하고 있습니다, 이와 관련 특별히 점검할 사항이 있을까요?

⑧ 어제 동일 시간대에 작업한 제품의 치수가 변동폭이 큽니다. 작업 시 특별히 기억되는 상황이 있을까요?

⑨ 시간이 지나면서 치수가 증가하는 경향을 보여줍니다. 작업 시 특별한 상황이 있을까요?

⑩ 이 모델에서 불량이 특별히 더 많이 발생합니다. 작업 시 불편한 사항이 있는지요?

▼ 그림 2.13.1 부적합 발생 유형

계수형의 부적합 발생 유형

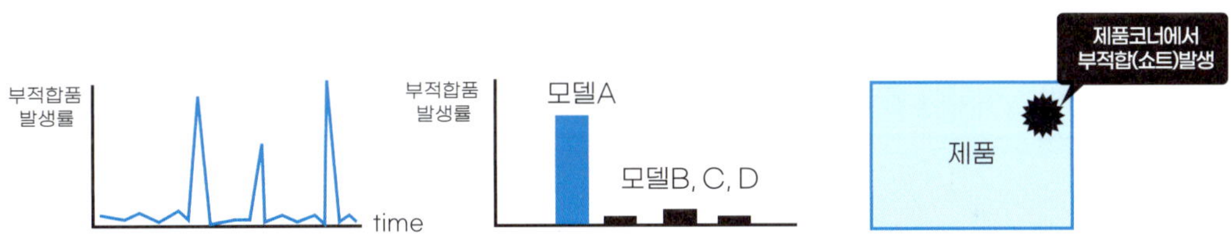

[동일 모델에서 부적합의 돌발성]　[부적합이 특정모델에 집중]　[특정 지점에서 부적합 발생]

계량형의 부적합 발생 유형

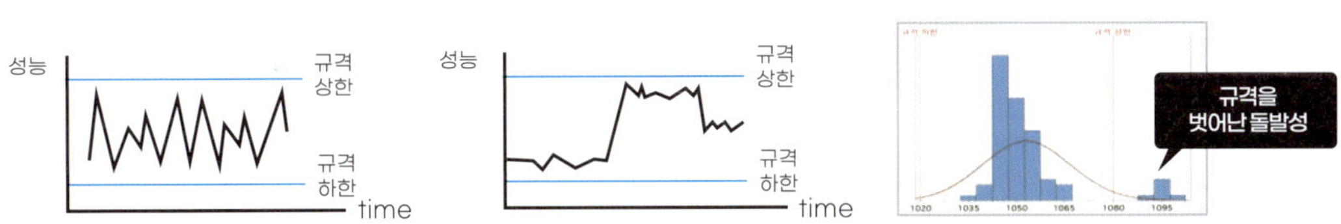

[동일 로트의 변동폭]　[시간에 따른 중심 이동]　[동일 로트에서 돌발성]

〈작업 방식 확인을 위한 질문〉

① 평소 이 공정은 어떤 순서로 진행되나요?

② 작업 중 가장 신경 써야 하는 부분은 어디인가요?

③ 이번 작업에서 평소와 다르게 느껴진 부분이 있었나요?

④ 같은 제품을 다른 작업자가 작업했을 때도 동일한 문제가 발생하나요?

⑤ 주변의 표준작업서중에 변경이 필요하다고 느끼는게 있나요?

〈 원자재 관련 질문 〉

① 원자재 보관 중 습기, 열 등 외부 환경의 영향을 받을 가능성을 없었나요?

② 원자재 로트간 물성 차이가 있었나요?

③ 원자재를 시용하면서 불편 사항이 있는지요?

④ 원자재가 공급처별로 차이가 있었나요?

〈 변화 요소 탐색 질문 〉

① 최근에 설비나 원재료, 작업지시에 변경이 있었나요?

② 작업 조건(온도, 습도, 조도 등)이 평소와 달랐던 점이 있나요?

③ 정상제품과 불량이 발생한 제품 사이에 차이를 느끼셨나요?

④ 치수 측정 시 작업자간 차이가 없도록 기준이 설정되어 있나요?

〈 개선 아이디어 유도를 위한 질문 〉

① 이 불량을 줄이기 위해 어떤 점을 개선하면 좋을까요?

② 비슷한 문제가 과거에도 있었던 적이 있나요? 그때는 어떻게 해결했나요?

③ 현재 공정이나 작업 조건에서 개선이 필요하다고 느끼는 부분이 있나요?

④ 이 공정을 새로 설계할 수 있다면, 어떤 부분을 바꾸고 싶으신 가요?

⑤ 불량 발생 예방을 위하여 어떻게 하면 좋을까요?

상기에서 예시로 보여준 질문형을 자사 상황에 맞추어 부분적으로 보완하여 활용하면서 단답형 답변이 아닌, 자연스럽게 대화가 이어질 수 있는 열린 질문이 바람직하다.

> 질문하면서 시각화 자료(그래프, 표 등)을 활용하면, 작업자들이 문제를 더 쉽게 이해하고 의견을 낼 수 있다.

이처럼 질문을 통해 현장 작업자의 지혜를 이끌어내는 방식은, 제조 현장에서 발생하는 품질 문제를 보다 효율적으로 해결하는 강력한 도구가 될 수 있다.

특히, 현장 작업자의 경험을 바탕으로 한 질문 중심의 접근법은 문제 해결 속도를 높이는 동시에, 근본 원인 분석을 더욱 효과적으로 수행할 수 있게 해준다.

넛지효과를 위한 질문활용 의미

많은 기업의 생존 전략에서 핵심 요소는 사람과 다양성입니다. 이에 따라 기업들은 소통과 협업을 중시하며, 이를 통해 시너지 창출을 기대하고 있습니다. 한편, 품질은 기업의 생명과도 같기 때문에, 집단지성을 활용한 '부적합 제로' 실현과 생산 현장에서 작업자의 경험을 적극 반영한 품질 문제 해결이 중요해지고 있다.

이러한 접근은 단순한 문제 해결을 넘어, 현장 작업자들에게 협업의 성취감을 느끼게 하고, 품질 표준화 및 유지관리 활동에 대한 높은 참여를 이끌어내는 데에도 효과적이다.

특히, 질문을 활용한 협업 중심의 부적합 대응 활동은 부적합 예방과 개선을 위한 현장 작업자의 자발적인 참여를 유도하는 '넛지 효과'를 기대할 수 있다.

Tip

품질문화를 조성하기 위한 넛지효과 의미

〈 넛지 효과란 〉

넛지(Nudge)란 '팔꿈치로 슬쩍 찌르다'라는 뜻으로, 사람들의 선택을 유도하는 부드러운 개입을 의미한다. 넛지 효과(미국 시카고대의 행동경제학자 리처드 세일러 와 법률가 캐스 선스타인이 공저한 《넛지》라는 책을 통해 널리 알려짐)는 사람의 판단과 행동을 직접적으로 명령하거나 지시하지 않고 부드럽고 자연스럽게 원하는 방향으로 유도하는 방법을 의미한다. 이를 이용한 예로 공중화장실 남성용 소변기에 파리 스티커 붙이기, 도로 노면에 색깔 유도선 표시등이 있다.

〈 넛지 효과 활용 예시 〉

예시1) 어린아이들에게 몸에 좋은 과일을 먹이기 위해 햄버거 등 정크푸드의 유해성을 강조하기 보다 과일을 눈에 잘 띄는 식탁위에 놓아 두는 행동

예시2) 일본의 건축가 시게루 반이 디자인한 화장지 휴지심이 네모로 되어 있다. 동그란 휴지심은 쉽게 풀리는 반면, 네모난 휴지심은 쉽게 풀리지 않아 낭비감소

예시3) 미국 미네소타에서 납세 독려하는 방법으로 '세금을 내지 않으면 처벌을 받게 됩니다.' 라고 했을 때보다, '이미 미네소타 주민 90% 이상이 납세의무를 이행했습니다.'라고 안내문을 보냈을 때 자진 납세 효과가 훨씬 컸었다고 한다.

예시4) 스웨덴 스톡홀름의 지하철역에서 계단이 있음에도 에스컬레이터만 이용을 하여, 지하철의 계단을 피아노 건반 처럼 밟을 때마다 소리가 나도록 만들었다. 이로 인해 계단 이용률이 66%나 증가했다.

예시5) 현금 자동인출기로 현금을 인출한 후에 카드를 그대로 꽂아두고 가는 경우가 많았다. 이러한 문제점이 대두되자 은행은 카드를 먼저 뽑아야만 현금을 인출할 수 있도록 시스템을 변화시켰다.

〈 품질문화를 위한 넛지효과 〉

품질 문화를 발전시키기 위해서는 전 직원이 참여하는 기본 준수 문화가 매우 중요하다. 또한, 넛지 효과를 활용한 협업과 소통을 통해 발전적인 품질 문화를 조성하는 것은 글로벌 품질 문화의 중요한 축으로 해석된다.

기본준수를 위하여 넛지효과를 활용해도 좋아요!!!

제품 및 공정과 소통하는 디지로그 방법

용어 정의	디지로그란 디지털과 아날로그의 합성어로 기술과 정서의 결합의미이며,, 기술과 인간의 감성을 함께 융합하는 것을 강조한다.

품질문제 해결을 위한 소통의 의미

길을 가다가 강가에서 물에 빠져 살려달라고 허우적거리는 사람을 발견한다면, 우리는 즉각적인 구조 활동에 나설 것이다. 로프를 이용하거나 직접 물에 뛰어드는 등의 방법으로 물에 빠진 사람을 구조하는 것이 가장 시급하고 중요한 일이다.

이러한 상황에서는 신속한 판단과 행동이 생명을 구하는 핵심적인 요소가 된다. 하지만 동일한 장소에서 유사한 사고가 반복적으로 발생한다면, 단순히 사람을 구조하는 데에서 끝내서는 안 된다. 이는 임시적인 조치에 불과하며, 상황에 따라 사고가 다시 발생할 위험이 있기 때문이다. 우리는 문제의 근본적인 원인을 찾아내고, 이를 바탕으로 사고를 예방할 방안을 마련해야 한다.

> 사고 발생의 근본적인 원인을 찾는 데는 여러 방법이 있다. 주변 환경과 현상을 꼼꼼히 살펴 원인을 추적하는 방법도 있지만, 가장 효과적인 방법 중 하나는 물에 빠진 사람과 직접 소통하는 물어보는 것이다.

물에 빠지게 된 구체적인 사고 경위를 물어보면, 문제 해결에 필요한 핵심 정보를 보다 더 쉽게 얻을 수 있다. 이러한 정보를 바탕으로 우리는 문제를 분석하고 해결책을 도출할 수 있다.

그리고 문제를 체계적으로 분석하기 위해 "5why 기법"을 활용하는 것도 좋은 방법이다. 이는 "왜?"라는 질문을 다섯 번 반복함으로써 표면적인 원인을 넘어 근본 적인 원인까지 도달하는 문제 해결 방법이다.

예를 들어, "왜 물에 빠졌는가?"라는 질문으로 시작해, 왜 그 상황이 발생했는지를 계속 탐구하면 사고를 유발한 근본적인 환경적, 구조적, 혹은 개인적 요인을 발견할 수 있다. 문제와 요인을 논리적으로 정리하면, 근본 원인을 체계적으로 분석하고 이를 해결하기 위한 구체적인 대응책을 효율적으로 마련할 수 있게 된다.

물에 빠진 사람을 구조하고 근본적인 문제점을 찾아서 해결하는 과정을 기업에서 품질문제가 발생했을 때 이를 해결하는 방식도 유사하게 전개하여, 임시조치와 근본조치를 구분하여 접근할 수 있다.

예를 들어 결함 있는 제품을 회수하거나 교환하는 것은 문제를 해결하기 위한 임시조치에 해당하며, 동일한 문제가 재발되지 않도록 하기 위해서는 주요원인에 대한 근본조치를 전개하여 재발 방지 대책을 세우는 것이 필수적이다.

이러한 근본조치는 고객 또는 사내에서 명확한 해결책과 재발방지 대책을 제시함으로써 고객에 대한 신뢰 및 사내에서의 낭비를 최소화하여 기업의 효율성을 높일 수 있다. 결국 반복되는 품질문제를 예방하기 위해 근본적인 해결책을 마련하는 것은 품질확보를 위하여 매우 중요하다.

품질문제 해결의 핵심은 제품 및 공정과 소통에 있다!

기업은 효율성과 효과성을 극대화하기 위해 소통 문화를 강조한다. 이는 자원을 효율적으로 활용하여 조직 내에서 시너지를 창출하고, 목표를 달성하는 데 중요한 역할을 한다.

소통은 단순히 사람 간의 정보 교환을 넘어, 조직의 모든 프로세스와 시스템에 영향을 미치는 핵심 요소로 자리 잡고 있다. 마찬가지로 품질문제 해결 관점에서도 품질문제를 효율적으로 해결하기 위하여 담당자가 관련자와 다양한 소통을 하면서 더욱 수월하고 체계적으로 전개하고 있다.

하지만, 담당자가 사람간의 소통을 넘어 제품 또는 공정과의 소통을 시도해보는 것은 어떨까? 예를 들어, 부적합이 발생한 제품이나 공정이 스스로 상태를 설명할 수 없으므로, 소통방법으로 디지털 관점의 데이터 및 아날로그 관점의 3현을 활용하여 품질문제 현상을 직접 확인하고 다른 제품 및 공정을 비교해가면서 5why를 통하여 부적합 발생과정을 추적하여 잘못된 요소에 대하여 제품과 공정을 기준으로 무언의 의견을 주고 받으면서 부적합 발생과 원인과의 인과관계를 체계적으로 정리하는 것을 말한다.

이러한 과정을 통하여 대책이 필요한 문제요소를 발견하고, 상황에 따라 해결책까지 쉽게 찾을 수 있다

데이터를 이용한 소통방법

제품 또는 공정과 직접 소통하는 방법으로 데이터를 활용하는 방법이다. 이는 문제가 발생한 지점의 제품 및 공정에 대한 데이터를 수집하고, 그 데이터를 분석하여 제품과 무언의 소통을 통하여 문제의 근본 원인을 찾아가는 것이다.

이와 유사한 방식은 스마트공장에서도 활용되고 있다. 예를 들어, 부적합이 발생한 공정이나 불량 제품에 대한 데이터를 활용하여 인공지능기술을 이용하여 스스로 부적합을 사전에 감지하고 예방책을 제시하는 방법이다.

그러나 여기에서 논하고자 하는 것은 스마트 공정과는 별개의 접근방법이다. 즉, 품질문제에 관련되는 범위를 설정하여 이에 대한 데이터를 수집하면서 우수한 제품과 문제 있는 제품간 데이터를 비교하면서 이들의 차이점을 분석하는 무언의 소통 방법이다.

필요에 따라 3현을 동시에 전개하여 품질문제 현상을 직접 확인하고, 데이터를 바탕으로 변동요인을 규명할 수 있다. 예를 들어 품질특성 데이터를 기준으로 중심값이 잘못되었는지, 산포가 부적합한지를 분석하면서 우수한 제품과 문제 제품의 품질 데이터를 서로 비교하는 방법이다.

이를 통하여 발견된 차이점을 보고 5why에 따라 관련되는 요인을 찾아보고 관련되는 요인별 공정데이터를 수집하여 변동 및 인과관계를 분석하여 잘못된 요소를 규명한다.

이해를 돕고자, 특정모델에서 부적합이 발생한 사례를 예로 들어 보자. 고객 불만제품을 조사해보니, 해당 모델의 품질특성인 전류값을 다른 우수한 모델과 비교해보니 전류값이 유의하게 높다는 것을 보여주고 있었다. 이는 전류 과다로 인한 발열이 회로의 솔더링을 녹여 쇼트를 유발한 것으로 확인되어, 담당자는 설계를 변경하여 전류를 낮추는 대응책을 마련했고, 고객에서의 부적합 문제가 해결되었다.

그리고 이러한 설계상의 문제 발생에 대하여 why-why를 전개하여 차후 이러한 문제가 신규 모델에서 발생하지 않도록 설계 표준을 설정하는 시스템 조치까지 전개하여 기술적인 영역까지 발전시키는 기회가 되었다. 이러한 과정에는 부적합이 발생한 모델과 그렇지 않은 모델과의 비교를 통하여 무언의 대화를 통하여 why-why를 전개하면서 부적합의 근본적인 해결책을 규명한 결과이다.

▼ 그림 2.14.1 Worst 모델과 Best모델의 특성 비교

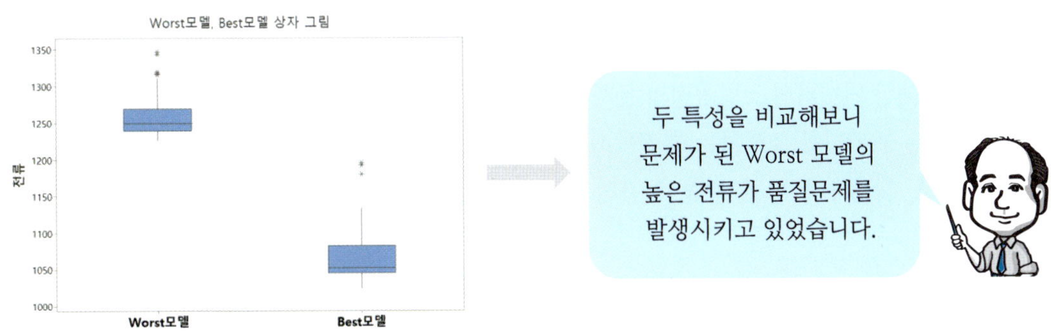

3현을 이용한 소통방법

3현 관점에서 제품 또는 공정과 소통을 위하여 현장에 직접 가서 현물을 보면서 현실을 감안하여 부적합 문제를 분석하는 방법이다. 이를 통해 공정의 4M영역을 점검하고, 문제를 객관적으로 이해하며 잘못된 요소를 발견하면서 무언의 소통을 통하여 개선이 필요한 요소를 찾아간다.

사람 간 소통에서 존중과 정성이 중요한 것처럼, 제품과 공정에서도 이러한 마음가짐은 필수적이다.

> 일본기업의 경영의 신으로 알려진 이나모리 가즈오(교세라 창업자로 일본의 경영의 신으로 알려져 있음)는 저서 '카르마 경영'에서 "제조 현장에서 제품, 기계, 재료, 도구, 공정 등 모든 요소를 하나하나 솔직하고 겸허한 마음으로 꼼꼼히 살펴보라!"라고 조언한다.

그는 이러한 과정을 통해 현장의 음성을 들을 수 있다면서, 제품과 현장을 새로운 시각으로 바라보고 정성을 다해 관찰하면 문제요소와 해결책을 발견할 수 있다고 언급하고 있다.

제품이나 공정이 마치 말을 걸어오듯 "이것이 문제다" 혹은 "이렇게 해 보는 것이 어떻겠느냐!"라는 소리에 귀를 기울이면 문제발생에 대한 잘못된 요소 및 해결책을 찾을 수 있다면서, 이는 단순히 문제를 확인하는 것을 넘어, 현장과 제품에 깊이 공감하고 문제를 이해하려는 노력의 결과라고 강조하고 있다.

이처럼 제조현장과 공감하는 자세는 품질문제 해결의 핵심이 될 수 있으며, 필요에 따라 관련되는 데이터를 조사하고 제조현장 작업자와 연결되기도 한다.

예를 들어 여러 부품을 조립하며 커넥터를 연결하여 제품을 완성시키는 공정에서 특정 모델에 부적합이 발생하여 해결한 사례를 들어보자. 해당 기업에서는 고객에서 커넥터로 인한 품질문제가 발생하자, 초기에는 커넥터 구조에 문제가 있다고 판단한 설계자가 이의 해결책을 연구하고 있었다.

그러나 데이터를 수집하여 분석한 결과 동일한 커넥터를 사용하더라도 특정 모델에서만 문제가 발생한다는 사실을 알게 된 설계자는 직접 제조현장으로 가서 3현을 진행했다.

설계자는 동일 커넥터를 사용하는 다른 모델과 특정 모델과의 작업 과정을 비교하고 작업자와의 소통을 통하여 해당 커넥터의 조립과정의 문제점을 발견했다.

문제의 원인은 커넥터를 조립하는 과정에서 충분한 공간이 확보되지 않아 커넥터 조립이 어렵다는 점이었다. 이를 해결하기 위해 주변 부품의 위치 각도를 조정하여 커넥터로 인한 부적합 문제를 해결하였다.

이는 다른 제품과의 데이터 비교를 통한 제조현장과의 공감대 형성, 그리고 조립담당자와의 소통을 통하여 부적합 문제를 수월하게 해결할 수 있었다.

제품 및 공정과의 소통방법, 디지로그!

오늘날 사물인터넷(IoT)의 발전으로 사물 간 소통이 활발해지고 있으며, 기업들은 스마트공장과 인공지능 기술을 활용해 데이터 기반으로 부적합 발생 원인을 분석하고 사전 대응 활동을 전개하고 있다.

> 또한, 시너지 효과를 극대화하기 위해 기업 내에서 소통 문화를 강조하고 있다. 소통을 사람 간 또는 사물 간이 아닌, 사람과 사물 간의 소통이라는 관점도 의미가 있다고 본다.

'소통'이라는 단어 자체에는 '말이 되어야 한다'는 개념이 포함되어 있으며, 이는 문제 상황을 체계적으로 전개하는 5why 기법과 자연스럽게 연결된다. 이를 통해 문제의 원인과 해결책을 찾아가는 방식을 디지로그관점에서 데이터와 3현 중심으로 정리하였다.

특히, 무언의 소통 관점에서 문제되는 제품과 우수한 제품을 비교함으로써 무언의 소통의 질을 높이고, 문제 해결의 실마리를 발견하는 방법을 설명했다. 비록 제품이나 공정에 생명이 있는 것은 아니지만, 무언의 목소리를 듣기 위해 제품의 데이터 유형, 부적합 유형, 공정의 4M요소를 면밀히 분석하고, 이를 공감하며 바라본다면 이전에는 보지 못했던 문제점과 개선 요소를 더욱 효율적으로 발견할 수 있을 것이다.

디지로그 문화

디지로그 문화는 디지털 기술과 아날로그 감성이 결합된 문화를 의미하며, 기술이 발전하는 시대 속에서도 인간적인 감성과 경험의 조화를 강조하는 개념이다.

숫자의 세계 / 말(언어)의 세계

Digilog = Digital + Analogue

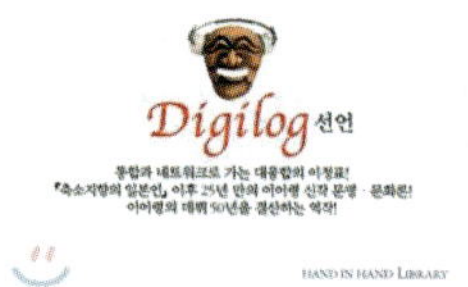

디지로그 기기는
디지털 기술과 아날로그 감성을 결합시켜
차별화된 가치를 제공하는 제품을 말한다.

디지로그 문화의 상징 '아노토펜'

펜촉 옆에 달린 카메라 센서가 종이위의
아날로그 글씨를 인식해 컴퓨터로 전송한다.

짝비교를 이용하여 불량해결을 한 방에

용어 정의	짝비교란 샤이닌 기법의 종류로 Best vs Worst 제품을 비교하여 주요원인을 규명하는 방법이다.

품질문제해결 일반

고객 및 공정에서 부적합이 발생하면, 상황의 시급성으로 인해 해결책 중심의 조치를 취하는 경우가 많다. 이러한 조치가 근본 원인을 정확히 해결한다면 바람직하지만, 원인과 무관한 부분에 조치를 할 경우 동일한 부적합이 재발할 위험성이 크다.

또한, 근본 원인을 규명하기 위해 다양한 방법을 시도하지만, 조치 과정이 복잡하거나 시간이 오래 걸리면 원인 규명의 효율성이 떨어져 원하는 결과를 얻지 못하는 경우도 발생한다.

따라서 부적합 발생 시 이를 해결하기 위해 근본 원인을 규명하는 것이 매우 중요하다. 이를 위해 원인 규명을 세 단계(① 영향 요인 나열 → ② 주요 요인 후보 선정 → ③ 주요 요인 규명)로 진행한다.

먼저, 부적합 현상을 분석하여 브레인스토밍을 통해 부적합 발생 영향요인을 많이 나열한다. 이후, 이들 중에서 주요 요인 후보를 선정하고, 인과관계 분석을 통해 최종적으로 주요 요인을 규명한다.

> 이때 주요 요인 규명을 위해 다양한 인과관계 분석 방법이 있지만, 보다 쉽고 효율적으로 접근할 수 있는 샤이닌 기법의 짝비교 방법을 활용한다.

▼ 그림 2.15.1 짝비교 활용 양식

제품 상태	제품설계조건				공정작업조건		
	X_{11}	X_{12}	X_{13}	…	X_{21}	X_{22}	…
BoB							
BoB							
:							
BoB							
WoW							
WoW							
:							
WoW							

각 조건별 차이 비교를 통한 문제 원인 규명

- BoB(Best of Best,최상의 양품)
- WoW(Worst of Worst,최저의 불량품)

짝비교 1단계-BoB & WoW제품 선정

D사는 주물품을 생산하는 과정에서 출하 직전 상당수의 제품에서 육안으로 보이는 크랙이 발생하여 생산이 중단되었다. 주물 제품에서 크랙은 치명적인 부적합 요인이므로, 생산을 계속 진행할 수 없는 상황이었다. 30년 동안 주물 제품을 생산하면서 이처럼 대량의 크랙이 발생한 사례가 없었기에, D사는 비상 상황을 선포하고 제조 공정의 모든 5M1E 요소(Man, Machine, Material, Method, Measurement, Environment)에 대해 변동 요소를 조사했다. 그러나 1주일 동안 조사를 진행했음에도 불구하고 특별히 변동이 큰 요소를 발견하지 못해 원인을 파악하는 데 어려움을 겪었다.

이에 따라, 크랙이 발생한 제품과 발생하지 않은 제품을 비교 분석하기로 했다. 크랙을 대표하는 계량 특성으로 구상화율(roundness & aspect ratio)을 선정하고, 이 값이 클수록 품질이 우수한 제품이고, 낮을수록 크랙 발생 가능성이 높은 제품으로 판단되었다.

이 기준을 바탕으로, 구상화율 값이 90% 이상인 제품을 BoB로, 30% 이하인 제품을 WoW로 구분하여 BoB 제품 8개와 WoW 제품 8개를 선정하였다.

짝비교 2단계-주요요인 후보 정렬

구상화율에 영향을 미치는 요인을 발견하기 위해 관련 자료를 조사하고, 엔지니어들의 다양한 의견을 종합하여 영향 요인을 나열 및 분류하였다. 이를 통해 주요 요인 후보로 원재료 및 공정 조건 12개를 선정하였다.

이후, BoB 제품과 WoW 제품 각각 8개에 대해 원재료 성분을 분석하고, 해당 제품의 공정 조건을 조사하여 아래 표와 같이 정리하였다. 이를 바탕으로 짝비교 방법을 활용해 구상화율(크랙)에 영향을 미치는 요인과 인과관계를 규명하게 된다.

▼ 표 2.15.1 BoB vs WoW제품에 대한 데이터 수집

품질수준		원재료 성분조건								제조공정조건			
상태	구상화율	C	Si	Mn	P	Cr	Cu	Al	Ti	온도1	갭	온도2	압력2
BoB	92.5%	3.6518	1.7826	0.3865	0.0224	0.0169	0.435	0.0249	0.0102	99	445	1070	81
BoB	92.3%	3.6927	1.8816	0.1973	0.0227	0.0018	0.0263	0.014	0.0114	104	418	1050	75
BoB	91.5%	3.4926	2.4567	0.4568	0.0281	0.0015	0.4545	0.0187	0.0018	101	422	1075	78
BoB	91.2%	3.6528	1.9091	0.192	0.0271	0	0.0161	0.0223	0.0103	93	415	1015	80
BoB	89.4%	3.6249	1.8413	0.1732	0.0203	0	0.0165	0.0156	0.0123	89	432	1115	77
BoB	88.9%	3.5896	2.5458	0.4601	0.0254	0.0177	0.4652	0.0262	0.0113	104	416	1055	81
BoB	88.2%	3.6065	2.5349	0.2091	0.028	0.0055	0.0184	0.0253	0.0113	101	438	1075	76
BoB	87.5%	3.6348	2.5848	0.3325	0.0255	0.0018	0.0304	0.022	0.013	92	440	1055	79
WoW	26.3%	3.583	1.8907	0.3285	0.0236	0.0006	0.0303	0.0185	0.0121	103	403	1020	87
WoW	21.3%	3.7049	2.5015	0.4957	0.0327	0.0011	0.5189	0.0252	0.0115	85	405	1055	82
WoW	21.2%	3.6215	1.7792	0.5617	0.026	0.0164	0.4414	0.0138	0.0104	90	416	1050	82
WoW	19.3%	3.6482	1.6716	0.33	0.0285	0	0.4141	0.0152	0.0105	100	401	1095	80
WoW	15.4%	3.4924	1.6375	0.4668	0.0237	0.0202	0.4498	0.0147	0.0091	101	406	1100	82
WoW	14.5%	3.7606	1.5754	0.464	0.0296	0.0102	0.4361	0.0153	0.0095	88	420	1040	85
WoW	12.1%	3.5937	2.4233	0.5066	0.0293	0.0232	0.4926	0.0231	0.0105	95	430	1010	85
WoW	11.8%	3.5567	2.4166	0.5675	0.0279	0.0174	0.5069	0.0222	0.0116	101	409	1060	83
End count1													
End count2													
End count 합계													
신뢰도													
Worst 조건													

짝비교 3단계-주요요인 결정 및 문제조건 발견

짝비교 방법은 앞서 제시한 그림2.2.2의 수집 데이터를 기준으로 각 요인의 조건을 크기순으로 정렬하면서 주요 요인을 규명하고, 조건별로 문제 영역을 발견하는 방식이다.

> 이를 위하여 각 요인에 대해 양 끝단(최대값과 최소값 조건)에서 BoB 또는 WoW가 일관되게 발생하는 개수를 확인하여, 해당 개수의 합이 7 이상이면 주요 요인(신뢰도 95%, Tukey test 기준)으로 판단한다. 주요 요인이 결정되면, 해당 요인의 어떤 조건이 WoW를 유발하는지 확인할 수 있다.

추가 검증이 필요할 경우, 해당 요인을 중심으로 직교 배열 실험을 실시하여 이를 확인하고, 상황에 따라 관리 기준을 재설정할 수 있다.

▼ 표 2.15.2 짝비교 실행 예시

연속해서 나타난 개수

크기 순으로 정렬 (오름차순 또는 내림차순)

연속해서 나타난 개수

Worst조건

품질수준		원재료 성분조건								제조공정조건			
상태	구상화율	C	Si	Mn	P	Cr	Cu	Al	Ti	온도1	갭	온도2	압력2
BoB	87.5%	3.6348	2.5848	0[illegible]	[illegible]	[illegible]	[illegible]	…022	0.013	92	440	1055	79
BoB	88.9%	3.5896	2.5458	[illegible]	[illegible]	[illegible]	[illegible]	…262	0.0113	104	416	1055	81
BoB	88.2%	3.6065	2.5349	0[illegible]	[illegible]	[illegible]	[illegible]	…253	0.0113	101	438	1075	76
WoW	21.3%	3.7049	2.5015	0.4957	0.0327	0.0011	0.5189	0.0252	0.0115	85	405	1055	82
BoB	91.5%	3.4926	2.4567	0.4568	0.0281	0.0015	0.4545	0.0187	0.0018	101	422	1075	78
WoW	12.1%	3.5937	2.4233	0.5066	0.0293	0.0232	0.4926	0.0231	0.0105	95	430	1010	85
WoW	11.8%	3.5567	2.4166	0.5675	0.0279	0.0174	0.5069	0.0222	0.0116	101	409	1060	83
BoB	91.2%	3.6528	1.9091	0.192	0.0271	0	0.0161	0.0223	0.0103	93	415	1015	80
WoW	26.3%	3.583	1.8907	0.3285	0.0236	0.0006	0.0303	0.0185	0.0121	103	403	1020	87
BoB	92.3%	3.6927	1.8816	0.1973	0.0227	0.0018	0.0263	0.014	0.0114	104	418	1050	75
BoB	89.4%	3.6249	1.8413	0.1732	0.0203	0	0.0165	0.0156	0.0123	89	432	1115	77
BoB	92.5%	3.6518	1.7826	0.3865	0.0224	0.0169	0.435	0.0249	0.0102	99	445	1070	81
WoW	21.2%	3.6215	1.7792	0.5617	0.026	0.0164	0.4414	0.0138	0.0104	90	416	1050	82
WoW	19.3%	3.6482	1.6716	0.33	0.0285	0	0.4141	0.0152	0.0105	100	401	1095	80
WoW	15.4%	3.4924	1.6375	0.4668	0.0237	0.0202	0.4498	0.0147	0.0091	101	406	1100	82
WoW	14.5%	3.7606	1.5754	0.464	0.0296	0.0102	0.4361	0.0153	0.0095	88	420	1040	85
End count1			3	6	4		3				4		7
End count2			4	4	3		4				5		6
End count 합계			7	10	7		7				9		13
신뢰도			95%	99%	95%		95%				95%		99.90%
Worst 조건			<1.78	>0.46	>0.0285		>0.49				<410		>82

해석방법

- 각 요인별 조건 크기순으로 정렬하여 양 끝단에서 연속하여 나타나는 BoB 및 WoW 개수의 합이 6~7이상이면 중요하다고 판단함.
- 표에서 Si조건을 크기순으로 정렬하여 양 끝단에서 연속하여 나타나는 BoB 및 WoW 개수의 합이 7 이므로 Si는 95%신뢰도로서 구상화율에 영향을 준다고 볼 수 있다.

짝비교 실행 결과

짝비교 방법을 이용한 크랙 발생 원인 규명하고, 이에 대한 해결 조건을 도출하여 다음과 같은 결론에 도달하였다.

1) 주물 크랙의 주요 원인은 원재료 성분 중 Si, Mn, P, Cu와 공정조건 중 갭 및 압력2로 확인되었다. 이 중에서도 특히 Mn과 압력2가 크랙 발생에 지배적인 영향을 미치는 요인으로 분석되었다.
2) 각 요인의 worst 조건을 기준으로, 입고 검사 항목 및 제조 공정의 관리 기준을 재설정하였다.
3) 각 주요 요인에 대해 신뢰도를 제시함으로써, 요인별 중요도를 객관적으로 인식할 수 있었다.

상기와 같이 분석하고 도출한 결론를 바탕으로, 기존 관리 표준의 개정을 검토하였으며, 주요 요인별로 관리 기준을 재설정하기로 하였다. 이를 위해 크랙을 유발하는 Worst 조건을 다음과 같이 정리하였다:

구분	관리요인	크랙 발생 Worst 영역	신뢰도
원재료 성분조건	C	1.78이하	95%
	Mn	0.46이상	99%
	P	0.0285이상	95%
	Cu	0.40이상	95%
제조공정 조건	갭	410이하	95%
	압력2	82이상	99.9%

짝비교 분석 방법(1/4)

샤이닌 기법에는 문제 상황에 따라 활용할 수 있는 다양한 방법이 있으며, 그중에서도 원인 규명을 위해 효과적으로 사용할 수 있는 짝비교 방법이 있다. 짝비교 방법은 BoB제품과 WoW제품의 조건(제품 설계 및 공정 4M 조건)을 비교하여 핵심 요인을 정량적으로 규명하는 방법으로 도리안 샤이닌(D. Shainin, 1914~2000, 미국)박사에 의해 정립된 이론이다.

또한, 데이터의 유의성을 검증하기 위해 Tukey test방법을 활용한다.

순서1) BoB & WoW 제품 각 8개를 선정하여 관련 변수의 값을 조사한다.

NO	부품간 갭	제품 상태
1	0.015	WoW
2	0.018	WoW
3	0.014	WoW
4	0.022	WoW
5	0.019	WoW
6	0.018	BoB
7	0.016	BoB
8	0.023	BoB
9	0.017	WoW
10	0.019	BoB
11	0.011	WoW
12	0.007	WoW
13	0.024	BoB
14	0.023	BoB
15	0.021	BoB
16	0.017	BoB

BoB와 WoW 제품
각 8개씩 확보

순서2) 아래 절차에 따라 Turky test를 진행한다.

① 요인별로 조건(값)의 크기에 따라 크기순으로 열방향으로 나열하여 해당 제품의 BoB & WoW를 확인한다.

② 제일 위에서 이 값들이 전부 좋음(BoB) 또는 전부 나쁨(WoW)으로 연속해서 나타나는 개수가 위쪽 엔드카운트이다.

③ 제일 아래에서 이 값들이 전부 좋음 또는 전부 나쁨으로 연속해서 나타나는 개수가 아래쪽 엔드카운트이다.

④ 위쪽과 아래쪽 엔드 카운트를 합하여 종합 엔드카운트가 크면 주요원인으로 판정한다. 주요원인에 대한 신뢰도는 다음 페이지의 Tukey test를 기준으로 한다.

⑤ 만일, 양단의 제품 상태가 동일하면 카운트는 0으로 한다.

Tip

짝비교 분석 방법(2/4)

NO	부품간 갭	제품 상태
12	0.007	WoW
11	0.011	WoW
3	0.014	WoW
1	0.015	WoW
7	0.016	BoB
9	0.017	WoW
16	0.017	BoB
2	0.018	WoW
6	0.018	BoB
5	0.019	WoW
10	0.019	BoB
15	0.021	BoB
4	0.022	WoW
8	0.023	BoB
14	0.023	BoB
13	0.024	BoB

위 엔드카운트
4

종합엔드카운트
= 4(위 엔드카운트)
+ 3(아래 엔드카운트) = 7

아래 엔드카운트
3

<Turkey test를 위한 종합 엔드카운트 에 따른 신뢰도 판단 기준>

종합 엔드 카운트	신뢰도
6	90%
7	95%
10	99%
13	99.9%

순서3) 주요요인에 대하여 Worst조건을 확인한다.

Turkey test를 통하여 유의한(종합 엔드 카운트≥6)요인에 대하여 WoW를 발생시키는 Worst조건을 확인한다.

NO	부품간 갭	제품 상태
12	0.007	WoW
11	0.011	WoW
3	0.014	WoW
1	0.015	WoW
7	0.016	BoB
9	0.017	WoW
…	…	…

부품간 갭이 0.015 이하에서
제품 특성은 나빠진다.
Worst영역은 0.0155
((0.015+0.016)/2) 이하로 한다.

짝비교 분석 방법(3/4)

Tip

짝비교 방법을 수행하여 튜키테스트시 가운에데 BoB이 연속되어 있는 경우에는 데이터를 변환하여 튜키테스트를 다시 수행해야 한다. 이에 대한 순서는 아래와 같다.

순서1) 조사한 데이터에서 변수의 값을 크기 순으로 정렬한다.

NO	제품 상태	X_1
1	BoB	0.30
2	WoW	0.18
3	WoW	0.16
4	BoB	0.26
5	BoB	0.48
6	BoB	0.30
7	WoW	0.20
8	BoB	0.51
9	WoW	0.55
10	WoW	0.53
11	BoB	0.51
12	WoW	0.58

▶

NO	제품 상태	X_1
3	WoW	0.16
2	WoW	0.18
7	WoW	0.20
4	BoB	0.26
1	BoB	0.30
6	BoB	0.30
5	BoB	0.48
8	BoB	0.51
11	BoB	0.51
10	WoW	0.53
9	WoW	0.55
12	WoW	0.58

가운데 BoB이 연속되어 있는 경우

정렬 후 가운데에 BoB이 연속되어 있는 경우에는 바로 엔드카운트를 산출하지 않고 해당 변수의 SPEC에 해당되는 목표값을 반영하여 튜키테스트를 실시한다.

즉, X_1의 데이터에서 목표값(여기서는 0.4)을 빼준 후 절대값을 취하여 값을 제시한다. 그리고 나서 데이터 정렬 후 튜키테스트를 다시 실시 한다.

순서2) 데이터 변환 후 튜키테스트를 다시 실시한 결과

튜키테스트를 다시 실시 후 종합 엔드카운트가 10이 나왔으며, 이는 신뢰도 99%(유의수준 1%) 라고 할 수 있다. X_1 조건은 유의하며 목표값 0.4로부터 0.15이상 벗어나면 제품특성이 나빠진다고 할 수 있다.

Tip

짝비교 분석 방법(4/4)

[목표값과 차이]

NO	제품상태	$\|X_1-0.4\|$
3	WoW	0.24
2	WoW	0.22
7	WoW	0.20
4	BoB	0.14
1	BoB	0.10
6	BoB	0.10
5	BoB	0.08
8	BoB	0.11
11	BoB	0.11
10	WoW	0.13
9	WoW	0.15
12	WoW	0.18

[튜키테스트 실시]

NO	제품상태	$\|X_1-0.4\|$
5	BoB	0.08
1	BoB	0.10
6	BoB	0.10
8	BoB	0.11
11	BoB	0.11
10	WoW	0.13
4	BoB	0.14
9	WoW	0.15
12	WoW	0.18
7	WoW	0.20
2	WoW	0.22
3	WoW	0.24

종합
엔드카운트는
10이 된다.

실험계획법 활용의 힘

용어 정의	실험계획법이란 실험을 계획적으로, 체계적으로 진행하고 분석하여 주요요인 규명 및 최적조건을 도출하는 방법이다.

최적화를 위한 실험계획법 활용 의미

제품 설계 및 공정 조건 최적화를 위한 방법 중 하나로 실험계획법을 활용할 수 있다. 실험계획법은 고급에 해당하는 통계적 기법으로, 이를 통해 많은 성과를 도출할 수 있다. 주요 성과는 기술적 과제에 대한 해결책을 제시할 수 있고, 관련 기술 정보를 획득하 수 있으며, 이를 바탕으로 기존 기술력을 한 단계 더 발전시킬 수 있다. 이러한 성과는 해당 제품이 경쟁사와 차별화되어 경쟁력을 더욱 강화하는 데 기여한다.

실험계획법을 활용하여 최적화가 필요한 영역으로는 신제품 개발, 기존 제품의 설계 변경, 제조 공정 조건 설정, 만성 불량 해결을 위한 제품 및 생산 공정 조건 재설정 등이 있다.

따라서 제품 및 공정 설계 단계에서 실험계획법을 활용하면 목표하는 제품의 성능을 보다 쉽고 빠르게 효율적으로 최적화할 수 있다.

실험계획법을 활용해보니

실험계획법 활용을 통하여 얻게 되는 성과는 과제에 대한 해결책(solution) 또는 방향성(direction)을 언급할 수 있다. 여기서 해결책은 실험을 통해 목표로 하는 제품의 성능을 달성할 수 있는 설계 조건을 찾는 경우를 의미하고, 방향성은 목표 성능을 확보하기 위해 추가로 연구해야 할 설계 변수의 범위를 제시하는 경우를 의미한다.

이처럼 목표 성능을 달성하기 위해 제품 개발이나 공정 조건 설정 단계에서 실험을 진행하게 된다. 최적화 실험을 통해 얻은 주목할 만한 사례로는 다음과 같다.

- 기존 기술 영역의 한계를 넘어서기 사례
  : 전자레인지에서 불가능하다는 전자파 누설 제로를 실현할 수 있었다.
- 단기간에 불량 제로 달성
  : 대량 불량 28%를 0%로 줄일 수 있는 조건을 규명했다.
- 오래된 개발 이슈 해결
  : 신제품 개발 3년 동안 해결되지 않았던 제품 성능 문제를 곧바로 해결했다.

실험변수는 많을 수록 유리

최적화 실험을 진행할 때 실험변수가 적으면 완전요인배치실험으로 전개한다. 하지만, 실험변수가 많으면 실험변수의 개수를 축소하지 않고 직교배열표를 이용하여 실험을 진행하면 된다.

그런데, 실험변수가 많을 경우 실험 규모가 기하급수적으로 증가하여 실험 진행에 부담을 주고 효율성이 떨어지기 때문에 설계변수를 최대한 축소하려는 경향이 있다. 그 결과, 설계변수를 2~3개로 제한하여 최적화를 시도하거나, 많은 설계변수를 포함시키기 위해 단순한 시행착오 실험을 진행하며 성능을 확보하려는 시도가 많다. 이런 방식은 중요하지 않은 설계변수로 실험하거나, 또는 불합리한 실험 조합으로 인해 최적 조건을 찾지 못하는 경우가 많다. 그러므로 설계변수가 많으면 직교배열실험을 적극 추천한다.

많은 실험변수로 직교배열 실험을 통하여 얻은 엔지니어들의 반응은 아래와 같다.
- 생각지도 않은 요인이 핵심 요인으로 규명되었다.
- 원가 부담이 없는 공정 조건 및 부품 변수 조건을 찾았다.
- 성능 확보를 위한 여러 설계 변수의 한계점을 알 수 있었다.

기대이상의 성능 확보 사례

최적화 실험을 진행하면서 설계변수 범위가 기술적으로 한계가 있다고 알고 있던 경우에도 실제 실험을 통해 기대 이상의 성능을 확보할 수 있었다. 이와 관련한 사례로는 다음과 같다.

① 상반되는 두 가지 특성을 동시에 만족하는 설계 조건을 규명하는 것은 불가능하다고 생각되었지만, 실험을 통해 이를 용이하게 찾을 수 있었다.
② 해외 경쟁사의 설계 조건에 대해 실험 데이터를 비교 분석한 결과, 경쟁사보다 15% 더 우수한 성능을 확보할 수 있었다.

▼ 그림 2.16.1 상반되는 두 특성을 만족시켜주는 최적화 예시

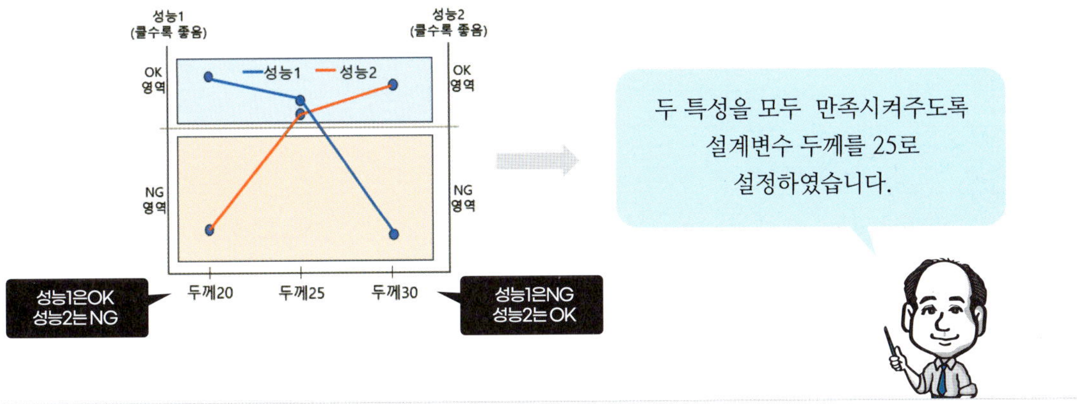

③ 기존 시스템의 최고 성능을 20% 더 향상시킬 수 있었다.

④ 부품 변수 및 공정 조건을 여유 있게 설정하더라도, 낮은 비용 조건으로 우수한 성능을 확보할 수 있었다.

▼ 그림 2.16.2 low cost조건 선정 예시

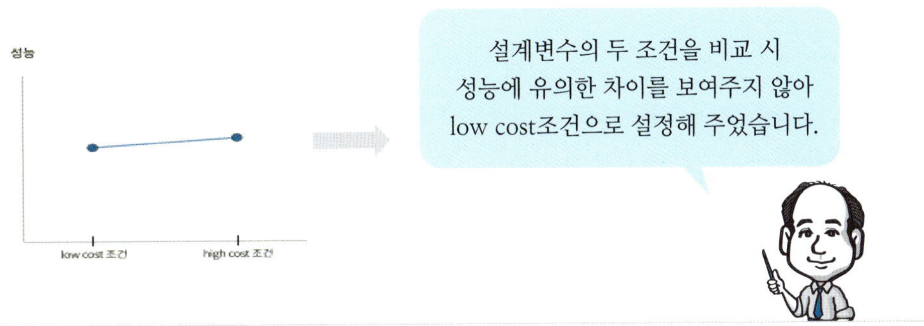

최적화 실험결과를 다른 방법과 연계

실험을 통해 도출된 최적화 결과는 단순히 목표 성능을 확보하는 데 그치지 않고, 타 방법론과의 연계를 통해 추가적인 정보를 도출함으로써 실험 결과의 활용 가치를 더욱 높일 수 있었다.

▼ 표 2.16.1 상반되는 두 특성을 만족시켜주는 최적화 예시

구분	내용	연계 방법/수법
설계 표준 설정	부품변수의 마모 규칙을 발견하여 양산시 주요 부품의 교체 주기를 설정함	공정 표준화 회귀분석
	신뢰성에 영향을 주는 핵심 변수를 규명하여 신제품개발시 신뢰성 문제가 재발하지 않도록 설계 표준을 설정함	설계 표준화 회귀분석
양산성 평가	설계변수와 제품성능간의 규칙을 발견하여 관계식을 이용하여 양산 진행 시 제품성능에 대한 분포 및 규격만족도를 예측함	몬테카를로시뮬레이션 공정능력분석
허용 공차 설정	양산성을 만족하기 위하여 주요변수에 대한 허용공차를 설정하고 이에 대한 생산공정에서의 관리범위 및 기준을 다시 설정함	몬테카를로시뮬레이션 회귀분석
	최적조건에 대하여 시장에서 발생하는 손실 비용을 산출하여 제조단계의 제품성능의 허용 공차를 설정함	손실함수 공정능력분석

최적화를 위한 실험계획법 활용 결론

많은 기업은 최고의 제품을 구현하기 위해 다양한 방법으로 접근한다. 신제품을 통해 시장을 선도하고 경쟁력을 지속적으로 유지하기 위해 제품을 구상하고 실험하면서 경쟁사와 차별화되는 제품 성능을 확보하게 된다. 이러한 과정에서 실험을 통한 제품 설계 최적화는 필수적인 요소이다.

또한, 실험을 전개하는 방법으로 설계 변수 및 공정 조건의 최적화를 위해 실험계획법을 활용하면, 기대하는 결과를 보다 효율적이고 효과적으로 도출할 수 있다. 실험계획법을 통해 얻을 수 있는 주요 결론은 다음의 세 가지로 정리할 수 있다.

결론1) 완전 요인 배치 실험 과 직교 배열 실험을 실제 적용해보니 모두 기대 이상의 효과를 나타냈다.
① 설계 조건을 체계적으로 선정할 수 있어 기술력을 정립할 수 있다.
② 실험 요인 및 수준에 따라 목표 성능을 용이하게 확보할 수 있다.

결론2) 실험계획법을 효율적으로 활용하기 위해서는 실험 이전과 이후도 중요하다.
① 실험을 위한 준비 단계가 더 중요하며, 이때 집단 지성을 활용하면 효율적이다.
② 실험 데이터를 분석하고 확장하면 설계 표준화 및 양산성을 검토할 수 있다.

결론3) 실험계획법을 활용한 기대 효과는 다음과 같다:
① 제품의 강건성 확보
② 차별화된 성능 확보
③ 개발 납기 만족
④ 핵심 변수 규명의 용이성
⑤ 고품질 문제 해결 실마리 발견
⑥ 개발 업무 효율 향상

Tip

실험계획법 활용 예시

실험계획법을 활용한 사례를 중심으로 과제의 개요와 주요 내용을 간략하게 정리하였다. 이 정리는 개발과정 또는 품질문제 해결과정에서 실험계획법을 어떠한 경우에 사용했는지를 이해하고, 유사 과제에 활용 가능한 인사이트를 제공하기 위함이다.

1) 직교배열실험을 활용한 결과

구분	프로젝트명/내용
제품성능 향상	전자렌지 전자파 누설 ZERO조건 도출
	세탁기 세척향상 조건 프로그램 도출
	박막코팅 성능 15%향상 조건 발견
	에어컨 성능 30% 향상
	현금자동지급기의 ACF성능 15% 향상조건 도출
품질문제 해결	특정지점에서 발생되는 발열불량 원인 규명 및 해결
	엔진부품별 제품성능영향도 정량화
	제품성능에 영향이 미미한 부품(모터)의 원가절감
	전자렌지 해동율 개선
	연마공정조건의 관리기준 설정

2) 혼합물실험을 활용한 결과

구분	프로젝트명/내용
제품성능 향상	마요네즈의 열량70% 감소 조건 발견
	핵융합제품의 성능 22%향상 조건 도출
	성능 17%향상 약품 개발
품질문제 해결	묵의 최적조합에 대한 표준 설정
	반도체 크리닝 약품의 VOID FREE 조건 발견

실험계획법 활용 후 엔지니어 반응

결정한 최적조건에 대하여 자신이 생겼어요!

'각도'변수가 이렇게 중요한지 미처 몰랐어요!

제가 알고 있는 내용과 다른 결과가 나왔어요!

주요요인의 조건을 추가 조정하면 더 좋은 결과를 얻을 수 있네요!

3년 동안 해결하지 못했었는데, 너무 간단하게 해결해주네요!

2.17 품질문제해결을 위한 직교배열실험 활용

용어 정의	직교배열표는 직교성을 이용하여 실험 조합이 최소가 되도록 만들어 놓은 실험표이다.

품질문제해결을 위한 직교배열실험 활용

고객 또는 공정에서 발생하는 부적합과 관련된 품질 문제는 다양한 요인이 복합적으로 작용하여 발생할 수 있다. 즉, 한 두 가지 원인으로 품질 문제 발생을 설명하기 어려운 경우, 이들의 인과 관계를 파악하기 위해 다변량 접근법을 활용한 샤이닌 기법과 0-1 산점도를 활용할 수 있다.

그리고 조건을 의도적으로 변화를 주어 실험을 할 수 있는 직교배열실험이 있으며, 본 절에서는 직교배열실험을 효율적으로 전개하는 방법을 언급하고자 한다.

직교배열실험은 다양한 요인들이 서로 영향을 주고받는 복잡한 시스템에서 실험을 효율적으로 진행하고, 각 요인의 영향을 정량적으로 분석하는 데 유용하며, 이를 위해 IEO(Input-Experiment-Output) 구조를 구체적으로 나누어 사례와 함께 설명하고자 한다.

▼ 그림 2.17.1 IEO구조

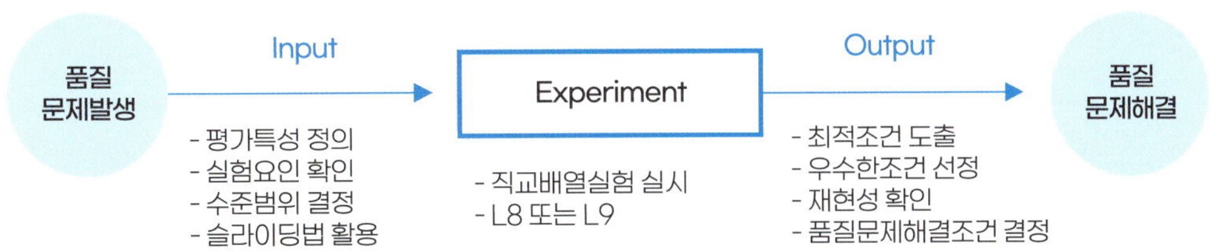

IEO구조 의미

IEO 개념은 직교배열실험을 효율적으로 전개하기 위해 저자가 정립한 방법으로, 실험 준비부터 결과 도출까지 3 단계로 나누어 체계적으로 진행하는 방식이다.

먼저, 〈I단계〉는 품질 문제 해결을 위한 실험을 준비하는 과정으로, 이 단계에서의 준비가 실험의 성공 여부에 큰 영향을 미친다. 〈E단계〉는 본격적으로 실험을 진행하고 데이터를 수집하는 과정으로, 정확하고 신뢰할 수 있는 데이터를 확보하는 것이 중요하다. 마지막으로, 〈O단계〉는 실험 후 주요 요인을 규명하고 품질 문제를 해결하는 조건을 결정하는 과정이다. 이 단계에서는 수집된 데이터를 활용하여 실질적인 품질 문제 해결 조건을 도출한다.

이와 같이 IEO 구조는 직교배열실험을 전개하여 품질 문제 해결을 효율적이고 체계적으로 활용하도록 도와준다.

Input단계에서 실행할 내용

직교배열실험을 준비하는 〈I단계〉는 품질 문제 해결의 성공을 좌우하는 핵심 과정으로, 이 단계에서 실험의 목적에 대한 방향성을 명확히 설정해야 한다.

준비 단계는 크게 〈무엇을 어떻게 측정할 것인가에 대한 정의〉, 〈실험을 위한 요인 정리 및 이의 수준 범위 결정〉으로 나눌 수 있다.

필요시 실험요인의 수준에 대한 슬라이딩법을 활용할 수도 있다.

각 과정을 세부적으로 살펴보면 다음과 같다.

1) 무엇을 어떻게 측정할 것인가 (What/How to measure!)

실험 조건별 결과를 단순히 적합품(양품)과 부적합품(불량품)으로 나누는 방식은 지양해야 한다. 이 접근법은 조건별 실험 결과에 대한 품질 수준을 정확히 나타내는 데 한계가 있기 때문이다.

> 가능하면 계량형 데이터를 활용하는 것이 바람직하다. 계량형 데이터는 조건 간 미세한 차이를 정량적으로 표현할 수 있어 주요 요인을 더 정확히 분석할 수 있다.

또한, 데이터의 측정 방법에 대한 정확성과 정밀성을 확인하는 것도 필수적이다. 데이터의 신뢰성이 확보되지 않으면 실험 결과의 해석이 왜곡될 수 있기 때문이다. 즉, 실험을 통해 얻은 데이터를 기준으로 주요 요인을 규명하고 품질 문제 해결 조건을 도출해야 하므로, 측정 대상과 방법을 명확히 정의하는 것이 중요하다.

2) 실험을 위한 요인 정리 및 수준 범위 설정

실험을 위한 요인은 품질 문제의 원인 분석 단계에서 도출된 사항 중 실험이 필요한 요인으로 선정한다.

이를 위해 품질 문제에 영향을 미칠 가능성이 있는 주요 요인 후보를 기준으로 관련자들의 의견을 종합하고, 매트릭스를 활용하여 요인을 정리한다. 매트릭스를 통해 각 요인별로 실험 가능 또는 불가능으로 구분하여 〈그림 2.10.1〉처럼 실험 요인을 최종적으로 선정한다.

그리고 선정된 요인에 대해 수준 범위를 2수준 또는 3수준 범위로 설정한다. 예를 들어, 온도 요인에 대해 2수준으로 설정한다면 "낮음"과 "높음"으로 나눌 수 있으며, 필요시 3수준으로 더 세분화할 수도 있다. 해당 요인의 수준 범위는 경험 및 이론치를 기준으로 가능한 넓게 설정하는 것이 좋다.

3) 수준에 대한 슬라이딩법 활용

실험 요인 중 교호작용 효과가 예상되는 경우, 실험 결과의 왜곡을 방지하기 위해 슬라이딩법을 활용할 수 있다. 슬라이딩법은 특정 요인의 수준에 따라 다른 요인의 수준을 일정한 규칙으로 조정하는 방법이다. 이 방법을 사용하면 두 요인이 서로 독립적인 성질을 가지게 되어 교호작용 효과가 미미해진다.

▼ 표 2.17.1 실험요인 선정 예시

공정명	주요요인 후보	실험가능성 검토	
		가능	불가능
정면기	황산농도		○
	고산화수소농도		○
	컨베어속도	○	
라미네이터	Lamination속도	○	
	D/F종류		RD-1225
	Hot roll온도	○	
	Hot roll압력	○	
LDI	노광량(노광시간)	○	
	D/F종류		○
	두께수동측정/Auto		○
현상기	현상속도	○	
	현상농도		○
	현상온도	○	
	현상압력		○

Experiment단계에서 실행할 내용

직교배열실험은 관련 요인들에 대한 모든 조합을 실험하지 않고, 요인들의 부분 조합을 이용해 실험을 수행하는 방법으로, 실험 규모를 줄여 시간과 비용 면에서 효율성을 제공한다. 그러나 이 방법은 교호작용 효과를 충분히 고려하지 못하는 한계가 있기 때문에, 이를 보완하기 위한 두 가지 방법이 있다.

첫 번째는 〈I단계의 언급한 슬라이딩법 활용〉, 두 번째는 이후에 설명할 〈O단계에서 품질 문제 해결 조건 결정 방법〉이다. 만약 실험을 진행하면서 시간 및 비용적인 부담이 없다면, 요인의 모든 조합으로 실험하는 방식이 가장 바람직하다. 그러나 실험 요인이 4개 이상일 경우, 현실적으로 모든 조합을 실험하는 것은 어렵기 때문에 직교배열표를 이용하여 요인을 배치한 실험을 추천한다.

주로 활용되는 직교배열표는 두 가지 종류로 L8과 L9이다. 품질 문제를 해결하기 위해 실험이 필요한 요인은 대체로 3~7개인 경우가 많기 때문에, 실험 요인 개수 및 수준에 따라 두 가지 중 하나를 선택하여 실험을 진행한다. 〈그림 2.10.2〉에 두 가지 직교배열표에 요인을 배치한 예시를 나타냈다.

실험을 진행하면서 각 조건별 실험 결과에 대한 데이터의 크기가 클수록 분석 신뢰도가 높아진다. 그러나 시간과 비용의 제약을 고려하여 데이터 크기는 3~5개가 적당하다. 데이터 3개에 대한 기준은 분산 분석을 통해 얻는 오차항의 자유도 크기를 기준으로, 데이터의 오차에 대한 신뢰도를 반영하여 설정하였다. 다만, 특수 상황에 따라 각 조건별 실험 데이터가 1개만 확보하여 분석을 진행할 수도 있다.

▼ 표 2.17.2 직교배열표에 요인을 배치한 예시

실험 NO	A	B	C	D	E	F	G
1	1	1	1	1	1	1	1
2	1	1	1	2	2	2	2
3	1	2	2	1	1	2	2
4	1	2	2	2	2	1	1
5	2	1	2	1	2	1	2
6	2	1	2	2	1	2	1
7	2	2	1	1	2	2	1
8	2	2	1	2	1	1	2

[L8-2수준인 7개의 요인 배치 예시]

실험 NO	A	B	C	D
1	1	1	1	1
2	1	2	2	2
3	1	3	3	3
4	2	1	2	3
5	2	2	3	1
6	2	3	1	2
7	3	1	3	2
8	3	2	1	3
9	3	3	2	1

[L9-3수준인 4개의 요인 배치 예시]

L8 : $L_8 2^7$ (L–Latin방격배열, 8가지 실험조합으로, 최대 7개의 요인을 2수준으로 실험할 수 있도록 설계된 배열표)

L9 : $L_9 3^4$ (9가지 실험조합으로, 최대 4개의 요인을 3수준으로 실험할 수 있도록 설계된 배열표로 요인별 조건의 세분화가 필요한 경우에 활용)

Output단계에서 실행할 내용

실험을 마친 후, 실험에서 얻은 데이터를 기준으로 품질 문제 해결을 위한 최적 조건을 결정하는 과정은 매우 중요하다. 이 과정은 실험 데이터를 분석하고, 이를 바탕으로 재현 가능한 품질 문제 해결 조건을 도출하는 일련의 단계로 구성된다. 아래에서는 최적 조건을 결정하기 위한 주요 단계를 언급한다.

1) 주요 요인에 대한 최적 조건 결정

주요 요인을 규명하기 위해 일반적으로 분산 분석을 이용한다. 분산 분석은 각 요인이 품질 특성에 미치는 영향을 정량적으로 분석하여 주요 요인을 구분하는 데 유용하다. 그러나 경우에 따라 분산 분석 대신 각 요인별 효과값을 계산하여 이를 사용하는 방법도 가능하다.

요인별 효과값은 실험 결과에서 특정 요인이 다른 요인에 비해 얼마나 큰 영향을 미치는지를 정량적으로 나타내므로, 이를 상대적으로 비교하여 주요 요인을 규명한다.

규명된 주요 요인에 대해서는 주효과 그림을 활용하여 품질 문제 해결에 가장 부합하는 조건을 최적 조건으로 결정한다.

2) 실험 내에서 가장 우수한 조건 선정

직교배열표에서 도출된 최적 조건은 교호작용 효과를 완벽히 반영하지 못할 수 있다. 이를 보완하기 위해 직교배열실험 내에서 가장 우수한 조건을 추가로 결정하는 과정이 필요하다. 직교배열표를 활용한 모든 실험 조건을 검토한 후, 품질 문제 해결에 가장 부합하는 실험 조건을 직접 선정한다.

3) 두 가지 조건으로 재현성 결과 확인

최적 조건 결정의 마지막 과정은 재현성 확인이다. 직교배열실험은 교호작용 효과를 충분히 반영하지 못할 수 있어 최적조건을 결정하는 방법을 아래 그림으로 방법을 제시하였다.

즉, 아래 그림의 ①에서 도출한 최적 조건과 ②에서 선정한 우수 조건을 이용하여 평가 특성을 예측하고, 이 두 조건으로 추가 재현 실험 결과를 비교하여 최종적으로 결정을 내린다. 재현여부 결정은 예측한 값의 10%이내를 추천한다.

▼ 그림 2.17.2 직교배열 실험을 통한 품질문제 해결조건 결정 절차

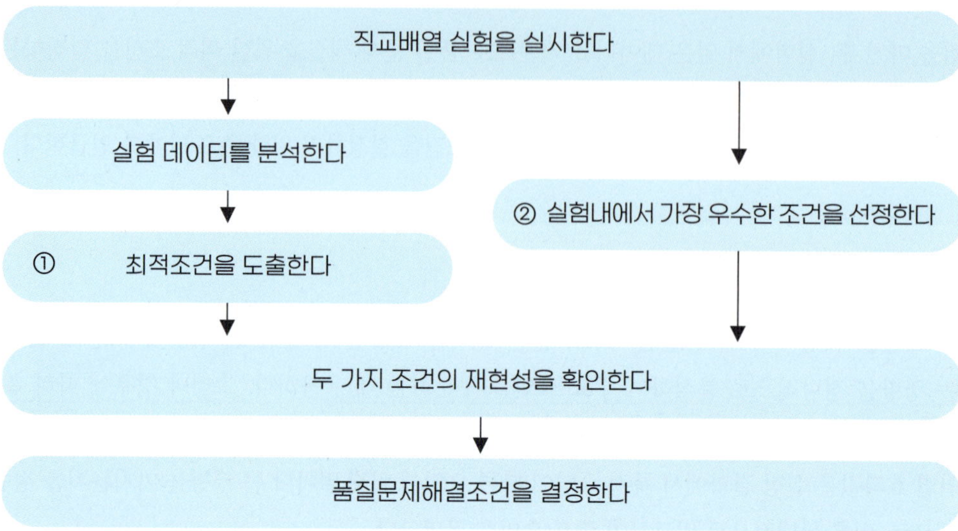

- 품질문제해결조건 결정 방법
  - 〈①최적조건〉과 〈②실험내에서 가장 우수한 조건〉으로 재현성을 확인한다.
  - 재현성을 확인하여 원하는 결과가 나오는 조건을 품질문제해결조건으로 결정한다.
  - 재현성 확인 기준은 해당조건에 대한 예측값을 기준으로 한다.

Tip

직교배열표 개념

직교배열표란 실험계획법의 일부로 직교 성질을 활용하여 최소한의 실험으로 최적의 실험조합을 구성하는 표이다. 이 방법은 교락 성질을 이용하여 교호작용 정보를 희생시키어 실험 크기를 줄이는 특징이 있다.

모든 직교배열표 표시는 L_aB^c 로 표시하며 이를 간략히 La라고 나타내기도 한다.

여기서 L은 라틴방격배열을, a는 실험조합의 크기를, B는 수준크기를, c는 최대 요인개수를 의미한다. 예를 들어 L_82^7 은 간략히 L8이라고 표시하며, 실험조합의 크기가 8가지, 2수준 요인 7개로 실험이 가능한 직교배열표라는 것을 의미한다.

자주 사용하는 직교배열표로 L8, L9를 추천합니다.

$L_82^7 = L8$

실험번호	1열	2열	3열	4열	5열	6열	7열
1	1	1	1	1	1	1	1
2	1	1	1	2	2	2	2
3	1	2	2	1	1	2	2
4	1	2	2	2	2	1	1
5	2	1	2	1	2	1	2
6	2	1	2	2	1	2	1
7	2	2	1	1	2	2	1
8	2	2	1	2	1	1	2

↓

실험번호	A	B	C	D	E	F	G
1	1	1	1	1	1	1	1
2	1	1	1	2	2	2	2
3	1	2	2	1	1	2	2
4	1	2	2	2	2	1	1
5	2	1	2	1	2	1	2
6	2	1	2	2	1	2	1
7	2	2	1	1	2	2	1
8	2	2	1	2	1	1	2

2수준 요인 최대7개 배치

$L_93^4 = L9$

실험번호	1열	2열	3열	4열
1	1	1	1	1
2	1	2	2	2
3	1	3	3	3
4	2	1	2	3
5	2	2	3	1
6	2	3	1	2
7	3	1	3	2
8	3	2	1	3
9	3	3	2	1

↓

실험번호	A	B	C	D
1	1	1	1	1
2	1	2	2	2
3	1	3	3	3
4	2	1	2	3
5	2	2	3	1
6	2	3	1	2
7	3	1	3	2
8	3	2	1	3
9	3	3	2	1

3수준 요인 최대4개 배치

Tip

직교배열실험의 간이분석 방법

직교배열표를 활용하여 실험을 수행한 후, 실험 데이터를 분석하는 방법으로 요인 수준별 평균값을 구해 차이를 비교하는 간이 분석 방법에 대해 L4를 기준으로 설명하고자 한다.

순서1) L4에 대한 직교배열실험 데이터 확보한다. (각 조합별 실험데이터 2개로 가정)

NO	A	B	C	실험 데이터 (인장강도)
1	1	1	1	30, 32
2	1	2	2	12, 14
3	2	1	2	16, 18
4	2	2	1	34, 36

순서2) 요인 A,B,C에 대한 수준별 평균을 계산한다.
요인별 수준에 해당하는 실험데이터를 기준으로 합과 평균을 구한다.

요인	수준1				수준2			
	실험 NO	실험 DATA	합	평균	실험 NO	실험 DATA	합	평균
A	1 2	30, 32 12, 14	88	22	3 4	16, 18 34, 36	104	26
B	1 3	30, 32 16, 18	96	24	2 4	12, 14 34, 36	96	24
C	1 4	30, 32 34, 36	132	33	2 3	12, 14 16, 18	60	15

순서3) 요인 수준별 평균값을 기준으로 간이분석표를 작성한다.
요인별 수준에 대한 평균의 차이를 구하고 이에 대한 점유율을 구한다.

구분	A	B	C
수준1	22	24	33
수준2	26	24	15
차이	4	0	18
차이 점유율(%)	18.2%	0%	81.8%

4/(4+0+18) =0.182

순서4) 간이분석표의 요인별 수준의 평균으로 주효과 그림을 작성한다

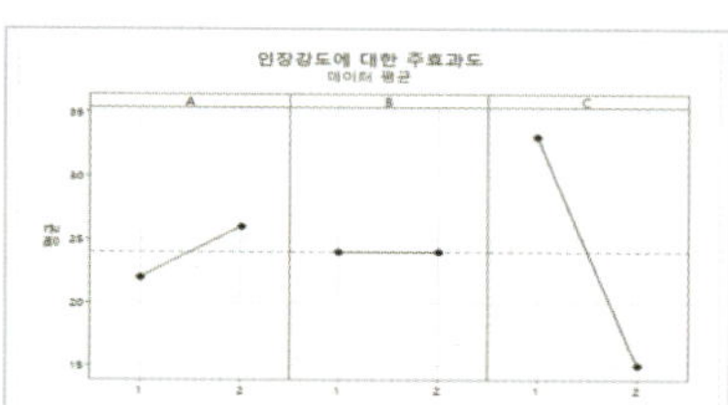

그래프에서 기울기가 큰 요인은
주요 요인으로 판단하여,
특성을 유리하게 해주는 수준을 선정한다.

Tip

수준 슬라이딩 방법

실험 요인 간의 교호작용이 알려진 경우, 슬라이딩법(Sliding Method)을 적용하면 교호작용의 영향을 최소화할 수 있다.

슬라이딩법은 하나의 요인 수준에 따라 다른 요인의 수준을 조정하는 방식이다. 직교배열표는 교호작용 정보를 명확히 파악하는 데 한계가 있으므로, 필요 시 슬라이딩법을 활용하여 요인 간의 교호작용 효과를 완화할 수 있다.

순서1) 교호작용이 있는 두 개의 요인을 선정한다.

→ 맛 있는 제과를 만들기 위해 baking온도(A) 와 baking시간(B)을 선정한다.

순서2) 두 개의 요인에 대한 실험 수준 범위를 잡아준다.

→ 온도는 200~300 ℃, 시간은 10~30sec로 한다.

순서3) 두 개의 요인의 조합에 따른 성질을 확인한다.

→ 온도와 시간은 조합에 따라 열량으로 나타낼 수 있으며, 열량은 〈온도×시간〉의 성질이다.

순서4) 실험하고자 하는 우선 요인으로 하여 실험 수준을 잡아준다.

→ 우선 요인인 온도(A)에 대한 실험 수준을 200, 3080으로 한다. (A_1=200, A_2=300)

→ 다른 요인은 시간(B)에 대한 수준 세부 조건은 A에 따라 결정한다. (B_1=짧게, B_2=길게)

순서5) 슬라이딩 조건을 설정한다.

이 때 두 요인의 성질을 반영하여 슬라이딩 조건 정할 때 활용한다.

A×B 를 기준으로 다른 요인의 수준을 결정할 때 반영한다.

→ B1 세부 조건은 A1에서는 15sec, A2에서는 10sec가 된다. (이 때 A×B = 3,000)

→ B2 세부 조건은 A1에서는 30sec, A2에서는 20sec가 된다. (이 때 A×B = 6,000)

〈 슬라이딩법 활용 예시 〉

슬라이딩법 미 적용시

	요인명	수준1	수준2
실험요인 및 수준	A.Baking 온도	200℃	300℃
	B.Baking 시간	15sec	20sec

B요인 실험 조건	실험조건		A.baking온도	
			200℃	300℃
	B.Baking 시간	1	15sec	15sec
		2	20sec	20sec

B요인의 수준1,2조건은 A조건과 관계 없이 수준조건이 결정된다.

슬라이딩법 적용시

요인명	수준1	수준2
A.baking온도	200℃	300℃
B.baking시간	짧게	길게

실험조건		A.baking온도	
		200℃	300℃
B.baking시간	짧게	15sec	10sec
	길게	30sec	20sec

B요인의 수준1,2조건은 A조건에 따라 수준조건이 결정된다.

2.18 연마 공정조건 최적화를 위한 직교배열실험 활용

용어 정의	연마 공정은 가공한 제품의 표면을 부드럽게 다듬어주는 공정으로 제품 표면의 정밀성을 확보하기 위해 진행한다.

연마 공정 최적화 배경

프레스 공정을 완료한 부품의 표면을 부드럽게 가공하는 디버링(De-Burring) 공정의 조건을 최적화하고, 주요 조건에 대한 관리 기준을 설정하고자 한다. 기존 연마 방법으로는 고객이 요구하는 표면의 정밀도를 만족시키는 데 어려움이 있어, 아래 그림과 같이 연마 공법을 변경하고 이에 맞는 공정 조건을 새로 셋업하게 되었다.

▼ 그림 2.18.1 연마공정 변경 내용

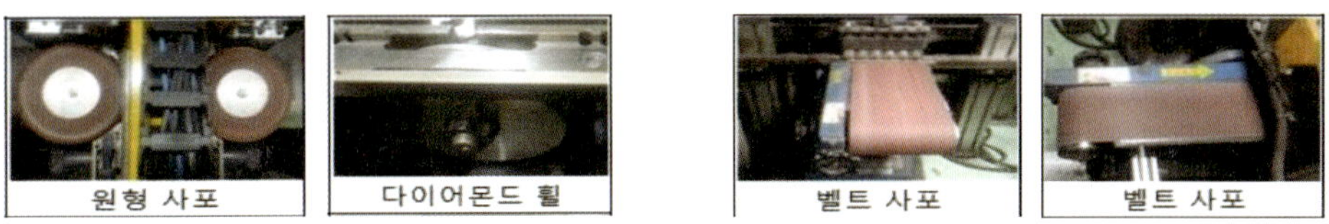

기존 연마 공법　　　　변경 연마 공법

실험계획

새로 셋업 해야 할 연마 공정의 주요 변수와 검토해야 할 조건 범위는 아래 표와 같으며, 각 변수별 가능한 범위는 설비 메이커에서 추천한 내용을 기준으로 설정하였다.

그리고 연마 공정의 주요 변수 3개에 대하여 각 2수준으로 실험을 진행하기 위해 직교 배열표 L4를 활용하여 실험 조합을 설정하였다.

▼ 표 2.18.1 연마공정 주요변수별 실험 범위

요인명	가능범위	수준1	수준2
A.입방수	100~200	120	180
B.RPM	500~1000	700	1000
C.구동축 위치	0.3~0.6	0.3	0.5

실험 조건에 따라 생산 초기와 생산 말기에 챔퍼량 데이터를 측정하기로 하였으며, 챔퍼량 데이터는 제품의 LH(Left Hand, 왼쪽 방향) 및 RH(Right Hand, 오른쪽 방향)에 해당하는 부품의 좁은 쪽과 넓은 쪽에 대해 각각 max와 min값을 활용하기로 하였다.

▼ 표 2.18.2 직교배열 실험조합에 따른 실험 데이터 양식

NO	A	B	C	LH								RH							
				생산초기				생산말기				생산초기				생산말기			
				좁은쪽		넓은쪽		좁은쪽		넓은쪽		좁은쪽		넓은쪽		좁은쪽		넓은쪽	
				max	min	max	min	max	min	max	min	max	min	max	min	max	min	max	min
1	2	2	1																
2	2	1	2																
3	1	1	1																
4	1	2	2																

챔퍼량 측정데이터 및 데이터 변환

실험 조합별 조건에 따라 디버링 연마 공정으로 양산을 진행하고, 초품 및 종품에서 측정한 챔퍼량 데이터는 아래와 같이 정리하였다.

▼ 표 2.18.3 실험 데이터

구분	실험조건			초품 데이터												종품 데이터											
	입방수	RPM	구동축 위치	작은쪽		넓은쪽		작은쪽		넓은쪽		작은쪽		넓은쪽		작은쪽		넓은쪽		작은쪽		넓은쪽		작은쪽		넓은쪽	
				MAX	MIN	MAX	MIN	MAX	MIN	MAX	MIN	MAX	MIN	MAX	MIN	MAX	MIN	MAX	MIN	MAX	MIN	MAX	MIN	MAX	MIN	MAX	MIN
LH	180	1,000	0.3	0.37	0.27	0.32	0.31	0.31	0.23	0.34	0.3	0.25	0.23	0.34	0.26	0.27	0.2	0.29	0.23	0.29	0.18	0.32	0.29	0.21	0.18	0.3	0.19
	180	700	0.5	0.58	0.58	0.54	0.46	0.61	0.61	0.54	0.51	0.49	0.46	0.6	0.54	0.31	0.3	0.31	0.27	0.33	0.32	0.31	0.27	0.31	0.31	0.39	0.35
	120	700	0.3	0.36	0.31	0.46	0.42	0.34	0.32	0.44	0.4	0.42	0.32	0.34	0.31	0.3	0.27	0.19	0.19	0.29	0.26	0.24	0.18	0.27	0.25	0.26	0.19
	120	1,000	0.5	0.55	0.51	0.63	0.56	0.45	0.46	0.55	0.48	0.45	0.45	0.56	0.54	0.29	0.25	0.42	0.29	0.32	0.27	0.42	0.32	0.42	0.37	0.36	0.32

구분	실험조건			초품 데이터												종품 데이터											
	입방수	RPM	구동축 위치	작은쪽		넓은쪽		작은쪽		넓은쪽		작은쪽		넓은쪽		작은쪽		넓은쪽		작은쪽		넓은쪽		작은쪽		넓은쪽	
				MAX	MIN	MAX	MIN	MAX	MIN	MAX	MIN	MAX	MIN	MAX	MIN	MAX	MIN	MAX	MIN	MAX	MIN	MAX	MIN	MAX	MIN	MAX	MIN
RH	180	1,000	0.3	0.34	0.29	0.27	0.24	0.39	0.36	0.31	0.3	0.32	0.27	0.29	0.23	0.31	0.25	0.27	0.15	0.38	0.31	0.29	0.19	0.31	0.25	0.24	0.19
	180	700	0.5	0.51	0.46	0.51	0.49	0.55	0.5	0.59	0.52	0.51	0.44	0.49	0.43	0.31	0.27	0.32	0.21	0.33	0.32	0.37	0.29	0.32	0.35	0.33	0.25
	120	700	0.3	0.33	0.29	0.44	0.36	0.36	0.36	0.37	0.36	0.34	0.33	0.46	0.42	0.2	0.19	0.34	0.26	0.23	0.18	0.38	0.26	0.33	0.24	0.21	0.17
	120	1,000	0.5	0.56	0.5	0.54	0.5	0.61	0.58	0.51	0.46	0.57	0.53	0.56	0.51	0.39	0.38	0.48	0.4	0.33	0.32	0.42	0.38	0.32	0.31	0.44	0.33

측정한 데이터를 분석하기 위해 망목 특성의 SN비와 평균으로 변환하였다. SN비는 신호대비 잡음비(Signal to Noise Ratio)로, 다구찌 기법에서 사용하는 지표이다. 초품과 종품간, 그리고 위치별 max값과 min값의 차이를 최소화하는 조건을 규명하기 위해 SN비를 활용 한다.

또한, SN비에 영향을 주는 주요요인은 SN비를 크게 해주는 조건으로 하여 안정성을 확보하는 조건으로, 평균값에 영향을 주는 주요요인은 챔퍼량을 원하는 목표 조건에 부합하도록 조건으로 결정해준다.

▼ 표 2.18.4 실험데이터 변환

	입방수	RPM	구동축 위치	SN비 계산		
				SN비	평균	표준편차
LH	180	1,000	0.3	13.96	0.270	0.0541
	180	700	0.5	10.74	0.429	0.1246
	120	700	0.3	11.47	0.305	0.0816
	120	1,000	0.5	11.94	0.427	0.1079

	입방수	RPM	구동축 위치	SN비 계산		
				SN비	평균	표준편차
RH	180	1,000	0.3	13.63	0.281	0.0586
	180	700	0.5	11.42	0.403	0.1082
	120	700	0.3	11.30	0.309	0.0841
	120	1,000	0.5	13.62	0.455	0.0949

● 망목특성 SN비

$$S/N = 10\log\left(\frac{\bar{평균}}{표준편차}\right)^2$$

● SN비에 대한 분석
: 균일성(강건성) 확보를 위한 조건 발견

● 평균(챔퍼량)에 대한 분석
: 챔퍼량의 변화량에 대한 영향요인 확인

데이터 분석 및 주요 요인

실험 데이터를 변환한 SN비와 평균에 대해 LH와 RH를 구분하여 분석을 실시하였다. 분석 방법으로는 요인별 수준에 대한 값을 산출한 뒤, 이를 주효과 그림으로 표현하였다.

실험변수중 입방수, RPM, 구동축 위치는 A,B,C로 표시하였다.

▼ 그림 2.18.2 데이터 분석 및 주요요인

LH기준

챔퍼량

수준	A	B	C
1	0.366	0.367	0.288
2	0.35	0.348	0.428
차이	0.017	0.019	0.14
%	9.4%	10.8%	79.8%

SN비

수준	A	B	C
1	11.71	11.11	12.71
2	12.35	12.95	11.34
차이	0.65	1.84	1.37
%	16.8%	47.7%	35.5%

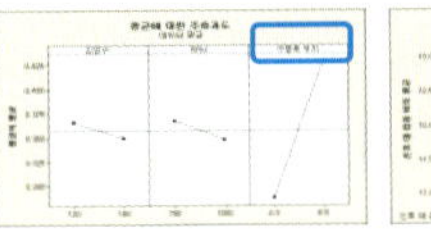
챔퍼량

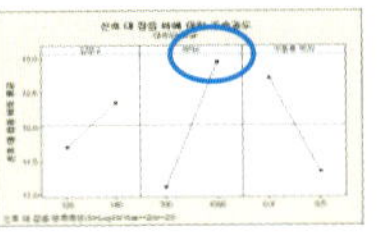
SN비

RH기준

챔퍼량

수준	A	B	C
1	0.382	0.356	0.295
2	0.342	0.368	0.429
차이	0.04	0.013	0.134
%	21.4%	6.7%	71.9%

SN비

수준	A	B	C
1	12.46	11.36	12.46
2	12.52	13.63	12.52
차이	0.06	2.27	0.06
%	2.5%	95.0%	2.5%

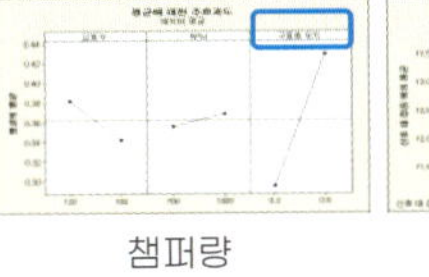
챔퍼량

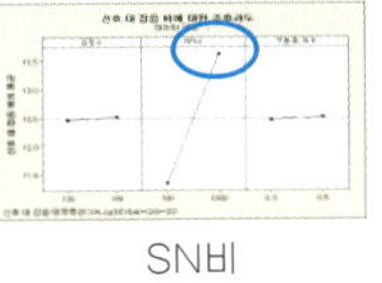
SN비

✓ 요인별 차이가 클수록 (또는 그래프에서 기울기가 클수록) 영향이 크다

✓ 챔퍼량에 영향을 주는 주요요인은 C이므로 목표로 하는 챔퍼량을 위하여 관리기준을 설정해주어야 한다.

✓ SN비(안정성)에 영향을 주는 주요요인은 B로, 수준2(RPM 1000)에서 안정적이다.

연마 벨트 교체 시점(주기) 설정

챔퍼량을 안정적으로 관리하기 위해 RPM(요인 B)은 SN비를 크게 해주는 1000으로 설정하였고, 영향이 미미한 입방수(요인 A)는 기존 작업 조건을 반영한 조건으로 설정하였다.

또한 챔퍼량에 영향을 미치는 구동축 위치(요인 C)에서의 벨트 교체 주기를 설정하기 위해 아래와 같이 추가 분석을 진행하였다.

1단계) 추가 분석 데이터 선정

데이터를 새로 추가하지 않고, 이미 실험한 데이터 중에서 추가 분석에 적합한 데이터를 선정하였다. 실험 결과 안정적인 경향을 보인 RPM 1000 조건인 실험NO 1,4의 데이터를 기준으로 하였다.

▼ 표 2.18.5 추가 분석을 위한 데이터 선정

구분	실험조건			초품 데이터												종품 데이터											
	입방수	RPM	구동축 위치	작은쪽		넓은쪽		작은쪽		넓은쪽		작은쪽		넓은쪽		작은쪽		넓은쪽		작은쪽		넓은쪽		작은쪽		넓은쪽	
				MAX	MIN	MAX	MIN	MAX	MIN	MAX	MIN	MAX	MIN	MAX	MIN	MAX	MIN	MAX	MIN	MAX	MIN	MAX	MIN	MAX	MIN	MAX	MIN
LH	180	1,000	0.3	0.37	0.27	0.32	0.31	0.31	0.23	0.34	0.3	0.25	0.23	0.34	0.26	0.27	0.2	0.29	0.23	0.29	0.18	0.32	0.29	0.21	0.18	0.3	0.19
	180	700	0.5	0.58	0.58	0.54	0.46	0.61	0.61	0.54	0.51	0.49	0.46	0.6	0.54	0.31	0.3	0.31	0.27	0.33	0.32	0.31	0.27	0.31	0.31	0.39	0.35
	120	700	0.3	0.36	0.31	0.46	0.42	0.34	0.32	0.44	0.4	0.42	0.32	0.34	0.31	0.3	0.27	0.19	0.19	0.29	0.26	0.24	0.18	0.27	0.25	0.26	0.19
	120	1,000	0.5	0.55	0.51	0.63	0.56	0.45	0.46	0.55	0.48	0.45	0.45	0.56	0.54	0.29	0.25	0.42	0.29	0.32	0.27	0.42	0.32	0.42	0.37	0.36	0.32

구분	실험조건			초품 데이터												종품 데이터											
	입방수	RPM	구동축 위치	작은쪽		넓은쪽		작은쪽		넓은쪽		작은쪽		넓은쪽		작은쪽		넓은쪽		작은쪽		넓은쪽		작은쪽		넓은쪽	
				MAX	MIN	MAX	MIN	MAX	MIN	MAX	MIN	MAX	MIN	MAX	MIN	MAX	MIN	MAX	MIN	MAX	MIN	MAX	MIN	MAX	MIN	MAX	MIN
RH	180	1,000	0.3	0.34	0.29	0.27	0.24	0.39	0.36	0.31	0.3	0.32	0.27	0.29	0.23	0.31	0.25	0.27	0.15	0.38	0.31	0.29	0.19	0.31	0.25	0.24	0.19
	180	700	0.5	0.51	0.46	0.51	0.49	0.55	0.5	0.59	0.52	0.51	0.44	0.49	0.43	0.31	0.27	0.32	0.21	0.33	0.32	0.37	0.29	0.32	0.35	0.33	0.25
	120	700	0.3	0.33	0.29	0.44	0.36	0.36	0.36	0.37	0.36	0.34	0.33	0.46	0.42	0.2	0.19	0.34	0.26	0.23	0.18	0.38	0.26	0.33	0.24	0.21	0.17
	120	1,000	0.5	0.56	0.5	0.54	0.5	0.61	0.58	0.51	0.46	0.57	0.53	0.56	0.51	0.39	0.38	0.48	0.4	0.33	0.32	0.42	0.38	0.32	0.31	0.44	0.33

2단계) 챔퍼량에 따른 회귀식 산출

1단계에서 선정한 데이터를 기반으로, 구동축 위치 0.3과 0.5에서 생산량에 따른 각각의 회귀식을 산출하고 기울기를 확인하였다.

회귀식은 엑셀의 그래프 기능을 활용하여 도출하였다. 또한, 생산 초품과 종품에 따른 챔퍼량의 표준편차를 구하고, 이를 바탕으로 평균 표준편차(S-bar)를 계산하였다.

▼ 그림 2.18.3 구동축 위치별 회귀식 산출

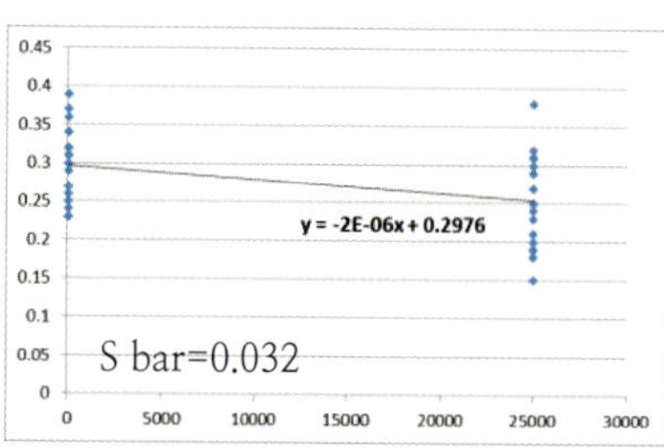

[구동축 위치 0.3 인 경우 챔퍼량 변화]

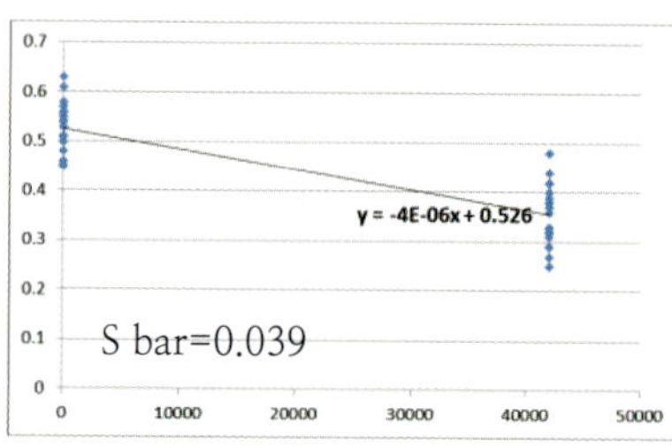

[구동축 위치 0.5 인 경우 챔퍼량 변화]

3단계) 구동축 위치에서의 벨트 교체 시점 설정

구동축 위치는 기존 조건에 가까운 0.4로 설정하고, 0.3과 0.5 위치의 회귀식을 기준으로 회귀식과 표준편차 를 추정하였다.

챔퍼량 분포의 평균은 생산 초품값과 종품값을 각각 0.4와 0.2로 설정하였다. 이는 3×표준편차(3×0.035 = 0.1) 을 반영하여, 챔퍼량 SPEC(0.1~0.5)을 만족하는 조건으로 설정한 것이다. 이러한 기준을 바탕으로 회귀식을 이용하여 벨트 교체 시점을 생산 수량 66,666개로 정하였다. (일 생산량 capa 60,000개)

▼ 그림 2.18.4 벨트 교체 시점 설정

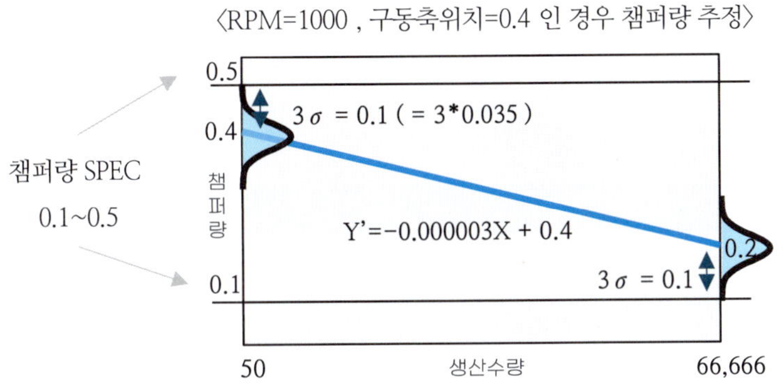

구동축 위치	S bar	회귀식(Y:챔퍼량, X:생산수량)	비고
0.3	0.032	Y=-0.000002X+0.3	실제
0.5	0.039	Y=-0.000004X+0.5	실제
0.4	0.0355	Y=-0.000003X+0.4	추정

Y(챔퍼량)이 0.2가 되게 해주는 X(생산수량)는 0.2=(−0.000003×X)+0.4로부터 X=66,666이 된다.

연마 공정조건 최적화 마무리

연마 공정 최적화 실험을 통해 얻은 결론을 바탕으로 연마 공정의 최적 조건을 설정하고, 이를 적용하여 공정 재현성을 확인하였다. 실험 결과를 공정에 적용하기로 결정하고, 연마 공정 관리 기준을 수립하였다.

연마 공정 최적화를 마치며 다음과 같은 성과를 얻었다.

1) 새로운 연마 공법을 도입하여 최적 조건을 체계적으로 설정할 수 있었다.
2) 작업자와 최적 조건 설정에 대한 공감대를 형성하여 유지관리 기반을 마련할 수 있었다.
3) 기존의 시행착오 방식에서 벗어날 수 있는 계기가 되었다.
4) 연마 공정 관리 기준을 다음과 같이 설정하였다.

① 공정 조건 : · 입방수: 120~180 , · RPM: 1000 , · 구동축 위치: 0.4

② 연마 벨트 교체 주기 : 1회/24시간 (업무교대시 매일 조간반에서 진행)

(일 생산량 최대 60,000개, 교체 기준 생산량 66,666개

Tip

SN비 공식 개념

SN비(신호대비잡음비, Signal-to-Noise Ratio)는 다구찌 기법에서 손실함수식을 기반으로 유도되어 정리된 공식이다.

통신기기 분야에서의 SN비는 신호(signal)대 잡음(noise)의 세기 비율을 의미하며, 다구찌 기법에서 는 강건설계(Robust Design)를 위해 SN비 공식을 활용하여 실험 데이터를 변환하고 분석을 수행하여 SN비를 크게 해주는 조건을 찾아서 안정적인 조건이 되도록 해준다.

각 특성에 따라 사용하는 SN비 공식은 다음과 같다.

특성 구분	의미	SN비 공식
망목특성 (望目)	특성이 목표값에 가까울수록 좋은 경우	$SN비 = 10\log(\frac{평균}{표준편차})^2$
망소특성 (望小)	특성이 작을수록 좋은 경우	$SN비 = -10\log(\frac{1}{n}\sum y_i^2)$
망대특성 (望大)	특성이 클수록 좋은 경우	$SN비 = -10\log(\frac{1}{n}\sum((\frac{1}{y_i})^2)$
동특성 (動)	특성이 신호에 따라 변해야 좋은 경우	$SN비 = 10\log(\frac{기울기}{표준오차})^2$

다구찌기법은 직교배열표와 SN비를 이용합니다.

손실함수와 SN비

손실함수	$L(y) = k(y-m)^2$
기대손실함수	$E\{L(y)\} = \frac{k}{n}\sum(y_i - m)^2 = k\{\sigma^2 + (\mu - m)^2\}$
SN비	$SN비 = -10log(\frac{signal\ power}{noise\ power})$

기대손실함수를 기준으로 SN비 공식 유도

강건설계는 이렇게

용어 정의	강건설계란 제품 또는 공정을 강하고 건강하게 만들기 위하여 관련되는 설계변수 또는 공정조건을 설계하는 방법이다.

강건설계와 다구찌 기법

다구찌 기법은 품질 특성을 구분하여 SN비(Signal to Noise Ratio)를 활용하는데, 특성 유형에는 망소, 망대, 망목 그리고 동특성이 있다. 이 중 강건 설계 방법은 주로 망목 특성과 동특성에 적용된다. 이는 해당 특성의 SN비가 실질적인 강건성을 제공하기 때문이다.

이를 위해 다구찌 기법은 2단계 최적화 과정을 제시한다. 1단계에서는 강건성 확보를, 2단계에서는 목표값 달성을 위한 최적화를 수행함으로써 과제의 목표를 달성한다.

2단계 최적화 방법

설계 조건에 따라 품질특성이 아래 그림의 왼쪽처럼 변화할 경우, 원하는 품질특성을 확보하기 위해서는 〈조건1〉을 선택해야 한다. 그러나 이때 품질특성의 변동 폭이 지나치게 크다면, 오른쪽 그림처럼 설계를 변경하여 〈조건2〉를 선택함으로써 변동 폭을 줄일 수 있다.

실제로 모든 4M 조건을 항상 정확하고 일관되게 관리하는 것은 어렵기 때문에, 왼쪽 그림의 〈조건1〉에서는 품질특성의 목표값은 얻을 수 있으나, 4M 조건의 미세한 변동에 의해 품질특성의 분포 폭이 커지고 제품의 품질이 불안정해질 수 있다.

▼ 그림 2.19.1 2단계 최적화 방법

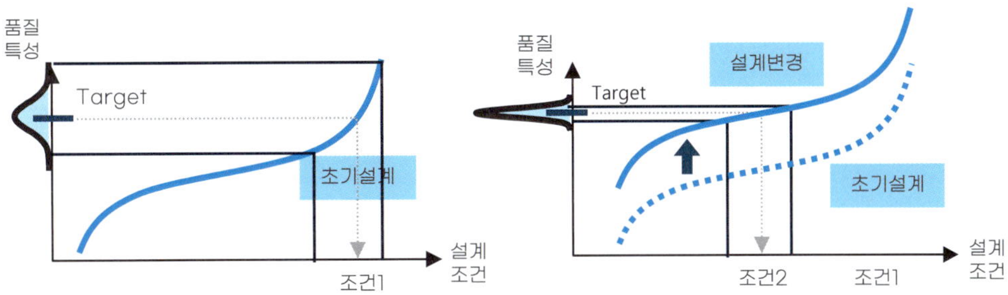

반면, 오른쪽 그림의 〈조건2〉에서는 목표값을 확보할 수 있을 뿐만 아니라, 4M조건 변동에 따른 품질특성도 더 안정적으로 유지된다.

이러한 차이는 다구찌 기법의 2단계 최적화 결과를 시각적으로 보여주는 것이다. 1단계에서는 강건성을 확보하기 위해 〈조건2〉를 결정하고, 2단계에서는 목표값을 확보하기 위해 특성 곡선을 조정해주는 변수의 조건을 결정해주는 방식으로 최적화를 진행한다.

망목특성 실험 및 SN비

개선이 필요한 과제가 선정되면, 주요 영향을 미치는 요인을 규명하고 최적 조건을 도출하기 위해 실험을 전개할 수 있다. 과제 해결을 위한 접근 방식은 크게 두 가지로 나눌 수 있다. 아이디어 기반의 개선 방법과 실험을 통한 개선 방법이다.

특히 실험을 통한 접근이 필요한 경우에는 강건설계(Robust Design)방법을 활용하는 것이 효율적이다. 그리고 강건설계에서는 잡음요인(noise factor) 을 실험에 포함시키는 것이 기본적인 내용이며, 잡음요인은 사용 환경이나 제조 조건 등에서 제품 특성에 영향을 미치는 비제어 요인(uncontrollable factors) 으로 정의할 수 있다.

실험조합 설계 시에는 잡음요인을 외측 요인으로 설정하여 실험조합에 반영해주어, 제품의 성능을 다양 잡음조건에서도 일관되게 유지할 수 있는 설계변수 및 공정조건을 찾게 된다.

아래 내용은 망목특성 실험을 전개한 내용이다.

1) 과제명 : 도금두께 개선

2) 평가특성 : 도금 두께 (목표값 1.15±0.2)

3) 실험요인 및 수준

구분	요인명	수준1	수준2	수준3	수준4
제어	A.온도	200	250	-	-
	B.농도	35	45	-	-
	C.시간	60	70	-	-
잡음	N.위치	bottom	left	right	top

4) 실험조합 및 실험 데이터 (직교배열표 L4)

실험NO	A B C	위치별 실험 데이터				데이터 변환	
		N1	N2	N3	N4	SN비	평균
1	1 1 1	1.00	1.04	1.20	1.26	19.101	1.1250
2	1 2 2	1.24	1.28	1.30	1.35	29.024	1.2925
3	2 1 2	1.12	1.14	1.15	1.18	33.236	1.1475
4	2 2 1	1.20	1.24	1.30	1.35	25.700	1.2725

실험 데이터를 기반으로 각 실험 조건별 SN비(Signal-to-Noise Ratio)와 평균값을 산출하였다. SN비는 망목특성(Nominal the Best)에 해당하는 공식을 사용하여 계산하였으며, 이들에 대한 분석을 통해 망목특성에 대한 정보를 도출할 수 있다.

SN비 및 평균값 분석을 통한 최적화

망목특성에 대한 분석을 위하여 SN비와 평균값에 대한 개별 분석을 진행하여 아래와 같은 결론을 도출하게 된다.

- SN비 분석을 통해 제품의 강건성(Robustness) 을 확보할 수 있는 최적조건을 도출한다.
- 평균값 분석을 통해 품질 특성의 목표값에 부합하는 최적 조건을 결정한다.

1) SN비와 평균값에 대한 분석

① SN비에 대한 분석

요인 수준별 SN비에 대한 분석을 통하여 주요요인을 결정하고, 이를 기준으로 주효과그림(main effects plot)을 작성한다. 이 때 주요요인을 산포제어요인이라고 하며, SN비를 크게 해주는 수준으로 설정함으로써 제품의 강건성 확보를 추구한다.

▼ 그림 2.19.2 SN비에 대한 분석 결과

구분	A	B	C
수준1 평균	24.06	26.17	22.4
수준2 평균	29.47	27.36	31.13
차이	5.41	1.19	8.73
차이 점유율	35.3%	7.8%	56.9%

- 산포제어요인 : C, A (차이 점유율이 큰 요인)
- 강건한 조건 : $A_2 C_2$ (SN비를 크게 해주는 수준)

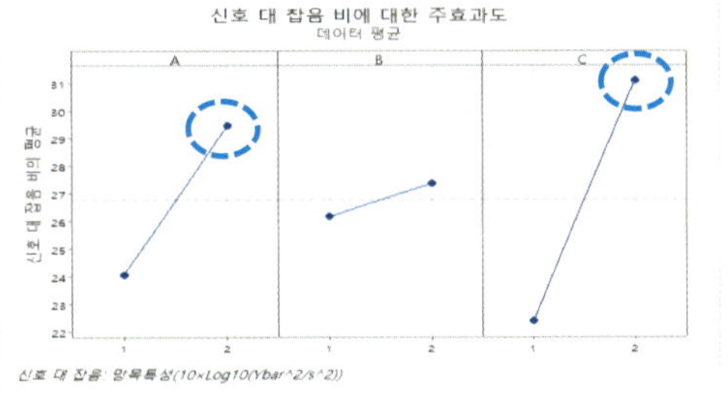

② 평균값에 대한 분석

요인 수준별 평균값에 대한 분석을 통해 주요요인을 결정하고, 이를 기준으로 주효과그림(main plot)을 작성한다.

▼ 그림 2.19.3 평균값에 대한 분석 결과

구분	A	B	C
수준1 평균	1.209	1.136	1.199
수준2 평균	1.21	1.283	1.22
차이	0.001	0.146	0.021
차이 점유율	0.6%	86.9%	12.5%

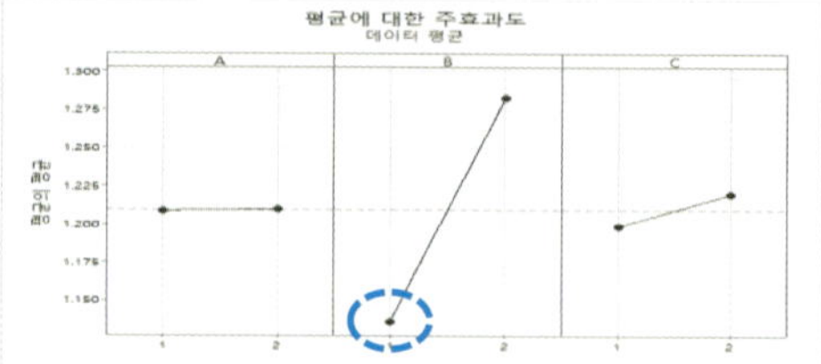

- 중심조정요인 : B (차이 점유율이 큰 요인으로 SN비에 영향을 주지 않는 요인으로 함)
- 목표값(1.15) 일치 조건 : B_1 (목표를 일치하는 조건은 예측공식을 이용하여 B_1으로 결정)

이 때 주요요인을 중심조정요인이라고 하며, 품질특성의 목표값을 일치해주는 수준을 설정함으로써 제품의 품질특성의 목표값 확보를 추구한다. 상기 ①,②분석처럼 전개하는 방법을 2단계 최적화라고 한다.

그리고 2단계 최적화를 통하여 결정한 $A_2B_1C_2$조건으로 재현성을 확인하여 마무리하게 된다. 재현성은 잡음환경을 반영하여 진행하며 예측한 값의 10%이내이면 재현성이 있다고 판단한다.

구분	기존조건($A_1B_1C_1$) SN비	최적조건(($A_2B_1C_2$) SN비	SN비 이득
예측(추정)	19.69	33.83	14.14 (33.83-19.69)
재현결과	20.63	35.60	14.97 (35.60-20.63)

구분	기존조건($A_1B_1C_1$) 평균값	최적조건(($A_2B_1C_2$) 평균값	
예측(추정)	1.132	1.143	-
재현결과	1.135	1.146	-

만일 도금두께를 목표값인 1.15로 일치시키기 위한 추가 조정이 필요하면 중심조정요인인 B를 기준으로 조건을 잡아주어도 된다.

망소특성 실험 및 SN비

개선이 필요한 과제가 선정되어 망목특성이 아닌, 망소(Smaller the Better) 또는 망대(Larger the Better) 특성의 경우에 최적화 방법이 다소 차이가 있다.

1) 망목특성의 경우

먼저 SN비를 분석하여 주요요인에 대하여 최적조건을 결정하고, 이후에 평균값을 분석하여 추가 조건을 설정한다.

2) 망소(망대)특성의 경우

방법1) 망소(망대)특성 SN비 공식을 이용하여 SN비를 크게 해주는 수준으로 최적조건을 결정한다.

방법2) 먼저 평균값을 분석하여 주요요인에 대하여 원하는 특성을 만족시켜주는 수준을 결정하고, 이후에 SN비에 대한 분석을 통하여 SN비를 크게 해주는 조건을 추가로 설정해준다. 이때 SN비는 망목특성 공식을 이용한다.

망소(망대)특성의 경우 주로 방법1)을 이용하지만, 필요에 따라 방법2)를 활용하여 최적화를 진행해도 좋다.

망소특성의 경우에 망목특성 SN비 활용 예시

망소특성의 경우, 앞에서 언급한 방법2)에 대한 2단계 최적화 방법을 이해하기 위해 예시를 들어 설명하고자 한다.

1) 과제명 : 자동차 브레이크 패드의 마모량 최소화

2) 평가특성 : 마모량 (작을수록 좋음)

3) 실험요인 및 수준

구분	요인명	수준1	수준2	수준3
제어	A.패드넓이	500	800	1100
	B.재질	알파	베타	혼합
	C.코팅두께	20	30	40
	D.형상	원형	마름모형	세모형
잡음	N.사용시간	초기	말기	-
	O.위치	TOP	CENTER	BOTTOM

4) 실험조합(L9) 및 데이터에 대한 SN비, 평균

NO	내측배열				외측배열 및 마모량						SN비 (망목)	평균	표준편차
					N_1			N_2					
	A	B	C	D	O_1	O_2	O_3	O_1	O_2	O_3			
1	1	1	1	1	1.35	1.27	1.31	1.14	1.11	1.26	22.31	1.240	0.0951
2	1	2	2	2	1.48	1.43	1.39	1.34	1.32	1.65	21.52	1.435	0.1205
3	1	3	3	3	1.55	1.66	1.72	1.54	1.76	1.66	25.39	1.648	0.0886
4	2	1	2	3	2.11	2.12	2.26	2.25	2.33	2.46	24.66	2.255	0.1319
5	2	2	3	1	2.32	2.44	2.54	2.65	2.66	2.16	21.97	2.462	0.1962
6	2	3	1	2	2.45	2.54	2.49	2.38	2.39	2.44	32.15	2.448	0.0605
7	3	1	3	2	2.43	2.33	2.11	2.43	2.12	2.17	23.57	2.265	0.1502
8	3	2	1	3	1.56	1.62	1.75	1.56	1.55	1.65	26.42	1.615	0.0771
9	3	3	2	1	1.26	1.33	1.14	1.36	1.32	1.29	24.31	1.283	0.0781

$$\text{실험1의 } SN\text{비} = 10log\left(\frac{\text{평균}}{\text{표준편차}}\right)^2 = 10log\left(\frac{1.240}{0.0951}\right)^2 = 22.31$$

5) 평균값 및 SN비에 대한 분석

① 평균값에 대한 분석

요인 수준별 평균값에 대한 분석을 통해여 주요요인을 결정하고, 이를 기준으로 주효과그림(main effects plot)을 작성한다. 그리고 주요요인을 기준으로 특성을 작게 해주는 조건을 결정한다.

② SN비에 대한 분석

요인 수준별 SN비에 대한 분석을 통해 주요요인을 결정한다. 이 때는 평균에 영향을 주지 않는 요인으로 한다.

망목특성에서는 SN비를 우선으로 하지만, 망소특성에서는 평균값을 우선으로 하여 최적조건을 결정한다.

▼ 그림 2.19.4 평균값에 대한 분석 결과

구분	A	B	C	D
수준1 평균	1.441	1.92	1.768	1.662
수준2 평균	2.388	1.837	1.658	2.049
수준3 평균	1.721	1.793	2.125	1.839
차이	0.947	0.127	0.467	0.388
차이 점유율	61.5%	8.2%	30.3%	25.2%

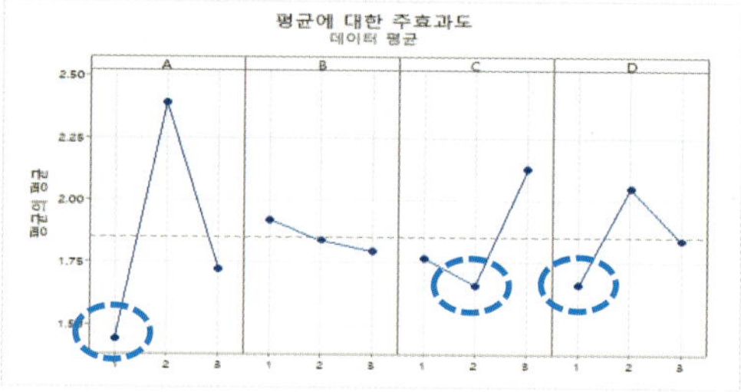

- 주요요인 : A, C, D (차이 점유율이 큰 요인)
- 최적조건 : A_2 C_2 D_1 (특성을 작게 해주는 수준)

이처럼, 망소특성 과제에서 망목특성 SN비 공식을 이용하여 분석을 진행할 경우, 2단계 최적화 접근을 통하여 순수하게 강건성에 영향을 미치는 요인을 구분하여 최적화를 효과적으로 수행할 수 있다.

즉, SN비에 대한 분석에서는 A,C,D요인이 평균값에 영향을 주는 주요요인으로 나타났기 때문에, 강건성 확보를 위해 B요인만을 기준으로 SN비를 크게 해주는 수준으로 설정하였다.

그 결과, 최종적으로 과제에 대한 최적조건은 $A_2B_3C_2D_1$으로 결정하였다.

▼ 그림 2.19.5 SN비에 대한 분석 결과

구분	A	B	C	D
수준1 평균	23.07	23.51	26.96	22.86
수준2 평균	26.26	23.3	23.5	25.75
수준3 평균	24.77	27.28	23.64	25.49
차이	3.19	3.98	3.46	2.88
차이 점유율	23.6%	29.5%	25.6%	21.3%

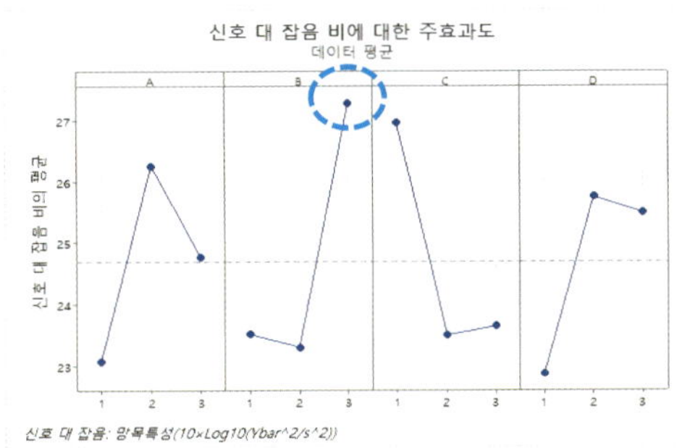

- 주요요인 : B (평균값에 영향을 주지 않으면서 점유율이 큰 요인)
- 최적조건 : B_3 (SN비는 클수록 강건하다는 것을 의미)

만일 방법1)로 최적화를 진행했을 경우, B요인은 특성에 대한 영향이 미미하게 나타나 관리 외 요인으로 간주될 수 있다.

최적 레시피를 위한 혼합물실험 활용

용어 정의	혼발물실험은 구성 성분의 합이 일정한 경우에 최적조건을 규명하기 위하여 활용하는 실험법이다.

신제품 개발 상황

신제품을 개발하는 과정에서 원하는 성능이 나오지 않자, 담당 개발자는 시행착오 실험을 통해 제품 레시피를 찾아가고 있었다. 그러나 성능이 기대에 근접하는 듯하면서도 정확히 도달하지 못해 혼란을 겪고 있었다.

내용을 확인해본 결과, 해당 레시피는 변수들의 합이 일정한 조건을 갖고 있어, 하나의 변수 조건을 변경하면 다른 변수의 조건도 함께 조정해야 하는 상황이었다.

이처럼 변수의 합이 일정한 경우에는 변수 간 교호작용(상호작용)이 발생할 가능성이 높기 때문에, 단순한 시행착오 실험만으로는 최적의 레시피를 도출하는 데 한계가 있다. 이러한 경우에 혼합물 실험법을 적용하면 최적 레시피를 효과적으로 도출할 수 있다.

언제 혼합물실험이 필요한가

개발자의 과제가 혼합물 실험법이 필요한지 여부를 확인하는 방법은 간단하다. 바로 실험에 사용되는 요인들의 합이 일정한지 여부를 확인하는 것이다.

혼합물 실험이 필요한 대표적인 상황은 다음과 같다.

1) 과즙 음료 개발 : 오렌지즙, 사과즙, 포도즙을 혼합하여 100mL 음료를 만들 때, 이 세가지 과즙의 합은 항상 100mL가 되어야 한다.
2) 제약 분야 : 의약품(예:알약 성분) 배합시 진통제 성분 A, 안정제 B, 부형제 C를 혼합하여 500mg의 알약을 만들 때, 이 세 성분의 합은 항상 500mg이어야 한다.

3) 화장품 개발 : 크림 제조시 보습제, 향료, 유화제 등을 혼합해 50g짜리 화장품을 만들 때, 전체 중량은 항상 50g이 되어야 한다.
4) 도료 및 페인트 : 색상 조정시 빨강, 파랑, 노랑을 섞어 특정 색을 만들 때, 전체 용량은 일정해야 한다.
5) 건축/재료 분야 : 콘크리트 배합하면서 시멘트, 자갈, 모래, 물을 혼합하여 1㎥의 콘크리트를 만들 때, 네 가지 구성 재료의 부피 합은 항상 1㎥이 되어야 한다.
6) 화학 공정 : 혼합 가스 제조: 수소, 산소, 질소 등 여러 가스를 혼합하여 100%의 혼합가스를 만들 때, 각 가스의 비율 합이 항상 100%이어야 한다.

이처럼 각 요인의 비율이 전체 구성에 영향을 미치고, 그 합이 일정한 경우에는 혼합물 실험을 활용하는 것이 바람직하다.

혼합물 실험 순서

혼합물 실험 순서를 편의상 IEO(Input-Experiment-Output)단계로 구분하여 설명한다.

1) I단계

① 무엇을 어떻게 측정할 것인가 (What/How to measure)
개발과제의 목표를 달성하기 위하여 최적 레시피를 위한 평가항목에 대하여 정의한다.

② 실험을 위한 변수 및 수준 범위 설정
실험을 위한 변수는 혼합물 합을 위한 변수로 하여 총 합이 얼마로 해야 할지 정한다.
변수별 수준 범위는 과제의 상황에 따라 동일하지 않을 수 있다. 그리고 변수의 낮은 수준의 합이 총 합보다 작아야 하고, 높은 수준의 합은 총 합보다 커야 한다.

2) E단계

① 실험조합은 심플렉스 디자인을 이용하여 설정하게 된다.
② 심플렉스 디자인은 단순하지 않기 때문에 통계프로그램을 이용하는 것이 바람직하다.
③ 변수별 수준범위가 동일하면 심플렉스 중심/격자 설계방법으로, 수준범위가 동일하지 않으면 꼭지점 설계방법으로 진행한다.
④ 실험조합으로 실험을 실시하여 데이터를 수집한다.

3) O단계

① 실험에 따른 기본 모형은 $y=b\_1\,A+b\_2B+b\_3\,C+b\_12\,AB+b\_13\,AC+b\_23\,BC$ 으로 한다

② 기본모형 및 분석을 위하여 통계프로그램을 이용한다.

: 기본 모형의 유의성 및 결정계수 확인

: 등고선 및 요인 그래프 작성

: 목표를 달성하기 위한 최적 레시피 결정

③ 도출된 최적 레시피에 대하여 재현성을 확인한다.

Input단계 실행 내용

I단계에서 실행할 내용을 과즙개발 사례를 중심으로 설명한다.

① 과즙개발을 위하여 평가할 특성은 맛을 기준으로 1점부터 10점까지 점수를 매기되, 점수가 클수록 맛이 좋다고 평가한다. 평가방법은 관능 평가를 사용한다. 여기에서는 편의상 한 가지 특성으로 하였다.

② 실험변수는 3가지로 포도즙, 바나나즙, 사과즙으로 하여 이들의 수준 범위를 동일하게 0~100으로 잡아 주어 합을 100으로 해 주었다.

Experiment단계 실행 내용

E단계에서는 I단계에서 정한 실험변수 및 수준으로 실험조합을 심플렉스 디자인 방법으로 실험조합을 정하여 실험을 진행한다. 실험시 각 조합별로 데이터는 1개로 하였다. 심플렉스 디자인으로 실험을 조합하는 방법은 단순하지 않기 때문에 미니탭 통계프로그램을 이용한다.

▼ 그림 2.20.1 혼합물실험 조합 및 실험 데이터

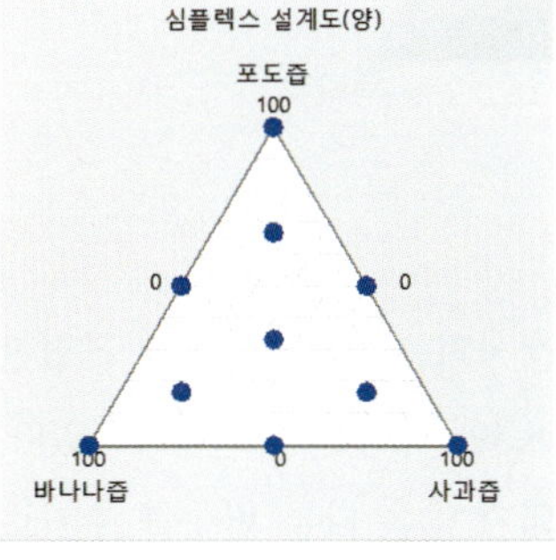

NO	포도즙	바나나즙	사과즙	반응데이터 맛
1	100	0	0	7
2	0	100	0	2
3	0	0	100	5
4	50	50	0	6
5	50	0	50	2
6	0	50	50	9
7	33.33	33.33	33.33	6
8	66.67	16.67	16.67	7
9	16.67	66.67	16.67	3
10	16.67	16.67	66.67	5

Output단계 실행 내용

O단계에서는 E단계에서 진행한 실험결과에 대하여 분석을 통하여 기본 모형을 규명하고 이에 대한 그래프 분석을 통하여 최적 레시피를 결정하게 된다. 미니탭 통계프로그램을 이용하였다.

▼ 그림 2.20.2 기본 모형식 도출

맛(성분 양)에 대한 추정된 회귀 계수

항	계수
포도즙	0.0759930
바나나즙	0.0132661
사과즙	0.0496297
포도즙*바나나즙	0.0005111
포도즙*사과즙	-0.0015618
바나나즙*사과즙	0.0019840

$$\text{맛} = 0.076\text{포도} + 0.0133\text{바나나} + 0.050\text{사과} + 0.0005\text{포도} \times \text{바나나} - 0.002\text{포도} \times \text{사과} + 0.002\text{바나나} \times \text{사과}$$

기본 모형식을 도출하기 위하여 미니탭 통계프로그램을 이용하였다. 기본 모형에 대한 유의성 을 확인하기 위하여 잔차분석 및 결정계수를 확인하는 것도 필요하다. 기본모형에 대한 잔차분석을 통하여 특이한 사항이 발견되지 않아야 하며, 결정계수는 0.65이상이면 모형의 설명능력이 좋다고 본다.

기본 모형을 기준으로 그래프 분석을 통해 최적 레시피를 도출한다.

아래 좌측의 Cox 반응 궤적도 그래프를 통해 각 실험 변수(즙 종류)가 맛에 미치는 영향을 시각적으로 확인할 수 있었고, 우측의 등고선 그래프를 통해서는 원하는 맛이 어떤 조합에서 발생하는지를 확인할 수 있다.

▼ 그림 2.20.3 그래프 분석

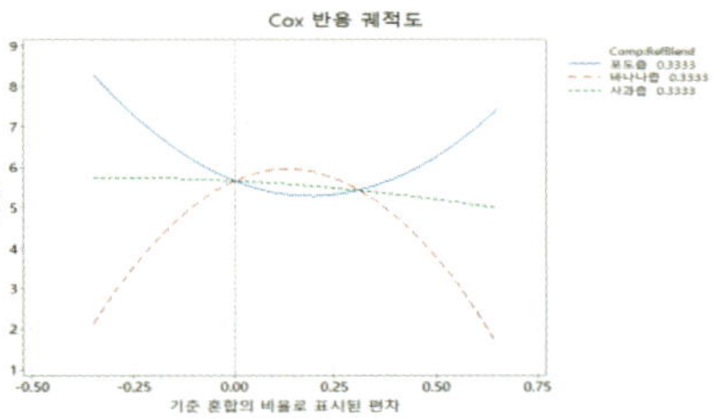

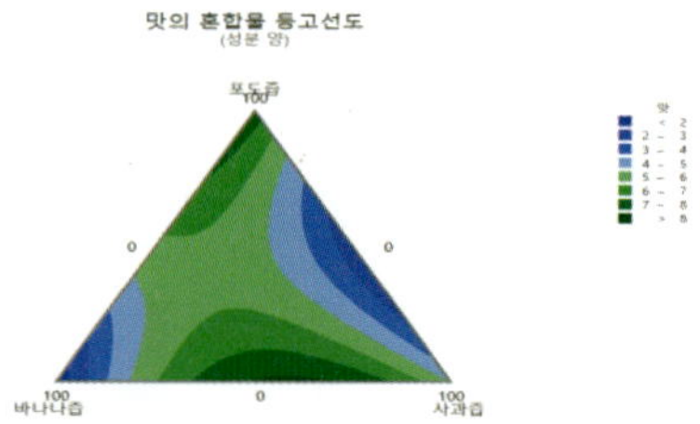

그리고 그래프 분석을 통하여 최종적으로 최적 레시피를 결정한다. 최적레시피는 포도즙은 0에 근접한 최소화, 바나나즙은 40.6, 사과즙은 59.4이며, 이로 했을 때 과일즙의 맛은 8.3에 해당된다고 예측되었다. 만일 개발자가 맛 점수를 10점까지 도달하고자 한다면, 이번 실험에 포함되지 않은 다른 변수를 추가로 검토해야 한다.

▼ 그림 2.20.4 최적 레시피 결정

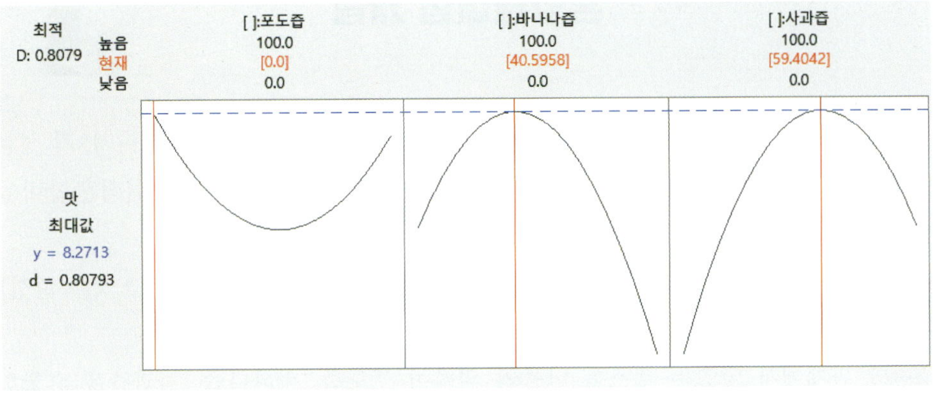

최종적으로 도출된 최적 레시피가 실제로 예측값과 유사한 결과를 내는지를 확인하기 위해 동일 조건으로 재현 실험을 실시하며, 맛이 예측값에 근접하는 경우 레시피를 최종 확정하고 개발과정을 마무리하게 된다.

Tip

혼합물실험 개념

혼합물실험(mixture design)이란 제품이 여러 개의 성분의 혼합으로 이루어져, 각 성분을 혼합하여 합이 일정한 경우에 실시하는 실험방법으로 반응에 대한 최적혼합비율을 제시한다.

예를 들어, 제품이 혼합성분 x_1, x_2, x_3로 구성 되어 있는 경우 〈$x_1 + x_2 + x_3$ =일정〉한 경우에 적용 하는 실험방법이다.

주변의 과제에서 맛있는 주스를 만들기 위하여 포도즙, 바나나즙, 사과즙을 혼합하여 가장 맛있게 해주는 혼합비율을 찾으려고 할 경우에, 이들의 합이 일정한 경우에 3가지 과일 즙의 비율을 얼마로 해야 할지 실험을 진행하게 되는데, 이 때 실시하는 실험방법이다.

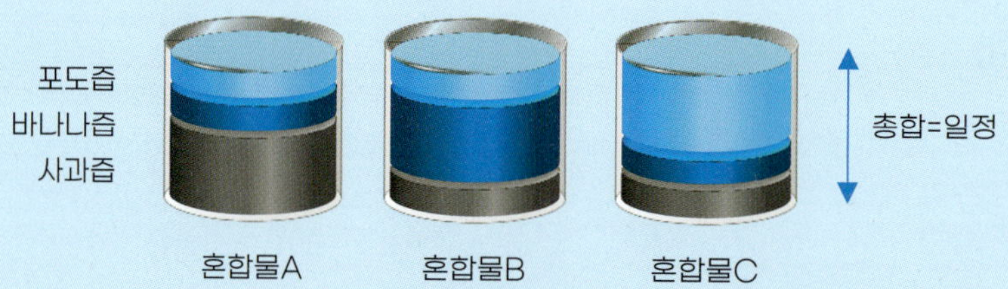

[혼합물 실험 의미]

혼합물 실험을 위하여 심플렉스 디자인 방법을 이용하여 실험조합을 결정한다.
일반적으로 성분별 실험범위는 0~100으로 할 수 있지만, 제한된 영역을 감안하여 성분별로 과제 상황에 맞는 범위로 잡아주어도 된다. 예를 들어 전체의 합이 100일 경우에 일반적인 경우와 제한된 영역의 경우에 실험 범위는 아래와 같다

성분명	lower	upper
포도즙	0	100
바나나즙	0	100
사과즙	0	100

일반적인 경우

성분명	lower	upper
포도즙	10	40
바나나즙	30	80
사과즙	5	10

제한적인 영역의 경우

성분 범위가 제한적인 영역의 경우에는 lower의 합은 전체 합보다 작아야 하고, upper의 합은 전체 합보다 커야 한다.

8D 보고서 작성 이해

용어 정의	8D(Discipline)보고서란 고객에서 불량이 발생했을 때 관련 협력사는 재발방지 보고서를 작성하여 제출해야 한다.

8D 보고서 유래

8D 보고서는 8단계의 규율(Discipline)에 따라 작성되는 팀 중심의 문제 해결 활동 보고서를 의미한다. 이 방법은 1987년 Ford사에서 처음 도입되었으며, 그 효과가 입증되어 현재는 자동차 관련 협력사에서 품질개선 보고서의 표준양식으로 널리 활용되고 있다.

Ford사는 1980년대 중반 일본자동차 기업들의 품질경쟁력에 밀리지 않기 위해 품질전략을 모색하면서 MIL-STD(미국 국방 표준)의 내용을 참고하여 8D 기준을 설정한 것으로 알려져 있다.

8D 보고서 작성 핵심

8D 보고서는 품질 문제의 근본 원인을 규명하는 것을 최우선 과제로 삼고 있습니다. 이는 문제의 재발을 효과적으로 방지하는 데 핵심적인 역할을 하기 때문이다.

이를 위하여 팀 중심의 협업 방식을 통해 문제 해결 과정을 체계적으로 문서화하고, 커뮤니케이션의 표준화를 추구함으로써 조직 전반의 품질 관리 역량을 강화하는 데 목적이 있다.

또한, 8D 보고서에는 아래와 같이 크게 세 가지 조치 사항이 포함하고 있다.

① 임시 조치 : 문제 확산을 방지하기 위한 단기적 대응

② 근본 조치 : 원인을 제거하기 위한 영구적 해결책

③ 시스템 조치 : 유사 문제의 재발을 방지하기 위한 수평 전개 및 문서화된 유지관리 방안

이 중 시스템 조치는 조직 내 유사 사례에 대한 재발 방지 및 품질 향상 활동을 지속적으로 유지하기 위한 표준화 및 문서화 작업에 해당된다.

▼ 그림 2.21.1 8D 보고서 핵심

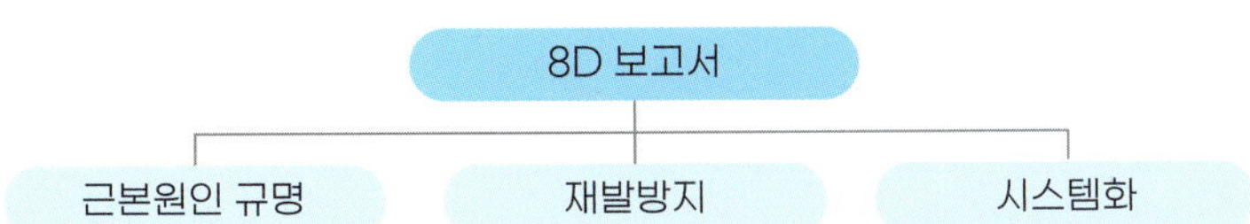

8D보고서 목적 및 세부 내용

8D 보고서는 품질 문제를 체계적으로 해결하기 위해 수행되는 프로세스이다. 이 과정의 핵심은 모든 가능한 근본 원인을 명확히 규명하고, 유사한 문제의 재발을 방지하는 데 목적이 있다.

이를 위해서는 수립된 모든 대책의 유효성을 확보하고, 그에 대한 객관적인 증거를 식별하고 제시하는 것이 필수적이다. 객관적인 증거가 확보되지 않은 대책은 완료된 것으로 간주할 수 없다.

또한, 8D 보고서는 고객이 지정한 양식에 따라 작성해야 하며, 보고서의 제출 기한 역시 고객의 요구에 따라 달라질 수 있습니다. 일반적으로는 다음과 같은 제출 일정이 권장된다.

- 3D 단계(임시 조치)까지는 문제 발생 후 24시간 이내 제출,
- 6D 단계(개선 대책 수립)까지는 7일 이내에 완료하여 제출

8D 보고서의 작성 내용은 기업마다 다소 차이가 있을 수 있으나, 전체적인 흐름과 구조는 유사하다. 각 단계에서 다루는 세부 내용은 아래 표와 같다.

▼ 표 2.21.1 8D 보고서 단계별 실행 내용

8D 구분	활동 내용	세부내용	비고
1D	팀 구성 Team Formation	문제해결 팀 구성 팀 활동 계획 개선 주제 명확화	협력사 참여 Cross Function Team
2D	문제 정의 Problem Description	현상파악 발생과정 조사	4W2H (What, Who, When, Where, How many, How)
3D	봉쇄(임시) 조치 Interim Containment Actions	긴급 봉쇄 조치 문제 확산 방지 내·외부 고객 보호	-
4D	근본원인 분석 Root Cause Analysis	요인 정리 및 분석	특성요인도, why-why, 계통도
5D	개선조치 검토 Choose and Verify Corrective Actions	개선대책 도출 개선안 평가	-
6D	개선조치 실행 Implement Corrective Actions	개선실행 유효성 확인	-
7D	재발방지 조치 Prevent Recurrence	관리절차 개정 수평전개	FMEA, 관리계획서
8D	활동 마무리 Closure	최종보고 활동 공유	-

8D 보고서 작성 예시

8D 보고서에 대한 이해를 돕기 위한 작성 예시는 아래와 같다.

▼ 그림 2.21.2 8D 보고서 작성 예시(1/2)

품질문제 개선 8D 보고서

작성일	2025. 06. 17	작성자	김 채 식	문서번호	HQ12-4320-45

1D. 팀 구성

팀명	직위	이 름	연락처	e-MAIL
경영진	상무	김 상 기	010-1212-0354	abc@aql.com
생산팀	팀장	최 고 점	010-2323-0376	def@aql.com
설계팀	프로	이 고 장	010-9821-3425	kkk@aql.com
품질팀	프로	지 상 장	010-4512-4536	ghi@aql.com

2D. 문제 정의

발생일자	2025. 06.10	사진	
발생장소	HDC남양		
제품번호	MK212135		
제품명	MTM케이블		
발생수량	24pcs (LOT#3305)		
불량현상	기어 백러쉬 Hole치수불량 spec : Φ 17±0.2 act : Φ 15.5~16.6		

3D. 봉쇄 조치

no	장소	품번	시작일 /종료일	선별수량	합격수량	불량수량	B/P
1	HDC2	12H12	25.06.10/25.06.12	1250	1235	15	25.06.10
2	익산	32G43	25.06.10/25.06.15	880	870	10	25.06.10

봉쇄조치방법	식별방법
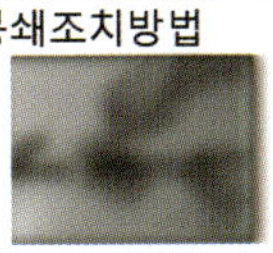 전수검사 Φ 17.0 핀게이지를 이용하여 전수 선별	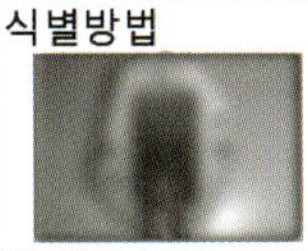 케이블 상단에 적색으로 마킹 실시

4D. 원인 분석			5D. 개선조치 검토
STEP		5why 전개	개선조치 사항
발생단계	Q1	Hole치수불량 발생	
	Q2	프레스작업시 피어싱 핀 돌출	
	Q3	프레스 공정 진동 발생	
	Q4	피어싱 핀 고정볼트 풀림	
	Q5	피어싱 핀 고정 방법 불합리	
	RC	피어싱 핀 고정 방법 불합리로 작업중 진동에 의한 볼트 풀림 발생	피어싱 핀 풀림 방지를 위한 핀 고정방법 변경

▼ 그림 2.21.3 8D 보고서 작성 예시(2/2)

4D. 원인 분석			5D. 개선조치 검토
STEP		5why 전개	개선조치 사항
유출단계	Q1	Hole치수불량 유출	
	Q2	샘플링 검사주기 설정 불합리	
	Q3	검사주기 설정시 충분한 검토 미흡	
	Q4		
	Q5		
	RC	검사주기 불합리로 작업중 이상 발생으로 인한 품질변화 발생시 미 검출	검사주기 설정 변경을 통한 검출력 강화

6D. 개선조치 실행			
no	개선실행	일정	담당
1	피어싱 핀 고정방법 견경 (볼트 → 압입)	25.06.15	김호랑
2	검사주기 설정 (초물 → 초/중/종물)	25.06.15	박천호

유효성 확인

1) 핀 고정방법 변경 후 30,000개 생산하여 피어싱 핀 유역 확인결과 유격 발생하지 않음

2) 초/중/종물 진행 후 생산한 제품에 대한 Hole전수검사 결과 ok (검사수 50,000개, 불량 없음)

7Da. 재발방지				7Db. 수평전개			
no	내용	일정	담당	no	내용	일정	담당
1	P-FMEA개정	25.06.16	김품질	1	검사주기변경 (전품목)	25.06.16	김생산
2	관리계획서 개정	25.06.16	김품질	2	피어싱 핀 점검/교체	25.06.16	박지그
3.	작업표준서 개정	25.06.16	김품질				

8D. 활동 마무리

1. 고객에서 불량 발생에 대한 예방관리 체계를 우선적으로 재 정립하도록 하자.
2. 제조공정의 기본준수 활동을 전사원이 참여하도록 실질적인 교육체계를 만들자.
3. Why-why문화와 협업문화를 조성해가자.

8D 보고서 작성 활동 의미

고객사에서 불량이 발생했다는 것은, 당사의 품질관리 시스템에 개선이 필요하다는 신호로 인식하여, 이를 단순한 개별 문제로 보지 않고, 다른 유사 불량에 대해서도 선제적으로 점검함으로써, 품질관리 체계를 한층 더 강화하는 개선의 기회로 가져 가도 좋다. 이러한 노력을 통해 당사의 품질경쟁력을 지속적으로 향상시켜 나갈 수 있게 된다.

8D 보고서 작성 기준 예시

다음은 8D 보고서를 작성하기 위한 각 단계별 핵심 요소이다. 이는 모기업에서 정립한 작성 기준을 기반으로 정리하였다.

이는 효과적인 문제 해결과 일관된 보고서 작성을 위한 참고기준으로 활용해도 된다.

단계	추진 내용	핵심요소
1D	팀 구성	• 팀 구성원 기본행동 - 상호 멘토링 및 코칭 (존중, 협력, 소통) • 추진배경/목표/범위 공유, 문제점에 대한 정량화/그래프화
2D	문제 정의	• CTQ 정의 및 측정방법 확인 (Critical To Quality-중요품질특성) • 근본원인분석을 위한 기본지침 자료로 활용 • 5W 2H 기준으로 정의 (Who, What, Where, When, Why & How, How many)
3D	봉쇄 조치	• 봉쇄/임시 조치 시행 (선별, 재작업, 회수, 제조조건 잠정 변경)
4D	근본 원인 분석	• Root Cause Analysis를 위한 다양한 tool 사용 • 영향원인 발견 → 잠재주요원인 선정 → 근본원인 결정 → 근본원인에 대한 해결 방향 • 인과관계 분석을 위한 정량화
5D	개선조치 검토	• 근본원인의 해결방향에 대한 유효성 검증 • 시스템, 프로세스, 제품을 변경하기 전에 다른 부정적 영향 없을 것
6D	개선조치 실행	• 5D단계의 효과적인 개선대책에 대한 실행 • 3D단계의 봉쇄(임시)조치 검토/중단 (고객 승인 필요)
7D	재발 방지	• 재발방지/예방을 위한 표준화 • 유사한 프로세스, 제품, 공정으로 수평전개 • FMEA / 관리계획서 / 작업지침서 업데이트
8D	활동 마무리	• 활동 마무리 공식화 • 핵심요소 확인 : 근본원인 식별 / 개선대책의 유효성 / 예방관리 체계

Tip

8D 보고서 활용 양식(1/2)

8D 보고서는 품질관리 시스템을 압축하여 정리된 양식이다. 그러므로 이를 위하여 팀활동을 전개하면서, 과제 활동을 효율적으로 전개하기 위하여 별도의 양식을 활용할 수 있다.

각 단계에서 참조가 될 수 있는 몇 가지 양식은 아래와 같다

2D 단계 문제 정의

항목		
What(제품군/불량명)		
When(발생일)		
Where(발생 장소)		
Who(고객명)		
How many(발생수량)		
How(불량현상-구체적)		
How (제품사진/차이점 명시)	양품	불량품

NO	Process Map상 확인요소	확인결과		Remark
1	공정 기록 상태	□ 정상	□ 이상	해당 제조팀
2	품질 및 검사 기록 (QC Monitor 포함)	□ 정상	□ 이상	QC
3	공정 제조 조건	□ 정상	□ 이상	해당 제조팀
4	공정설비 기록	□ 정상	□ 이상	해당 제조팀
5	공정 이상점	□ 정상	□ 이상	해당 제조팀
6	공정 4M변경점	□ 정상	□ 이상	QC
7	Lot 및 장비 이력	□ 정상	□ 이상	해당 제조팀
8	Lot별 불량 정보	□ 정상	□ 이상	QC

3D 단계 봉쇄 조치

NO	상황	진행한 봉쇄조치
1	최종 고객 재고 수량	□ Return □ Sorting □ Scrap □ Other
2	고객사 창고 재고 수량	□ Return □ Sorting □ Scrap □ Other
3	고객사 공정 진행 수량	□ Return □ Sorting □ Scrap □ Other
4	고객사 납품 진행 수량	□ Return □ Sorting □ Scrap □ Other
5	당사 창고 재고 수량	□ Return □ Sorting □ Scrap □ Other
6	당사 공정 진행 수향	□ Return □ Sorting □ Scrap □ Other

Tip

8D 보고서 활용 양식(2/2)

4D 단계 근본 원인 분석

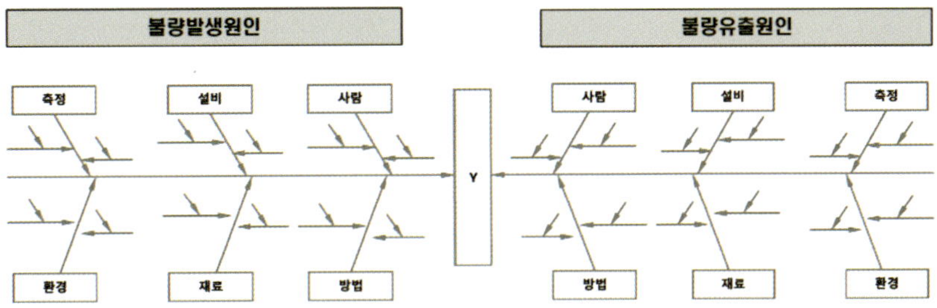

6D 단계 개선 조치 실행

실행조치	Check Period	Who Check	Check Results (Evidence will be needed)	유효성 확인
				□ Yes □ No
				□ Yes □ No
				□ Yes □ No

7D 단계 재발 방지

NO	문서화 항목	실행결과		Spec No	담당자	완료일정	첨부
1	도면변경	□YES	□NO				
2	작업지도서	□YES	□NO				
3	설비보전 Spec	□YES	□NO				
4	관리계획서	□YES	□NO				
5	FMEA	□YES	□NO				
6	공정 flow 변경	□YES	□NO				
7	OCAP	□YES	□NO				
8	수평전개	□YES	□NO				

8D 보고서 작성 내용 검토 결과 예시

모기업에서 작성한 8D 보고서 내용을 기준으로 보완이 필요한 사항을 추가로 검토하여, 고객불량 발생에 대하여 재발 방지의 관점으로 점검한 내용이다.

단계	추진 내용	기존 실행내용	보완이 필요한 요소
1D	팀 구성	• 해결멤버구성 • 모델 및 발생장소/일자 확인 • 불량발생크기및 발생이력 확인	• 양품 vs 불량품 비교하여 차이점 제시 • 문제발생 메커니즘 정리 (기술관점 & 관리관점) • 문제발생 기준으로 활동범위 설정 • 불량품 발생 재현여부 확인 • 불량품 관련부품 및 불량발생관련 제조공정자료 수집 (협력사 및 자사)
2D	문제현황	• 불량품 발생 경위 • 불량품 사진첨부	
3D	임시조치	• 임시조치시행 (선별,대체품 추가)	
4D	원인분석	• 발생원인 및 유출원인 구분 • 근본원인 규명	• 잠재요인 나열 (발생 & 유출 구분) • 주요요인후보 선정 근거 제시 • 가설설정 및 검증실시
5D	개선대책	• 불량발생 근본원인에 대한 대책실행 • 불량유출원인에 대한 대책실행	• 시스템, 프로세스, 제품에 변경을 진행할 경우, 해당 변경이 다른 영역에 부정적인 영향을 미치지 않는지 사전에 확인 필요
6D	유효성 확인	• 개선효과 확인	• 임시조치 중단사항 검토 (근본조치 실행되었으면 고객 승인하에 임시조치 해제)
7D	재발방지/ 수평전개	• 관련표준 개정 • LPA 및 수평전개	• 유사한 프로세스, 제품 및 공정으로 수평전개
8D	활동 마무리	• 손실비용 • 유효성 평가	• 근본원인 식별/개선대책의 유효성/ 예방관리 체계 확인

제 3 장

품질향상 이벤트

3.1 기업 체질강화를 위한 작은 개선활동 전개방법

과제명	특공대 활동
성과	주변의 문제점 인지, 개선제안작성 용이
방법	특공대별 잔업시간 활용 (조 구성원 : 4~5명, 기간 : 2주 또는 3주)

기업 체질강화 배경

최근 많은 기업들이 경쟁력 강화를 위해 스마트 공장을 운영하며, 인적 자원은 최소화하고 능력은 극대화하는 방안을 모색하고 있다.

경영진은 기업 체질 강화를 강조하지만, 이를 어떻게 효과적으로 추진할지 고민하는 경우가 많다. 기업 체질이 강화되면 Q(품질), C(비용), D(납기) 측면에서 긍정적인 효과가 나타나므로, 이는 지속적인 관심 대상이다.

이때, 전사적 전략 수립보다 즉시 개선 가능한 수백 가지 작은 일을 찾아 실행하는 '스몰 스텝 전략'이 더욱 실용적이고 효과적이다.

> 또한 작은 문제 해결이 큰 사고를 방지하는 기반이 된다. 매일 조금씩 개선하면 결국 큰 변화가 일어나고, 지속적인 변화를 추구할 수 있는 기반이 마련된다.

스몰 스텝 전략 실천을 위해 다음 페이지에 제시된 체크 시트를 자사 환경에 맞게 조정해 학습 활동에 활용할 것을 권장한다.

이는 '모든 큰 사건에는 작은 징조가 있다'는 하인리히 법칙, 혹은 '깨진 유리창의 법칙'과도 관련된다. 결국 큰 성과는 작은 성과들의 축적이라 할 수 있다.

▼ 그림3.1.1 특공대 활동 방법

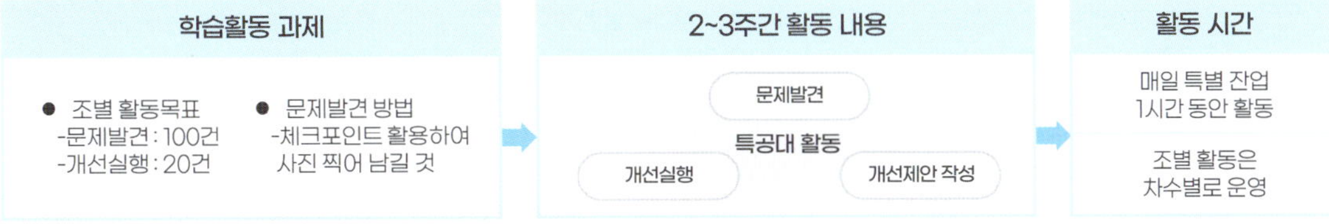

특공대 활동을 위한 체크 시트

구분	4M 관점 체크포인트		
Man	• 표준은 지키고 있는가 • 문제의식은 투철한가 • 책임감은 왕성한가 • 업무인수인계는 제대로 이루어지는가	• 경험은 파악되고 있는가 • 인원 배치는 적정한가 • 인간관계는 좋은가 • 개인의 건강상태는 좋은가	• 작업능률은 좋은가 • 개개인의 개선 의욕은 있는가 • 기량은 파악하고 있는가 • 이상발생시 기준대로 진행되는가
Machine	• 설비가 생산능력에 합치하는가 • 설비의 이상음은 나지 않는가 • 설비일상점검은 이루어 지고 있는가 • 설비 수평상태는 양호한가	• 설비성능의 정밀도는 좋은가 • 필요한 급유는 적절한가 • 치공구의 과부족은 없는가 • 정리정돈은 잘 되어 있는가	• 치공구는 적합하게 관리되고 있는가 • 불합리한 설비정지는 없는가 • 계측기는 적합하게 관리되고 있는가 • 설비 배치는 적당한가
Material	• 원부자재 수량착오는 없는가 • 원부자재취급은 좋은가 • 선입선출은 제대로 이루어 지고 있는가 • 원자재의 품질수준은 만족하는가	• 원재료 낭비는 없는가 • 원재료 식별착오는 없는가 • 다른 재료의 혼입은 없는가 • 원자재는 균일하게 관리되고 있는가	• 원재료 배치는 적절한가 • 재공품은 방치되고 있지 않은가 • 원자재가 도면과 일치하는가 • 개선이 필요한 원자재는 없는가
Method	• 작업순서는 적합한가 • 작업준비는 좋은가 • 양호한 제품이 나오는 방법인가 • 전후공정의 연결은 좋은가	• 작업표준 내용은 적합한가 • 온도/습도는 적절한가 • 제조현장의 조명/통풍은 적절한가 • 작업불편요소는 없는가	• 작업표준은 개정되고 있는가 • 안전하게 작업 할 수 있는 방법인가 • 이전공정과 소통은 원활한가 • 작업방법을 제대로 숙지하고 있는가

구분	QCDSM 관점 체크포인트		
품질 Q	• 부적합품은 감소하고 있는가 • 주요특성의 치우침은 없는가 • 동일한 부적합품이 자주 재발하는가	• 주요특성의 산포는 크지 않은가 • 제품의 폐기 처분은 줄고 있는가 • 제품의 돌발/이상 발생은 없는가	• 재손질/재가공은 줄고 있는가 • 작업미스는 없는가 • 고객클레임은 감소하고 있는가
코스트 C	• 원자재의 낭비는 없는가 • 생산 능률은 오르고 있는가 • 생산성은 증가하고 있는가	• 시간은 효과적으로 이용하고 있는가 • 경비는 절약되고 있는가 • 쓸데없는 일을 하고 있지 않은가	• 불필요한 전기 사용은 없는가 • 원단위는 감소하고 있는가 • 공수는 줄고 있는가
납기 D	• 생산량은 계획한대로인가 • 작업속도는 빨라지고 있는가 • 공기는 단축되고 있는가	• 설비고장은 감소하고 있는가 • 과잉재고는 없는가 • 작업순서는 간소화되고 있는가	• 납기지연은 없는가 • 수량착오는 줄고 있는가 • 불합리한 납기 요청은 없는가
안전 S	• 소화기는 적합하게 관리되고 있는가 • 위험구역은 명시되어 있는가 • 안전장비는 착용하고 있는가	• 구급약은 잘 확보되어 있는가 • 위생관리 상태는 좋은가 • 식수의 위생 상태는 좋은가	• 위험물의 취급법은 좋은가 • 정리/정돈은 잘 되어 있는가 • 재해는 줄고 있는가
모랄 M	• 상대방에게 밝은 모습으로 인사하는가 • 창의연구는 발휘되고 있는가 • 인간관계는 좋은가	• 제조현장은 청결한가 • 개선제안은 활발한가 • 상대방의 마음을 잘 이해하고 있는가	• 의욕은 향상되고 있는가 • 일하는 즐거움을 누리고 있는가 • 출근율은 향상되고 있는가

전사원 참여 중심의 특공대 활동

T사 사장은 스마트 공장을 운영하면서 개선 제안 활성화를 추진하고 있었다. 인당 월 3건의 개선 제안 목표를 제시했지만, 목표 달성에 참여하는 사원은 극히 일부에 불과했다.

공장의 대부분을 스마트 공장의 관리에 의존하다 보니, 스마트 공장 운영에서 놓치는 작은 부분들이 경영 목표 달성에 장애물이 될 수 있는 잠재적 문제 요소가 될 수 있다는 점을 사전에 방지하고자 고민하고 있었다.

이를 해결하기 위해 '열공(열심히 공부)' 또는 '특공대(특별히 공부하는 모임)' 활동을 구상하여 진행했다.

차수별로 4~6명의 특공대를 구성하여 회사의 모든 영역에서 잠재된 부적합 요소 100건을 발견하고, 이를 사진으로 기록한 후, 그 중 20건을 2주 이내에 개선하여 개선 제안을 제출하는 활동이다.

제출된 개선 제안 내용은 사내 등급 평가를 통해 보상되므로, 큰 비용을 들이지 않고 특공대 활동에 동기부여와 성취욕을 부여할 수 있어 특공대 활동 학습 활성화에 많은 도움이 된다.

특공대 활동 시간은 잔업 시간으로 매일 1시간씩 배정하여 특공대 활동에 집중하도록 했다.

특공대 활동을 통해 실행한 개선 사항의 예시로는 작업 표준 변경, 작업 방법 변경, 생산 관리 양식 변경, 에어컨 필터 청소 및 주기 설정, 제품 설계 도면 변경, 불량 개선 지그 개발, 사출설비의 온수 배관 스케일링, 소화기 기능 점검, 전기 배선 정리 등과 함께 주변의 불합리한 요소에 대한 의식 변화까지 포함되어 다양한 개선이 이루어졌다.

그리고 특공대 활동 학습을 마친 사원들은 개선제안 대상 100건을 발견하고 20건을 개선한 경험을 기반으로 월 3건의 개선 제안 활동에 쉽게 참여할 수 있었다.

반장 중심의 특공대 활동

W사에서는 품질 개선 활동을 사무실의 관리자 중심으로 전개하면서 품질 개선의 한계점을 인식하게 되었다. 이에 따라 제조 현장 반장들의 참여를 중심으로 한 품질 개선 활동 방법을 전개하는 반장 주도의 특공대 활동을 기획하였다.

품질 개선 활동 초기에 엔지니어 중심으로 품질 개선 활동을 전개하면서, 품질 개선이 필요한 영역은 빠르게 개선이 진행되고 성과도 즉시 나타나 품질 개선이 활발하게 진행되지만, 어느 시점부터는 품질 향상에 대한 한계점이 나타나며, 품질 개선 활동 성과가 주춤하게 되었다.

사무실 관점에서 엔지니어가 바라보는 공정의 4M 요소에 대한 부적합 사항은 모두 개선을 마무리했지만, 품질 개선 목표는 아직 달성되지 않아 어떻게 해야 할지 망설이게 되었다.

이때, 제조 현장의 반장들과 미팅을 통해 품질 목표를 공유하고 품질 개선 방법에 대해 토론한 결과, 아직 노출되지 않은 품질 개선 요소가 제조 현장에 잠재되어 있다는 사실을 발견했다.

즉, "제조 현장에는 작업 불편 요소가 너무 많아서, 이를 개선해야 품질 향상이 궁극적으로 이루어질 수 있다"는 것이다. 예를 들어, 설비의 주요 기능이 제대로 작동되지 않아 매일 작업을 시작할 때마다 생산에 어려움이 있었다는 점, 핵심 원자재의 주요 특성이 입고 차분에 따라 달라진다는 점, 작업 시 사용하는 치공구 형상이 제조에 적합하지 않다는 점, 작업 표준 조건에 대한 재검토가 필요하다는 점 등이 있었다.

이와 같은 부분들이 품질에 영향을 주고 있다는 것이었다. 즉, 4M 개선 요소에 대해 사무실 입장에서 바라보는 부적합 요소와 제조 현장 반장 입장에서 바라보는 부적합 요소 간에는 차이가 있었고, 이를 모두 해결하는 것이 궁극적인 품질 향상을 위한 기반을 마련하는 것으로 판단되어 반장 주도의 특공대 활동을 진행하게 되었다.

이를 위해 품질 개선 활동을 문제 발견조, 개선 실행조, 유지 관리조로 역할을 분담하고 매주 1회 미팅을 실시하여 개선 과제별 진척 상태를 공유하는 학습 활동을 3개월 동안 진행했다.

그 결과, 그동안 잠재되거나 개선이 필요한 요소들을 효율적으로 빠르게 진행할 수 있었고, 정체되었던 품질 목표는 예상보다 빠르게 달성되었다.

이는 소통을 기반으로 협업을 통해 시너지 효과를 얻은 사례로, 바쁜 업무를 팀별로 분담하여 효율적으로 개선 활동을 전개했으며, 향후에도 지속적인 개선 문화를 만들기 위해 자사 환경에 적합한 열공 학습 활동 문화를 정착시켜 나가기로 했다.

▼ 그림3.1.2 반장 중심의 특공대 활동 방법

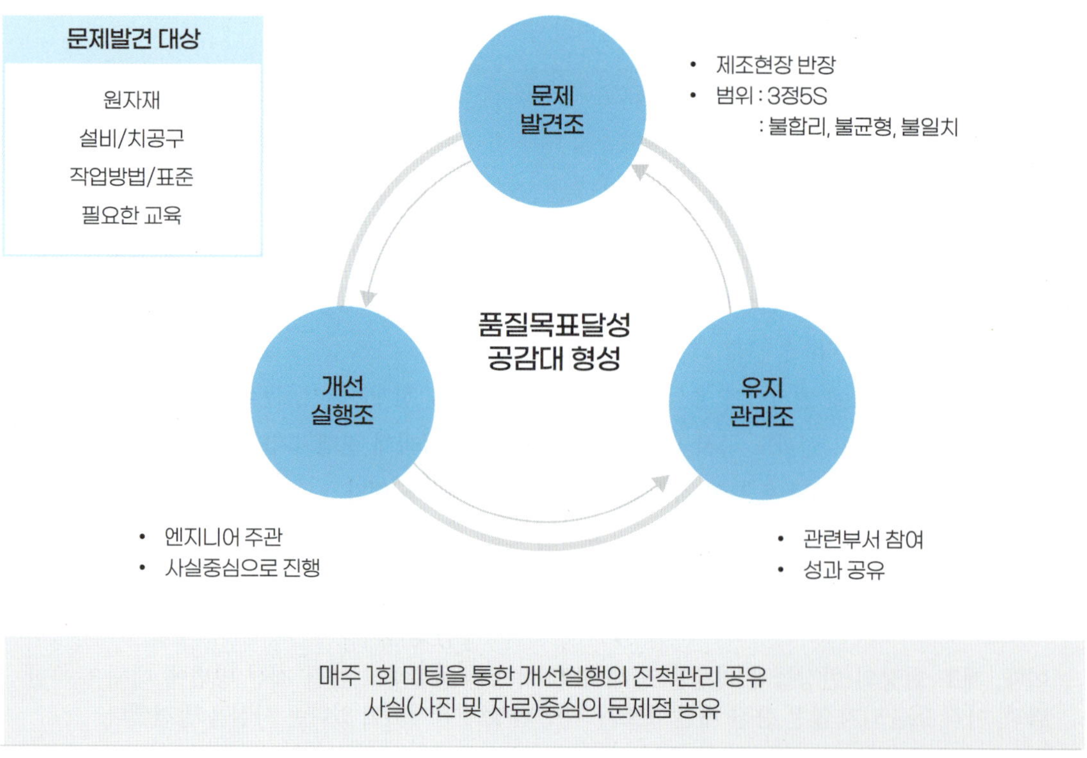

Tip

특공대 활동 예시(1/2)

▲ 특공대 활동 회의모습

▲ 조별 활동 사진 게시

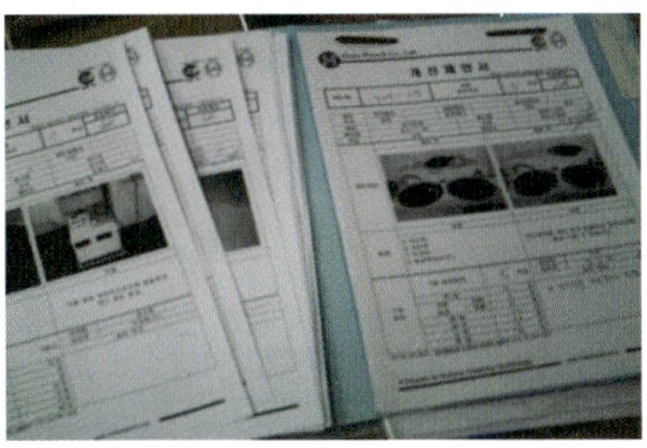

▲ 개선자료 모음 파일

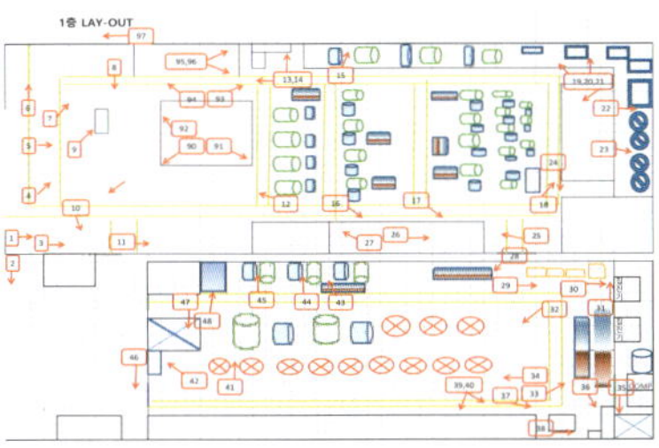

▲ 공정 개선요소 발견위치

[10월] "I" 특공대 활동 보고

작 성	검 토	승 인

활동기간	2022년 10월 11일 ~ 2022년 10월 25일			
특공대원	손00 이00 정00			
활동계획	내 용	3정 5S	설비 개선	불량 감소
	계획건수	10	5	5
활동실적	실적건수	*12*	*6*	*6*
	실 적 율	120%	120%	120%

활 동 소 감	
손00	개선 활동을 하면서 많은 것을 생각하게 되었고 평소 보던 설비와 자재에 대해 한번 더 관심을 가지게 된 계기가 되었습니다.
이00	특공대 활동을 하기 전에는 큰 개선 더 효율적인 개선을 위해 작은 것들은 그냥 지나쳤는 그런 작은 것들이 모여서 회사의 경쟁력을 키우게 된다는 사실에 저도 작은 도움이나마 위해 나름대로 최선을 다해서 특공대 활동을 하였습니다. 노력에 비해 결과가 미약한 것 조금 아쉬움이 남습니다.
정00	바쁜 와중에도 저희 팀이 모두 관심을 가지고 활동을 한 덕분에 미약하지만 어느 정도 성 거둔것 같습니다. 그리고 활동의 결과도 중요하지만 그 개선 활동이 얼마나 지속적으로 나가느냐도 중요 하다고 생각 합니다.

애로 및 건의사항

1. 모든 특공대 인원들이 건의 하는 게 같겠지만, 시간이 부족하여 더 좋은 결과를 낳지 못해 아쉬웠
2. 활동 인원 이외에는 별로 관심이 없어서 활동 하는데 어려움이 많았습니다.
   직원 모두가 관심을 가지고 서로 협조하는 그런 활동이 되었으면 하는 바람 입니다.

▲ 조별 활동 보고서

개 선 구 분	"I" 특공대 개선 활동 사례	실 행 부 서	10월 "I"특공대
불량감소		생산기술팀	손00/이00/정00
제 목	pin가공시 밴딩불량 발생		
문 제 점	외주가공으로 인한 기존 황삭입자의 밴딩이 심함.		

개선 전	개선 후

개선내용	SG작업을 하기전 외주가공입자의 밴딩이 심해 작업방법 변경전에는 작업에 어려움을 겪음. 작업방법의 변경(0.01로 연마하여 뒤집어 다시 연마)으로 불량을 최소화.
개선효과	pin입자의 밴딩불량을 최소화 시켜 생산성을 향상시킴.

▼ 개선전/후 예시

Tip

특공대 활동 실행 예시(2/2)

1) 특공대 활동 실행 양식

공정	점검항목	관리기준	확인결과	개선필요성 유무
믹싱	진공압	0.1이하	0.3	유
	:	:	:	:

공정	개선항목	개선방안	담당	언제까지
조립	치공구	두께증가	김OO	3/24
	작업다이	높이조정	박OO	3/15
:	:	:	:	:

2) 특공대 활동 실행 예시

특공대 활동 1단계 – 현상 파악

공정	점검항목	관리기준	확인결과	개선필요성
PCB투청소	1] 에어압력	5.0±1.0Kgf/㎠	날일 / 11월 01일 / 11월 04일 / 11월 05일 에어압력 / 5.1 / 5.1 / 5.2	無
	2] 버큠 압력	- 4.0KPa 이하	날일 / 11월 01일 / 11월 04일 / 11월 05일 버큠압력 / -4.2 / -4.3 / -4.2	현재 버큠 압력이 약해 PCB 상판 먼지 제거 미흡 (청소기을 이용한 버큠 작동됨)

솔더 인쇄 설비	1] 설비 내부 온도	온도:25±2℃	날일 / 11월 01일 / 11월 04일 / 11월 05일 온도 / 25.1 / 25.9 / 25.3	3일 테스트 결과 내부온도는 관리 기준치에 해당하나 항온 항습기 미작동 (항온 항습기 노화로 필터에 얼음 발생되어 10월23일고장)

Tip 깨진 유리창의 법칙 개념

깨진 유리창의 법칙은 작은 무질서나 경범죄를 방치하면 더 큰 범죄와 사회적 무질서로 이어질 수 있다는 이론이다.

📌 주요 개념:

- 한 건물의 유리창이 깨진 채 방치되면, 사람들은 그곳이 관리되지 않는다고 인식하여 추가적인 파손이나 범죄가 발생할 가능성이 높아진다.
- 작은 무질서(쓰레기 방치, 낙서, 불법 주차 등)를 방치하면 사회 전체의 질서가 무너지고 더 큰 범죄로 이어질 수 있다.
- 뉴욕에서는 이 이론을 바탕으로 지하철 낙서 제거, 경범죄 단속을 강화하여 범죄율을 낮춘 사례가 있다.

📌 실생활 적용:

- 회사나 조직에서 작은 규칙 위반을 무시하면 점점 더 큰 규율 위반이 발생할 수 있다.
- 학교에서 사소한 규칙을 어기는 것을 방치하면 전반적인 학업 태도나 분위기가 나빠질 수 있다.
- 지역사회에서 공공장소의 낙서를 지우고 청결을 유지하면 범죄 예방 효과를 기대할 수 있다. 즉, "작은 문제라도 초기에 해결하는 것이 중요하다!"는 의미의 이론이다.

하인리히 법칙 : 여행 보험사의 허버트 W. 하인리히의 이름을 딴 하인리히법칙이라는 것이 있다. 이는 대형사고가 발생하기 전에 그와 관련하여 수 많은 징후가 되는 자잘한 사고들이 존재한다는 법칙이다. 이를 1:29:300법칙이라고도 부른다. 300번의 징후를 무시하지 않는다면 29번의 작은 재해가 발생하지 않을 것이고, 29번의 작은 재해를 무시하지 않는다면 대형사고는 결코 일어나지 않을 것이다.

소통을 위한 불량 전시회 방법

과제명	품질개선을 위한 소통 중심의 불량 전시회
성과	불량은 개선의 시발점 인식
방법	일주일동안 발생한 불량품을 모아서 소통 활동 전개

불량 전시회 의미

제조 현장에서 발생했거나 고객사에서 발생한 불량을 전시하는 궁극적인 목적은 불량 개선과 재발 방지에 있다. 그리고 이러한 개선과 방지의 이면에는 반드시 협업과 소통을 통한 해결 방법이 함께 제시되어야 한다.

단순히 불량 전시회를 통해 많은 사람의 관심을 유도하는 것도 바람직한 접근이지만, 전시회 자체가 중요한 이벤트인 만큼 그에 걸맞은 성과를 이끌어낼 수 있는 방안을 함께 고민해야 한다.

특히, 전시회의 목적이 제품을 생산한 현장 사원에게 경각심을 주기 위한 것이라면 이는 지양되어야 한다.

> 현장 사원은 자신이 만든 제품에 대한 자부심을 가지고 있으며, 불량 전시회가 그 자부심을 훼손하는 방식으로 진행될 경우 오히려 사기를 떨어뜨릴 수 있다.

따라서 불량 전시회는 잘못을 지적하는 자리가 아니라, 현장 사원이 더 나은 제품을 생산할 수 있도록 여건을 조성하고, 이를 위한 소통의 기회로 활용되어야 한다.

그러므로, 문제가 되는 불량에 대해 전사원이 함께 인식하고, 이를 개선 및 재발 방지의 기회로 삼기 위해서는 불량 자체를 부정적으로만 보지 않고, 개선의 필요성을 인지하는 긍정적인 변화의 출발점으로 활용해야 한다.

불량의 발생은 공정 어느 부분에 문제가 있다는 신호이며, 이는 우리에게 개선이 필요하다는 '알람'을 주는 것이다. 마치 사람이 몸이 아플 때 통증을 통해 이상을 인지하듯, 이런 신호가 없으면 문제는 더욱 심각해질 수밖에 없다.

따라서 불량은 숨기거나 회피할 대상이 아니라, 조직이 함께 대응하고 성장할 수 있는 소중한 기회로 인식되어야 한다.

소통을 위한 불량 전시회 방법

불량전시회는 품질향상 이벤트로 활용하기 위하여 기업의 품질목표와 연동하여 전개하는 것이 바람직하다. 품질목표는 전사원이 관심을 가지면서 협업에 의해 전개하면 효율이 좋다.

불량 전시회는 궁극적으로 개선을 목표로 하지만, 그 출발점은 공감대 형성을 위한 소통이 되어야 한다. 이를 위해 불량 전시회를 보다 효율적이고 효과적으로 운영하기 위한 전개 순서를 아래와 같이 제시한다.

순서1) 불량전시회 목적을 정리한다.

① 품질목표 및 품질전략과 연동한다.

② 품질향상관련 시장 및 고객의 환경을 정리한다.

③ 소통과 협업에 의한 방법임을 명시한다.

④ 불량은 공정 및 업무의 어딘가에 개선이 필요하다는 신호라는 것을 공유한다.

⑤ 필요시 목적에 따른 플랜카드를 준비한다.

순서2) 불량전시회 실행 세부 계획을 수립한다.

① 활동기간은 1개월 이내로 한다. (특별활동 기간으로 반기별로 실시한다.)

② 소통을 위한 주요불량을 정한다. (1항목 또는 복수항목)

③ 공정 또는 고객에서 발생한 불량을 전시할 장소를 정한다.

④ 불량을 모아서 불량 내용을 명시한다.

⑤ 전사원이 모여서 소통하고 의견을 제시할 장소를 정한다.

⑥ 모이는 공식적인 미팅은 일주일에 1회로 정한다.

⑦ 불량전시회에 대한 미팅 참석자를 정한다. (전사원 또는 불량 관련되는 관리자)

순서3) 불량전시회 활동을 전개한다.

① 불량은 최근에 발생한 내용을 기준으로 한다.

② 불량은 매일 수거하여 해당 장소에 전시한다.

③ 불량발생관련 why관점보다는 how to관점으로 미팅을 진행한다.

④ 미팅에서 제시된 의견은 주간단위로 실행계획을 수립하고 전사원이 공유한다.

⑤ 실행계획에 따른 개선을 전개하면서 불량 감소 상황을 모니터링한다.

순서4) 활동을 마무리한다.

① 활동전후에 따른 불량개선 효과를 공유한다.

② 성과에 따른 포상을 실시하여 긍정적인 분위기로 가져간다.

③ 다음 불량 전시회 기간을 명시하여 개선지속화 분위기를 조성한다.

불량전시회 기대효과

불량 전시회를 기업의 품질문화 향상 기반으로 활용하기 위해, 이를 단순한 문제 노출이 아닌 개선의 신호로 설정하여 지속적인 개선의 의미를 조직에 인식시켜 나가야 한다.

이러한 접근을 통해 기대할 수 있는 주요 효과는 다음과 같다.

① 불량 실물을 함께 보며 소통하므로, 실질적이고 구체적인 의견이 활발히 모인다.
② 전사적인 참여 및 학습 활동의 기회로 연결되어, 전 사원의 품질 의식이 향상된다.
③ 불량 제로를 위한 개선 요소를 지속적으로 발굴할 수 있다.
④ 불량을 개선의 출발점으로 인식하게 되어, 문제 상황을 긍정적으로 받아들이는 문화가 형성된다.

Tip

불량 전시회 예시

불량전시회는 단순히 실수를 되짚고 반성하는 자리가 아니라, 조직 구성원 간에 문제의식을 공유하고 개선 방향을 모색하는 소통의 기회로 삼는 것이 효율적이다.

이를 위해 불량전시회를 전사적인 참여 활동으로 기획하고, 각 부서와 구성원이 자발적으로 의견을 나누고 개선 아이디어를 제안할 수 있는 장으로 운영함으로써, 품질 문제에 대한 공감대를 형성하고 조직 전체의 품질문화 수준을 한 단계 끌어올릴 수 있다.

이번주 목표

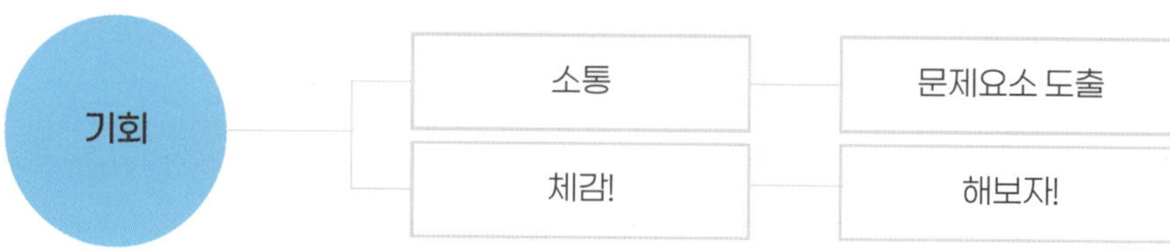

우리는 불량 전시회를
소통의 기회로 활용한다!

소집단 활동을 분임조 활동으로

과제명	설비 트러블 개선을 위한 분임활동
성과	설비 트러블 발생 시간 159분/주 → 28분/주
방법	매주 50분씩 분임조 활동

분임조 활동 의미

산업혁명 4.0 시대에 기업이 추진하는 분임조 활동의 의미는 단순한 개선활동을 넘어, 조직문화 강화, 구성원의 역량 향상, 지속적인 혁신 기반 구축을 통해 기업 경쟁력 확보에 핵심적인 역할을 하게 된다.

관련 구체적인 의미는 다음과 같다.

1) 조직문화 강화
   구성원 간의 활발한 소통과 협업을 통해 신뢰 기반의 건강한 조직문화를 형성하며, 문제 해결 중심의 문화를 정착시켜준다.
2) 구성원 역량 강화
   현장 중심의 문제 해결 과정을 통해 개인의 문제 인식 능력, 분석력, 의사소통 능력 등 다양한 역량을 실질적으로 향상시켜준다.
3) 지속 가능한 혁신 기반 구축
   분임조 활동을 반복적이고 체계적으로 운영함으로써, 개선의 습관화를 유도하고 조직 전반에 지속 가능한 혁신 시스템을 구축할 수 있다.
4) 현장 문제 해결력 향상
   현장 사원들이 스스로 문제를 발굴하고 해결함으로써, 현장에 대한 이해도를 높이고 실질적인 품질 및 생산성 향상에 기여한다.
5) 성과 중심의 개선 문화 정착
   개선 활동 결과를 데이터 기반으로 평가하고 공유함으로써, 실질적인 성과 도출과 전사적 확산을 가능하게 해준다.
6) 자기 주도적 업무 태도 형성
   소속감을 기반으로 자발적인 참여가 이루어지며, 구성원 스스로 과제와 목표를 설정하고 추진하는 주도적 업무 태도를 강화할 수 있다.

분임조 활동의 CSF

분임조 활동의 성공을 위해서는 몇 가지 핵심요소(핵심성공요인 : Critical Success Factors)가 반드시 필요하다.

일반적으로 알려져 있는 CSF(핵심성공요인)는 다음과 같이 정리할 수 있다.

1) 자발적 참여와 팀워크
   - 구성원 스스로 문제를 발굴하고 개선안을 추진하는 자발성을 요구한다.
   - 팀 간 협력과 역할 분담을 통해 시너지 효과를 창출해야 한다.

2) 주제 선정의 적절성
   - 현장에 밀접하고 실현 가능한 주제를 선택하는 것이 중요하다.
   - 주제는 구성원이 공감하고, 개선의 필요성이 분명해야 한다.

3) 문제해결 기법의 활용
   - 특성요인도, 파레토도, 5Why, 브레인스토밍 등 품질개선도구를 제대로 활용해야 한다.
   - 데이터 분석을 효율적으로 진행하기 위하여 Minitab이나 Excel과 같은 분석 도구 활용도 중요하다.

4) 데이터 기반 접근
   - 개선은 '감'이 아니라 '근거'가 필요하다.
   - 측정, 분석, 검증 가능한 데이터를 활용하여 문제를 정의하고 개선 효과를 검증한다.

5) 리더십과 지원
   - 경영진 및 중간관리자의 관심과 지원이 매우 중요하다.
   - 활동 시간 보장, 교육, 자료 제공, 성과 공유 등의 제도적 지원이 필요하다.

6) 성과의 가시화
   - 비용 절감, 불량률 감소, 작업 시간 단축 등 실질적인 개선 성과를 명확히 제시해야 한다.
   - 활동 결과는 보고서, 발표, 시각 자료 등으로 정리되어야 한다.

7) 성과 확산 및 표준화
   - 개선된 내용을 현장에 정착시키고, 타 부서나 전사적으로 확산시켜야 한다.
   - 개선 결과를 표준작업서(SOP)나 매뉴얼로 정리하여 유지 가능해야 한다.

8) 지속적 학습과 피드백
   - 활동 후 리뷰 및 피드백을 통해 다음 분임조 활동의 완성도를 높여 나간다.
   - 우수 사례 벤치마킹과 교육으로 지속적인 역량 향상을 전개해간다.

상기 요소들은 단순히 형식적인 활동을 넘어 실질적 문제해결과 성과 창출로 이어지게 해주는 기반이다.

분임조 활동 추진 배경

A사는 전사적인 차원에서 분임조 활동을 체계적으로 기획하고 실행에 옮기기로 하였다. 이는 단순한 개선 활동을 넘어서, 현장 사원의 문제 해결 능력과 데이터 기반의 사고력을 강화하고, 자율적인 참여를 통해 조직의 품질 문화를 점진적으로 향상시키는 데 그 목적이 있다.

특히, 단위 조직별로 성과 중심의 활동을 독려함으로써 각 분임조가 실제 업무 현장에서 발생하는 문제를 주도적으로 해결하고, 이를 통해 구체적인 품질 개선 성과를 창출할 수 있도록 방향을 설정하였다.

이에 따라 각 분임조는 역할을 분담하고 주제를 선정한 후, 문제 해결 절차에 따라 체계적으로 과제를 추진하게 된다. 아래의 사례는 이러한 활동의 일환으로 추진된 품질 분임조 활동을 나타낸 것으로, 분임조 활동을 통해 조직이 어떻게 현장의 문제를 해결하고 실질적인 성과를 도출해내는지를 보여주는 예시이다.

분임조 활동 단계별 활동 예시-주제 : 설비 트러블 개선

분임조 활동은 소통과 협업을 기반으로 과제를 해결하고, 반복적인 개선을 통해 성취감과 동기를 부여함으로써 개인과 조직의 지속적인 성장을 이끄는 활동이다. 이러한 활동은 기업의 품질문화를 고도화하고, 지속 가능한 경쟁력 강화를 실현하는 데 중요한 역할을 한다.

아래 설명 자료는 분임조 활동의 각 단계에서 실제 수행된 내용을 바탕으로 활동 개념을 정리하였으며, 분임조 활동을 통한 학습 과정이 어떻게 전개되는지를 한눈에 보여주고 있다.

1) 분임조 활동 워밍업 단계 – 참여 분위기 조성

단계	조직 구성	주제 선정	일정 수립
활동 예시	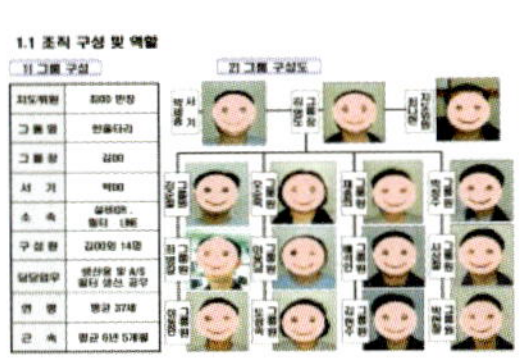	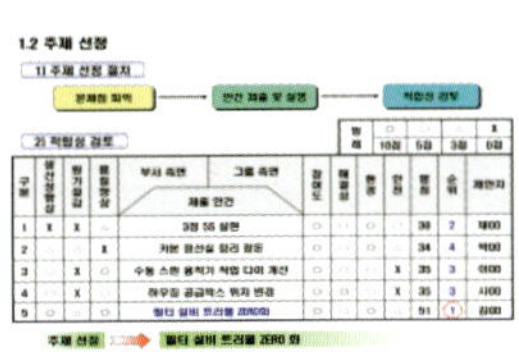	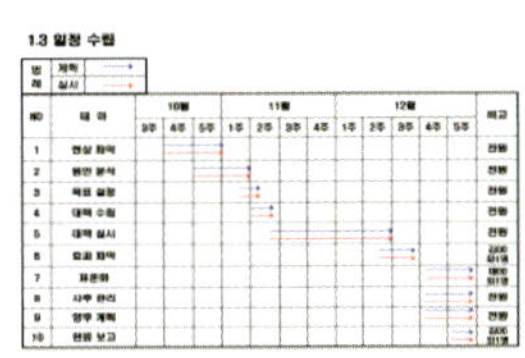
핵심 요소	분임조 활동에서는 구성원 각자의 역할을 명확히 정의하여, 소속감을 높이고 책임 의식을 고취할 수 있도록 한다.	주제를 선정하기에 앞서, 구성원들이 관심을 가지고 참여할 수 있도록 유도하며, 주변의 개선 요소를 자유롭게 공유하는 기회를 만들어 간다.	구성원 개개인의 바쁜 일상업무를 고려하여, 전사에서 제시한 일정을 기준으로 단계별 활동 일정을 수립한다.

2) 주제의 현상 확인 단계 – 원인 분석 및 개선 활동 방향을 제시하기 위한 현상의 문제점 정리

단계	현상 파악1	현상 파악2	현상 파악3
활동 예시		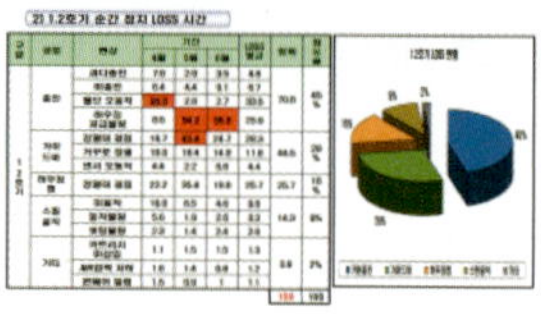	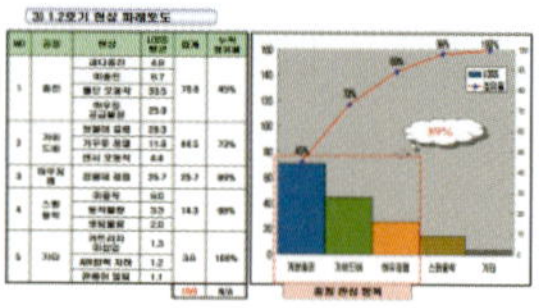
핵심 요소	주제와 관련된 현상을 사진과 데이터를 활용해 시각화 함으로써, 목표 설정과 원인 분석의 방향을 명확히 할 수 있다. 이는 구성원들의 개선 활동에 대한 이해와 참여를 높이고, 긍정적인 분위기 조성에도 기여한다.		파레토 원리에 기반하여 주요 문제에 집중할 수 있도록, 주제와 관련된 문제의 범위를 명확히 설정함으로써 개선 활동의 효율성을 높인다.

3) 원인 분석 단계 – 주제의 현상을 기준으로 원인을 정리하여 개선이 필요한 요인 발견

단계	원인 분석1	원인 분석2	목표 설정
활동 예시	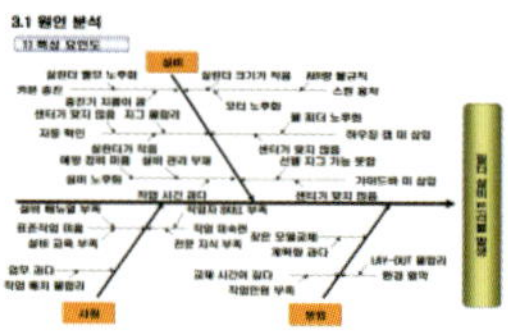	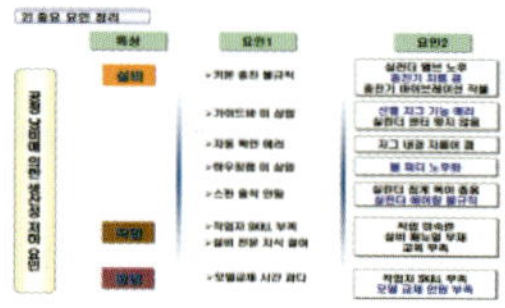	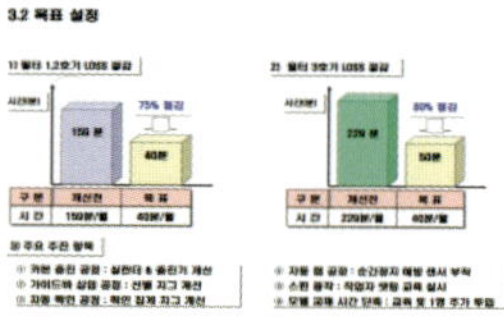
핵심 요소	브레인스토밍을 통해 다양한 의견을 수렴하고, 이를 4M항목으로 분류하여 특성요인도를 작성함으로써 원인 요인을 체계적으로 구조화 한다.	주요요인을 발견하기 위하여 why-why를 전개하여 개선이 필요한 원인을 정리한다. 필요시 3현(현장, 현물, 현실)을 병행한다.	회사 기준을 토대로 구성원의 의견을 반영하여 개선 목표를 설정한다. 필요시 S-M-A-R-T*개념을 활용한다.

*S-M-A-R-T : Specific-Measurable-Achievable-Relevant-Timebound (구체적인-측정가능한-달성가능한-회사목표와 관련 있는-기한설정)

4) 대책 실행 단계 – 개선이 필요한 요인을 기준으로 대책 실시 및 효과 파악

단계	대책 수립	대책 실행	효과 파악
활동 예시		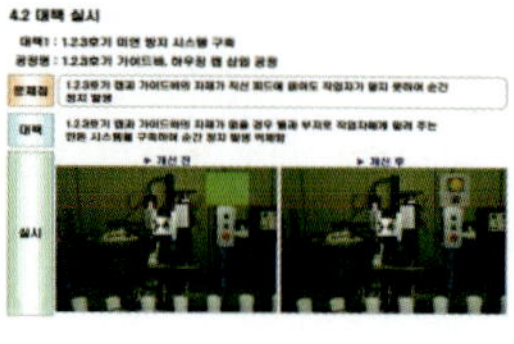	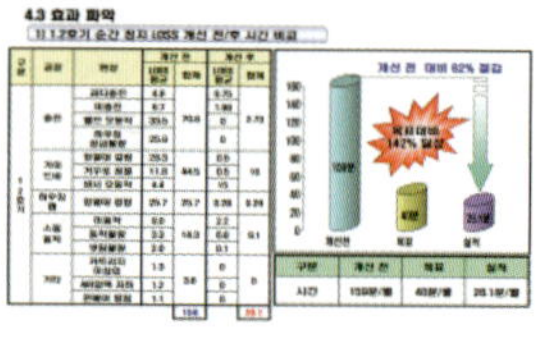
핵심 요소	개선이 필요한 요인별로 대책을 검토한 후, 현실성을 고려해 실질적인 방안을 선정한다. 대책 방안은 아이디어 및 실험을 통한 최적화 방법이 있다.	계획한 대책안을 PDCA단계에 맞춰 실행하고, 각 단계별로 점검하며 대책을 실행한다. (Plan-Do-Check-Act)	실행한 대책에 따라 주제 해결 여부를 확인하고, 이에 따른 정량적·정성적 효과를 정리한다. 이때 비용 효과도 중요한 검토 항목이다.

5) 마무리 단계 – 표준화 및 유지관리를 정리하면서 활동 마무리

단계	표준화 및 사후관리	강화 요소	향후 계획
활동 예시	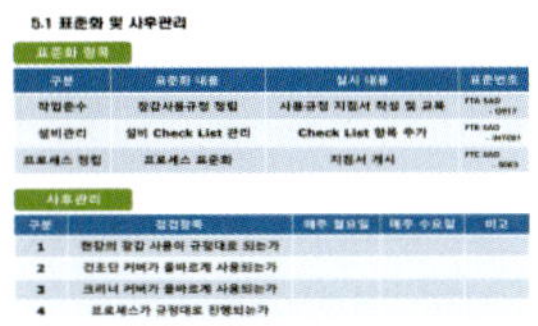		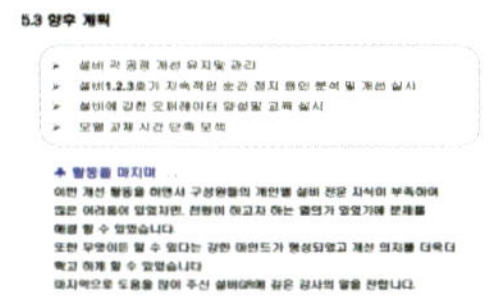
핵심 요소	표준화는 자사의 기술 축적과 노하우를 체계적으로 형식지화 함으로써, 기업 경쟁력 강화를 위한 발판을 제공한다	분임조 활동을 추진하며 학습한 내용을 바탕으로 개인과 조직의 발전을 도모하고, 이를 위해 상호 강화 요소를 공유한다.	지속적인 개선 문화를 조성하고, 주변의 개선 요소를 주기적으로 검토하는 시간을 통해 개인의 성장 기회를 마련한다.

분임조 활동을 더욱 발전시키기 위한 AI(인공지능)의 활용

국내에 분임조 활동이 1965년에 도입된 이후, 1975년 제1회 품질분임조활동 경진대회 개최를 계기로 현재까지 약 8,000여 개의 분임조가 대회에서 수상하는 등 지속적으로 성장해오고 있다.

최근 품질 4.0 시대의 도래와 함께, 빅데이터, 스마트 공장, SNS 등 디지털 기반 환경에서 주어진 업무를 보다 효과적이고 효율적으로 수행할 수 있는 방법이 요구되고 있다.

이에 따라 AI를 활용한 분임조 활동 학습을 통해, 사내의 제한된 의견을 넘어 글로벌 관점의 정보를 활용하는 것도 발전적인 방향이라 할 수 있다.

AI는 단순한 검색 도구를 넘어 학습을 가속화하는 지식 파트너로 활용되어야 하며, 그 진정한 가치는 '어떤 질문을 하느냐'에 달려 있다고 본다.

결국, AI 시대에 분임조 활동의 핵심 경쟁력은 '질문 역량'이며, 이는 축적된 지식과 깊이 있는 이해에서 비롯된다.

> 따라서 분임조 활동에서 AI는 더 빠르고 효율적인 학습을 가능하게 하고, 지식 간의 연계를 발견하며, 주제 해결 활동을 효과적으로 전개하는 데 기여함으로써, 활동의 수준을 한층 더 창의적이고 전략적으로 끌어올릴 수 있는 중요한 도구로 자리매김할 것이다.

분임조 활동 주제 예시

분임조 활동의 다양성을 높이기 위해, 아래에 활동 주제의 예시를 제시하였다. 분임조 구성원들과 함께 다양한 주제를 검토하고 주변의 개선 요소를 발굴하기 위해, 이 예시들을 참고하여 실질적이고 실행 가능한 주제를 선정하는 것도 바람직할 것이다.

테 마	활동 주제 예	
품질 향상 (Quality)	• 품질을 향상 시킨다. • 공정 불량을 감소시킨다. • 클레임을 줄인다. • 산포를 감소시킨다. • 제품 성능을 향상시킨다.	• 업무를 표준화 시킨다. • 신뢰성을 향상 시킨다. • 불만의 재발방지 • 작업 지도서를 올바르게 지킨다.
원가 절감 (Cost)	• 작업시간을 단축한다. • 경비를 절감한다. • 재료부품을 절감한다.	• 공수를 절감한다. • 인원을 줄인다. • 설비의 가동률을 높인다
생산성 향상 (Delivery)	• 생산량을 증가 시킨다. • 납기를 지킨다. • 재고를 줄인다. • Lay-out을 개선한다. • 능률을 향상시킨다.	• 작업시간을 단축한다. • 치 공구를 개선한다. • 생산성을 향상시킨다. • 설비의 가동률을 향상시킨다. • 물류를 개선한다.
모랄 향상 (Moral)	• 개선 활동을 즐겁게 진행한다. • 출근율을 향상시킨다. • 인원을 적정하게 배치한다. • 소통과 협업 문화를 조성한다.	• 개개인의 능력을 향상시킨다. • 즐거운 직장을 만든다. • Team-work를 원만히 한다.
안전 확보 (Safety)	• 안전을 확보한다. • 재해사고를 감소 시킨다.	• 안전관리를 충실히 한다.
환경 개선 (Environment)	• 정리, 정돈 한다.(3정 5S) • 환경을 정비한다.	• 환경의 미화

※ 한국표준협회 주관으로 진행된 전국 분임조 경진대회에서 발표된 주제 및 다양한 사례는 한국표준협회 웹사이트(https://ksa.or.kr)의 〈국가품질상 매뉴〉에서 필요한 자료를 다운로드하여 참조할 수 있다.

분임조 활동 상황 예시

분임조 활동을 전개하는 상황에 대한 롤플레잉 시나리오를 제시하였다. 분임조 활동을 진행하면서, 아래의 시나리오를 분임조원끼리 공유하고, 자사의 환경에 맞는 활동 방법을 적용하는 것도 좋은 방법이 될 것이다.

〈 분임조 활동 롤플레잉 시나리오 〉

주제 : "포장 공정 불량 개선을 위한 분임조 활동"

등장인물 : 정 반장 (분임조 리더) , 김 사원 (포장 공정 담당),
이 사원 (밀봉 공정 담당), 박 사원 (검사 공정 담당),
홍 사원 (신입사원, 자발적 참여자)

장면 1: 분임조 회의실 – 문제 제기

정 반장 : 여러분, 이번 달 포장 불량률이 3%를 넘었습니다. 목표치는 1%인데 원인을 좀 파악해볼 필요가 있습니다. 각 공정에서 불량 원인으로 의심되는 요소가 있나요?

김 사원 : 박스 접기 공정에서 가끔 크랙이 생기는데, 작업 속도가 빨라질 때 더 자주 발생하는 것 같아요.

이 사원 : 밀봉기도 최근 열선 교체한 뒤로 접착력이 약해졌다는 얘기를 들었습니다.

홍 사원 (신입사원) : 제가 어제 야간 근무하면서 영상으로 찍어봤는데, 접착 불량 시점이 거의 일정하더 라고요. 아침 5시쯤 부터 주로 발생했어요.

정 반장 : 좋습니다, 홍 사원. 그런 자발적인 데이터 수집 아주 좋아요! 그 영상 분석 한번 같이 해보죠.

장면 2: 개선안 도출 회의 – 협업과 팀워크 발휘

정 반장 : 각자 공정별로 개선안을 한번 준비해 봅시다. 김 사원은 박스 접기 안정화를, 이 사원은 밀봉 온도 설정 조정을 맡아 주세요. 홍 사원은 영상 정리해서 불량 발생 시간대 정리해주시고요. 박 사원은 개선 전후 품질 비교 계획 좀 짜주세요.

박 사원 : 네. 전수 검사 데이터를 기준으로 전후 비교 계획 세워보겠습니다.

이 사원 : 밀봉 온도를 시간대별로 자동 조정하는 타이머 기능도 한번 실험해 보죠.

홍 사원 : 제가 엑셀로 시간대별 불량률 시각화 해보겠습니다!

장면 3: 개선 후 회의 – 결과 공유

정 반장 : 한 주 동안 정말 고생 많았습니다. 개선 후 불량률이 0.8%까지 내려갔습니다! 특히 홍 사원의 자발적인 참여와 여러분의 협업 덕분입니다.

김 사원 : 이번 활동으로 서로 더 잘 알게 된 것 같아요. 다음 주제도 같이 도전해보죠.

정 반장 : 좋습니다. 앞으로도 이런 자발성과 팀워크, 계속 이어가 봅시다.

소집단 활동을 일일개선미팅으로

과제명	불량개선을 위한 분임활동
성과	불량 2% → 0.5%
방법	매일 20분씩 조별 즉 개선 미팅

공정 불량 발생에 대한 CEO고민

P사 CEO는 제조공정에서 불량이 많이 발생하여 이로 인한 손실 비용에 대해 많은 고민을 하고 있었다. 10% 이상의 불량 발생으로 추가 생산이 필요하고, 불량은 폐기해야 하며, 불량품을 폐기하려면 비용을 지불해야 하고, 추가 생산된 제품이 남게 되면 고객에게 즉시 납품할 수 없기 때문에 이를 재고로 보관하면서 관리해야 하고, 상황에 따라 만성 재고로 남게 되는 상황이었다.

이처럼 생산 관련 표준 제조비용 외에 불량으로 인한 추가 비용(폐기, 추가 생산, 재고 보관 등)은 제조원가 상승을 초래해 제품 경쟁력에 상당한 부담을 안게 되었다.

또한 불량으로 인한 추가 비용 외에도 고객 납기 문제까지 영향을 미치므로, P사 CEO는 경영의 주요 이슈를 품질 향상에 두고, 기술팀과 품질팀을 중심으로 품질 개선을 우선적으로 추진할 것을 지시하였다.

소집단 활동 배경

CEO지시에 따라 품질 향상을 위해 엔지니어 중심으로 TFT 활동을 전개하며 그동안 미뤄왔던 개선이 필요한 4M 요소를 단계적으로 진행하고, 제조 공정의 표준화 및 전사원 품질 교육을 시행하여 10% 이상의 불량을 2%대까지 대폭 낮추는 성과를 거두었다.

TFT 활동을 통해 품질 향상에 대한 가능성을 확인한 CEO는 전 사원이 함께 한다면 품질 향상에 더욱 박차를 가할 수 있다는 자신감을 얻었고, 생산팀 중심의 품질 개선을 주도하며 생산 체질 강화를 위해 다음과 같은 3가지 방침을 설정하였다.

〈불량 제로 달성할 것〉, 〈생산팀 중심의 협업 체계로 운영할 것〉, 〈불량 제로를 위한 지원 요청 사항은 관련 팀이 신속하게 대응할 것〉

이 방침을 바탕으로 향후 스마트 공장 운영에 대비한 추가 지시도 내려졌다. 이에 따라 생산팀은 집단지성을 활용한 소집단 활동을 자사 현실에 맞게 구상하고, 품질 향상 활동의 체계적 방법론을 마련하여 실천에 나섰다. 특히, 일반적으로 알려진 분임 활동 방식을 참고하면서 자사 환경에 최적화된 활동 모델을 정립하였으며, 이를 기반으로 향후 스마트 공장 운영과 지속적인 개선 분위기를 조성하기로 하였다.

소집단 활동을 일일 개선 미팅으로

국내 기업의 대표적인 소집단 활동은 분임조 활동이다. 분임조 활동의 장점을 연구하면서 자사 환경에 적합한 쉽고 단순한 소집단 활동 기준을 정립하고, 집단지성의 힘을 충분히 활용하기로 하였다.

이를 위해 분임조 활동에서 제시하는 〈문제 해결의 체계적인 PDCA 단계 및 QC 수법 활용〉을 통해 〈분임조원의 자율적인 활동을 전개하여 3개월에서 6개월 단위로 주어진 과제를 해결하는 방법〉을 일부 변형하여, CEO가 제시한 품질 목표인 불량제로를 달성하기 위해 불량발생 요인에 신속하게 대응하며 생산한 제품에 대해 생산팀 자체적으로 책임감을 부여하는 즉 실천 중심의 3현(현장, 현물, 현실) 활동을 전개하도록 소집단 활동 방법을 구상하였다.

이를 위해 현장 사원 중심으로 품질 개선을 주도하고, 지원이 필요한 사항은 즉시 사무실에 지원 요청을 하여 엔지니어 및 관련 부서에서 적극 참여하도록 실행과 지원을 구분하여 조별로 편안한 장소에서 일일 개선 미팅을 진행하기로 하였다.

또한 일주일에 한 번 모여서 협의하는 방식 대신 매일 20분씩 생산 현장에서 조별로 미팅을 진행하며 3현 중심으로 불량 제로를 위한 개선점을 논의하고, 즉시 대응 방안을 협의하여 실행하도록 생동감 있는 활동 계획을 수립하였다.

이러한 '일일 개선 미팅'의 도입 취지는, 단지 품질 개선을 넘어서 '불량제로'라는 목표를 일상 속에서 끊임없이 되새기며 실천해 나가자는 것이었다. 더불어, 개선 활동의 목표를 단순한 품질 향상이 아니라 '불량 제로'에 두었기에, 사소한 문제라도 결코 가볍게 넘기지 않고 소집단 활동에 성실히 임하는 전사원의 자세가 진중하고 몰입도 높은 분위기를 조성하는 데 있다.

▼ 표 3.4.1 소집단 활동 비교

구분	분임조 활동	일일개선미팅
목표	회사 방침과 연계	불량 제로
주제		어제/오늘 발생한 불량
활동단계	PDCA단계	즉실천
도구	QC수법	3현(현장,현물,현실)
모임주기	매주	매일
모임소요시간	1시간	20분
모임장소	회의실	제조현장
회의록	단계별로 작성	문제점 및 실행중심으로 작성
참여인원수	5~10명	3~7명
분임조구성	현장사원 & 지도사원	현장사원
구성원 역할	참여 및 토론	전원 의견 제시
지원부서	-	설계, 설비, 기술, 구매, 품질

일일 개선 미팅 핵심 3가지

일일개선미팅의 핵심 사항은 〈생동감 있게 하자〉, 〈책임감 있는 참여 활동의 의미를 살리자〉, 〈쉽고 편하게 진행하자〉의 개념을 포함하여 일일 개선 미팅 방법을 구상하였다.

핵심1) 스피드한 지원 활동

생산팀에서 불량 제로를 위한 지원 요청 사항은 관련 팀에서 익일까지 무조건 지원해야 한다. 지원 요청 사항은 당일 관련 팀에 즉시 전달될 수 있도록 소통 체계를 마련하였고, 지원이 지연될 경우에는 사전에 CEO의 구두 승인 후 지원 일정을 조정하도록 하였다.

핵심2) 일일 개선 미팅 시 의견 제시 의무화

일일 개선 미팅을 진행하면서 브레인스토밍 규칙에 따라 개인별 의견을 의무적으로 제시하도록 하였다. 이는 일상적인 생산 업무 중 개선 요소를 적극적으로 발견하도록 분위기를 조성하기 위함이다. 또한, 개선 요소를 도출하여 개선 실행 시 사내 개선 제안 기준에 따라 보상을 제공하여 주변의 개선 요소에 더 많은 관심을 기울이도록 하였다.

핵심3) 미팅 주제는 어제 발생한 부적합

일일 개선 미팅의 주제는 어제 또는 오늘 발생한 불량으로 설정하고, 문제를 해결할 때까지 해당 불량을 주제로 미팅을 진행한 후에 다른 주제로 전환하도록 하였습니다. 이는 불량 발생에 대한 정보를 신속하게 파악하고 관련 문제 요인을 실시간으로 확인하며, 발생한 불량은 반드시 해결해야 한다는 의지를 심어주기 위한 것이다.

상기 3가지 핵심 사항을 반영하여 일일 개선 미팅이 원활하게 진행될 수 있도록 회의록 양식을 단순화하여 준비하였다.(다음 페이지 Tip참조) 불량 주제별로 2~3일 내에 해결책이 도출되고, 개선이 신속하게 마무리되면서 불량이 눈에 띄게 감소하는 결과를 가져왔다.

이러한 불량 감소에 가장 만족을 느낀 팀은 생산팀이었다. 불량이 획기적으로 줄어들면서 생산 활동이 원활해지고 생산성이 자연스럽게 향상되었기 때문이다.

불량개선이후에 벌어진 일

일일 개선 미팅을 도입한 후 약 2개월 만에 불량 개선 효과는 기대를 훨씬 뛰어넘는 수준으로 나타났다. 불량률은 기존 25,000ppm에서 3,000ppm 이하로 크게 개선되었으며, 이 결과에 대해 경영진은 "집단지성과 전사원 참여의 힘이 이토록 클 줄은 몰랐다"고 평가했다.

생산 현장에서 발생한 지원 요청에 대해 사무실 부서는 신속하게 대응하며, 자연스럽게 업무 중심의 소통이 활발해졌고 부서 간 협업 역시 원활하게 이루어졌다.

또한 불량이 줄어든 덕분에 기술팀과 품질팀의 담당자들은 야근 없이 정시에 퇴근할 수 있는 환경이 조성되어, 워라밸 측면에서도 긍정적인 변화를 경험할 수 있었다.

불량 개선 효과가 안정적으로 유지되자, 조직 전체에 생산성 향상을 위한 다양한 아이디어가 빠르게 공유되고 확산되기 시작했다.

연간 생산성 목표 달성을 위해 각 공정별로 설비의 생산성 향상 방안이 검토되었고, 자연스럽게 설비 속도 증가에 대한 논의가 이어졌다. 일부 공정에서는 설비의 생산 속도를 점진적으로 높이는 방식이 적용되었으며, 다른 공정에서는 목표 생산성을 기준으로 역산하여 적정 속도를 설정하는 방법이 활용되었다.

설비 속도 향상은 CEO의 승인 하에 추진되었고, 속도 증가로 문제가 발생할 경우 단순히 속도를 낮추기보다는 문제를 해결하여 유지하는 방향이 제시되었다. 이러한 방침 덕분에 설비 속도 향상은 무리 없이 진행되었고, 생산성 향상 역시 기대 이상의 성과를 거둘 수 있었다.

이와 같은 변화는 일일 개선 미팅을 통해 더욱 체계적으로 이루어졌으며, 결과적으로 업무 소통 활성화, 불량 제로 기반 확보, 생산성 조기 목표 달성이라는 '1석 3조'의 효과를 실현하게 되었다.

특히 불량 개선을 통해 생산 능력이 재정립되면서, 스마트 공장의 레이아웃과 설비 운영 계획에도 일부 변화가 생겼다.

일일 개선 미팅을 통한 성과의 핵심은 3현(현장, 현물, 현실) 중심의 접근과 근본 원인을 파악하는 'Why-Why 분석'이었으며, 이를 바탕으로 P사는 자사에 적합한 지속 가능한 개선 모델을 구축하고, 품질 중심의 소통 문화를 정착시켜 기업 체질 강화를 이끌어냈다.

불량 감소 후 CEO왈

1) 제품 생산에 자신감이 생긴다.
   이전에는 생산할수록 손해라 생산 증가를 망설였었다.

2) 잔업이 필요하지 않아 이득이 발생한 비용을 전사원과 공유하겠다.

3) 우리 식구들이 자랑스럽다

Tip

일일개선미팅 예시

1) 일일개선미팅 회의록 양식

<table>
<tr><td rowspan="2">라인명 : K-2</td><td rowspan="2">활동목표 : 불량발생 일 3개 이하</td><td>책임자</td><td>OOO</td></tr>
<tr><td>작성자</td><td>OOO</td></tr>
<tr><td>미팅 주제</td><td>해야 할 일</td><td colspan="2">지원 요청 사항</td></tr>
<tr><td>OOO불량</td><td>1) 작업조건 재 설정
2) 지그 두께 변경 (5.5 → 4.8)
3) 금형 확인 방법 정리</td><td colspan="2">1) OOO 금형 게이트 수정
2) 측정 센서 오 작동 발생</td></tr>
<tr><td>참석자/서명</td><td colspan="3">OOO, OOO, OOO, OOO,OOO</td></tr>
</table>

2) 일일개선미팅 불량 감소 효과

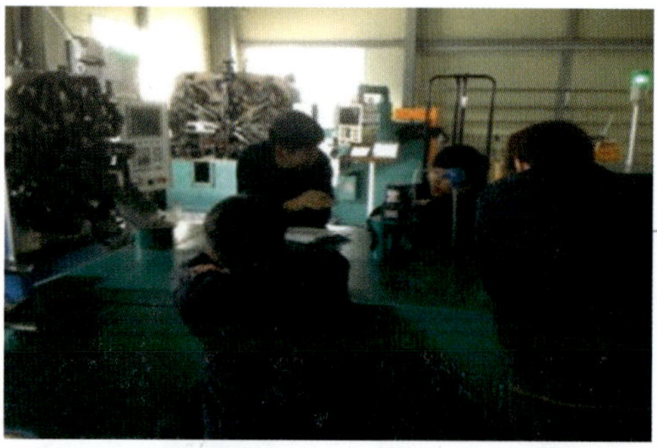

[일일개선 미팅 모습]

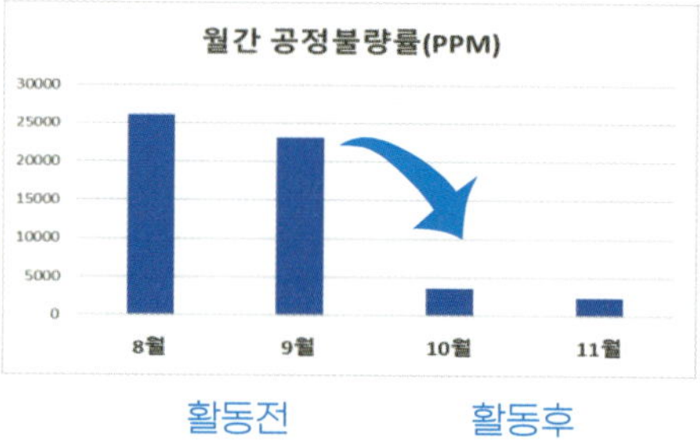

[일일개선 미팅 전/후 비교]

3.5

개선지속화를 위한 VOC활용

과제명	개선 요소 발굴
성과	품질향상 공감대 형성. 협업 문화 기반조성
방법	작업애로사항 모으기, 품질개선요소 모으기

내부 VOC 의미

일반적으로 QC는 Quality Control(품질 관리)을 의미하며, 이는 기업이 제품의 계획된 품질을 확보하기 위해 생산 전 과정을 관리하는 것을 말한다.

그런데 QC를 Quality Culture(품질 문화)로 바꾸어 생각해볼 수 있다. 즉, 품질 문화이다.
우수한 품질은 우수한 품질 문화에서 비롯된다고 해도 과언이 아닐 것이다.

품질 문화를 위한 몇 가지 예로는 상호 존중을 기반으로 한 협력과 소통, 무결점 추구, 효율적인 회의 문화, 자율적인 업무 수행, 기본 준수 등이 있다. 이를 기업의 상황에 맞게 전개하면서 품질 문화를 점진적으로 발전시켜 나가고, 이를 바탕으로 지속적인 개선을 실현하게 된다.

그리고 지속적인 개선을 통해 자사의 품질 및 생산성 향상 목표를 달성할 수 있다. 이 과정에서 경영 이슈와 관련한 전 사원 참여 문화를 조성하고, 품질 및 생산성 향상을 위한 방법으로 내부 고객의 목소리(Voice Of internal Customer)를 활용한 방법/사례를 언급하고자 한다.

품질개선 한계점에서 VOC활용

품질 개선의 한계에 봉착한 S사의 사례이다. 생산팀과 기술팀의 엔지니어를 중심으로 주요 품질이슈에 대하여 점진적으로 품질 개선 활동을 전개하면서 품질향상을 진행하고 있었다.

그런데 어느 순간부터 품질 향상 속도가 둔화되면서 목표 달성에 어려움을 겪게 되었다. 이에 따라 품질 개선의 돌파구를 마련해야 하는 상황이 발생했다.

특히, 지속적인 품질 개선을 통해 불량 제로 기반을 조성해야 하는 상황에서, 제조 현장의 VOC를 조사하게 되었고, 이를 기반으로 품질 개선의 실마리를 찾을 수 있었다.

이는 현장 사원의 참여 기회를 확대하기 위한 방법으로 VOC를 활용한 사례이다. VOC 조사 과정에서, 현장 사원을 대상으로 품질 향상 요소를 논의하기에 앞서 작업 불편 요소를 먼저 논의한 후, 점진적으로 품질 향상 요소로 확장하는 방식을 적용했다.

이처럼 두 가지 관점에서 VOC를 조사한 결과, 품질에 직접적으로 영향을 주는 요소 뿐만 아니라 간접적으로 영향을 주는 기본적인 요소들도 발견할 수 있었다.

이를 통해, 기존의 엔지니어 중심 품질 개선 활동이 간과했던 부분을 뒤늦게 나마 인지하게 되었다. VOC조사에서 도출된 몇 가지 요소들은 의외의 내용도 많이 있었다.

예를 들어,

- 부품 사양을 상호 확인하자.
- 부적합품 발생 시 서로 논의하여 해결하자.
- 자기 자리는 항상 스스로 정리정돈하자.
- 자기주장을 앞세우기보다 서로 배려하고 협력하자.
- 현장 사원이 불편한 점이 없는지 자주 살펴봐 달라.
- 서로 존중하는 언어를 사용하자.
- 분임 토의를 효율적으로 진행하자.
- 작업 치공구가 부족하다.
- 검사기의 검출력을 향상시켜 달라.
- 이전 공정의 반제품에 결함이 많다.
- 조립 홀 치수가 작아 부품 조립이 어렵다. ....

이러한 VOC 중 일부는 직접적으로 제품 불량으로 이어지지 않지만, 사소한 작업 불편 요소들이 모여 품질 및 생산성에 직·간접적으로 영향을 미친다는 점을 발견했다. 또한, 이러한 요소들이 해결됨에 따라 작업자의 생산 여유가 생기고, 중요한 품질 요소를 더 명확히 인식하게 되면서 상호 신뢰를 기반으로 품질과 생산성이 빠르게 개선될 수 있었다.

결과적으로, 작업자가 품질 및 생산성 향상에 대한 공감과 인식을 가지게 되면서, 참여 활동이 활발해졌고, 이를 통해 엔지니어의 개선 활동과 시너지가 창출되는 과정을 확인하면서 경영진이 제시한 품질목표는 어렵지 않게 빠르게 달성 할 수 있었다.

내부 VOC를 조사하는 방법

전사원의 내부 VOC를 효율적으로 조사하는 방법을 두 가지로 구분하여 소개하고자 한다. 기업의 상황에 맞게 이를 적절히 활용할 수 있을 것이다. 또한, VOC 조사 시 관심을 가져야 할 주제는 〈업무 및 작업 불편 요소〉와 〈품질 및 생산성 향상 요소〉으로 구분할 수 있다.

방법1) 그룹별 미팅을 통한 조사

쉽게 접근할 수 있는 방법으로 공정 또는 업무 그룹별 미팅을 실시하는 것이다. 미팅을 진행하기 전에 주어진 주제에 대한 배경을 설명하고, 이를 바탕으로 VOC를 조사한다. 이때, 브레인라이팅(brain-writing) 기법을 활용하여 의견을 수집하는데, 개인별로 포스트잇 5장을 배부하고, 한 장에 한 가지 의견씩 총 5가지의 의견을 작성하도록 한다.

전사원이 작성한 내용은 엄청난 양이기에, 이를 친화도법을 이용하여 그룹핑하여 정리한다.

방법2) 전사원 참여 워크숍을 통한 조사

장소와 일정 계획이 필요한 전사원이 참여하는 워크숍을 진행하는 것이다. 워크숍은 사내 회의실이나 식당에서 보통 3~4시간 동안 진행하게 된다. 이를 통해 워크숍의 실시 배경, 회사 비전, 경영 목표를 공유한 후, 주어진 주제에 대해 조별 토론을 실시한다.

조별로 도출된 VOC를 정리하고, 마지막 시간에 조별 발표를 통해 토론 내용을 상호 공유하는 방식이다.

이러한 방법을 통해 조사된 다양한 VOC를 취합하여 Q(품질), C(비용), D(납기), P(생산성) 등의 범주별로 구분하고, 관련 팀에서 그룹핑하여 우선순위에 따라 실행 과제로 설정한다.

또한, 실행 과정과 진척 사항을 전사원이 공유할 수 있도록 사내 게시판을 활용하여 관리해 주어야 한다. 워크숍에서 도출된 내용이 실행으로 연결되도록 관리가 되면, 품질향상과 생산성 향상의 기반이 조성됨과 동시에, 서로가 제시한 의견이 소중하게 받아들여지고, 우선순위에 따라 실행된다는 인식을 심어 줌으로써 신뢰 기반의 개선 및 학습 문화를 조성할 수 있다.

VOC조사관련 참조자료는 뒤의 Tip을 참조하도록 한다.

VOC 조사, 공감대 형성이 우선

내부 VOC 조사 이벤트는 많은 사원의 참여를 유도하여 기업 문화를 한층 발전시키고, 실질적인 개선을 실행함으로써 경영 성과를 극대화하는 기회로 활용될 수 있다. 이를 위해, 다양한 의견을 제시하며 공감대를 형성하는 것이 중요하며, 공감대가 높을수록 참여율이 높아지며, 기대하는 품질 및 생산성 향상에 더욱 유리해진다.

경영 성과를 극대화하고, 구성원 간 공감대를 효과적으로 형성하는 방법으로 피터 드러커가 제시한 3H Management 방식을 추천한다. 3H는 Hand(지시형), Head(질문형), Heart(배려형)을 의미하며, 가능하면 Hand보다는, Head와 Heart을 활용하여 조직 구성원들이 자발적으로 참여할 수 있도록 유도하는 것이 바람직하다. 즉, Head(질문형)을 활용하여 경영 이슈에 대한 공감대를 형성하고, 다양한 질문을 통해 서로 생각할 기회를 제공한다. 또한, Heart(배려형)을 활용하여 존중과 배려의 문화를 조성함으로써, 경영진과 전사원이 win-win하는 분위기를 만들어가는 것이 핵심이다.

▼ 표 3.5.1 3H management 의미

현대 경영학의 창시자로 유명한 피터 드러커 교수가 제시한 3H management 방법

구분	management 방법	상대방의 잠재능력 활용도
Hand	지시형-상대방에게 지시하는 것	20~30%
Head	질문형-상대방에게 질문하는 것	50~60%
Heart	배려형-상대방을 배려하는 것	120%

내부 VOC 활용을 마무리하면서

품질은 제품의 질 뿐만 아니라 자원의 질을 포함한다. 여기에서 자원이란 사람, 설비, 원재료를 의미하며, 특히 사람과 관련된 품질로서 소통의 질, 개개인의 생각의 질, 행동의 질, 그리고 업무의 질까지 확장할 수 있다.

이러한 요소들을 기반으로, 경영 이슈에 대한 개개인의 소통과 참여를 활성화하는 내부 VOC를 활용하여 품질 및 생산성 향상으로 이어지는 개선 활동 분위기를 조성하는 방안을 언급하고자 한다.

내부 VOC 조사 과정에서 도출된 작업 불편 요소들은 다음과 같은 다양한 범주로 정리할 수 있다.

- 근무 환경 개선 요소
- 원자재 관리 개선 요소
- 조립 시 부품 불안정 문제
- 이전 공정에 대한 요구사항
- 설비의 불안정한 상태
- 품질 및 생산성 정보 공유
- 상호 배려와 마음 챙겨주기

이러한 VOC를 개선 활동으로 연결하면 전사원의 참여를 유도할 수 있으며, 이를 통해 품질 및 생산성 향상을 지속적으로 전개할 수 있다. 또한, 기업의 품질 문화를 점진적으로 발전시키는 기회로 활용할 수 있다.

더 나아가, 내부/외부 VOC 대응 활동을 정기적으로 운영하여 기업의 개선 문화를 정착시키고, 이를 불량 제로 구현 방법으로 발전시켜 나갈 수 있다. 이는 단순한 일회성 개선이 아니라 지속적인 품질 향상 이벤트로 자리 잡아야 한다.

마치 피터 드러커 교수가 "조직의 성과는 사람에 달려 있다"고 강조한 것처럼, 전사원의 VOC를 기반으로 한 개선 문화는 신뢰 기반의 학습 문화를 촉진하는 중요한 요소가 된다.

이를 바탕으로 소통을 활성화하고, 유연하고 창의적인 기업 문화를 조성하여 세계 최고의 명품 기업으로 도약하는 기반을 더욱 견고하게 구축할 수 있기를 기대한다.

이는 다양한 시각에서 문제를 바라보고 개선점을 찾는 데 매우 유용한 방식으로 다양한 의견을 설비 관련, 작업 환경 개선, 품질 관리, 소통 및 협업 등으로 구분하면 보다 체계적으로 분석할 수 있는 기회로 활용한다.

Tip

하나로 워크숍 결과 예시

하나로 워크숍의 시간표는 상황에 따라 3~4시간 또는 6~8시간으로 하면서, 자유 스러운 분위기 속에서 진행한다. 또한 도출된 VOC는 실행중심으로 전개할 수 있도록 진척 관리 활동이 반드시 수반되어야 한다.

1) 하나로 워크숍 시간표

시간	내용	누가
10분	하나로 워크숍 배경설명	진행자
30분	비젼/시장환경/경영방침/품질방침	CEO
20분	변화의미/품질(고객/공정) 현수준설명	진행자
10분	팀워크 게임	
100분	조별 주제토론 주제1) 작업불편요소 주제2) 기본준수 실행 점검 주제3) 품질향상을 위하여 우리가 해야 할 일	
30분	조별 발표	
20분	기본교육 과목1) 제조공정 및 제품 이해 과목2) 개선제안활동	품질팀장
10분	강평	CEO

2) VOC실행 진척 관리 요약 보고자료

조편성	건수	구 분	경영 지원팀	생산팀	생산 관리팀	개발팀	생산 기술팀	구매 자재팀	품질팀
11개 조	284 건	접수건수	45	105	33	18	61	11	6
		불가건수	2	15	0	1 (이관)	6	0	0
		실접수건수	43	90	33	17	55	11	6
		완료건수	34	54	21	9	18	11	5
		미결건수	9	36	12	8	37	0	1
		진척율_%	79.1	60	63.6	52.9	32.7	100	83.3
		자료							

Tip

VOC 조사 예시

전사원이 참여하는 VOC 조사를 진행하는 모습으로, 기업의 상황에 따라 〈작업 불편 요소〉, 〈품질 및 생산성 향상 요소〉, 〈불합리 요소〉, 〈기본 준수 항목〉 등의 주제를 설정할 수 있다.

브레인 라이팅을 위하여 포스트잇을
이용하여 VOC작성
(개인별 1장에 한가지씩 5장 작성)

조별 토론을 통한 VOC작성을 통하여,
다양한 시각을 서로 학습하게 된다.

조별 토론내용을 함께 공유하는 시간으로,
전사원 참여활동 분위기를 조성할 수 있다.

Tip

VOC 유의성 평가 예시

1) 도출된 VOC의 부서별 구분 예시

▣ 하나로 워크숍 조별 VOC 및 관련부서

조	연번	내용	담당부서
7	11	청소도구 부족 해요 → 로봇납땜기	생산
7	12	라우터 장갑 더 많이 줬음 좋겠다	생산
7	13	ICT 찍은 이후에 DM,CF 제품과 다른 제품이 섞이지 않았으면 좋겠다.	생산
7	16	공정의 난이도에 따른 그병의 차별 (기피 공정)	생산
7	17	자동코팅기 & 집진기 청소 담당자를 따로 붙여줬음 좋겠다.	생산
7	21	특근과 잔업결정시 관리자와 작업자의 유쾌한 조율, (잔업신청서 1주일 1일휴일)(일요일)	생산,생관
7	22	손코팅 재료 (붓) 소모품 원활한 공급 원함	생산
7	23	집진기 청소기 성능이 좋지 않아서 청소가 힘듭니다.	생산
7	26	흡입기 주머니 좀 교체 바랍니다. 분진이 밖으로 세어나와요	생산
7	28	공정병 장갑 수량 조절	구매자재
8	4	유기용제 취급방법 개선	생산
8	5	환경안전 추가개선	보전
8	8	공정별 벨(인터폰) 설치 → BOX 부족시, 자재부족시, 물량 흐름 파악시, 설비 NG시	생산
8	10	작업용 박스 위치 아래 파렛트 설치	생산
9	5	SSB 완성검사 불편사항 : 작업지도표 다시 작성해주세요→작업순서 변경됨	품질

2) 부서별 VOC의 유의성 검토 예시

■ 유의성 검토 – 하나로 워크숍 [생산팀]

조	연번	담당부서	내용	세부내용 (조사내용)	사진	수용가부	수용가부사유	일정
1	8	생산	매거진 부족	1. 사내전용 매거진 수량 부 족 - SMD공정 제외한 매 거진 사용공정 외주매거진 사용관련 교육실시 - 외주매거진 사용공정 ; 라우터, 타부서사용		수용	1. 매거진파손부위 부분 수리 및 부품구입 2. SMD내 외주매거진 사 용 금지 - 조립동 내 수동으로 메거진 적입 시 외주메거진 사용	5/9
1	9	생산	라인에 문제 많으면 혼자 라인운영 하기 힘들어 죽도 밥도 안됨, 검사자라도 배치!!	1. AOI NG과다발생으로 인 한 설비 운영 어려움 - AOI설비 관련 조장 교 육 실시통한 즉각 처리필 요	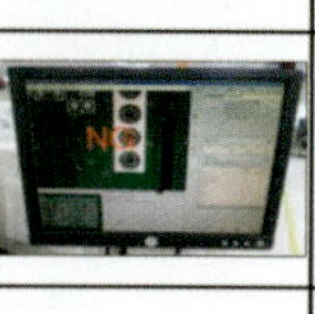	검토	1. SMD 육안검사자 채용 - AOI관련 전문검사원 육성 및 부적합품 처 리 업무 유지 2. 육안검사자 증원필요 성 검토	4/30
1	11	생산	사무실에서 현장에 대한 압박이 상당히 심함, 쓸데 없는거 까지 -SMD- (팀원끼리도 서로 짜증남, 폭팔위험)	1. 현장 내 정리정돈 및 작 업지시 관련 불만표출		검토	1. SMD작업자 내 불만사 항 확인 및 면담 후 처리	5/9
1	16	생산	소모품 지급이 지연됨 (페이퍼, 연결테이프, 장갑)	1. 라인 증설로 인하여 연 결 테이프 사용량의 증가 2. 다량 칩수 실장모델 생 산 증가로 소모품 사용증 가		수용	1. 소모품증가량 및 사유 확인 2. 소모품 입고일 변경검 토 월초 → 월말	4/30

Tip

작업자의 VOC 예시

작업 불편 및 품질 향상 요소에 대해 5~6명씩 모여 토론한 내용을 정리한 몇 가지 예시이다. 일반적으로 도출된 항목 수는 참석 인원의 약 1.5배 정도된다.

1) 분위기 관점

- 부서별로 업무협조 및 정보공유가 잘 안되요.
- 현장이 너무 건조해서 겨울에는 감기로 고생해요.
- 생산계획이 너무 자주 바뀌어요.
- 한달에 한번씩 불량개선 분임 토의해요.
- 자신의 공정의 불량품은 자신이 책임졌으면 해요

[조별토론내용 게시]

2) 불량 관점

- 원자재 품질이 좋고 규격에 맞는 원자재 공급해주세요.
- 치구가 너무 두꺼워 생산이 힘들어요.
- 설비 동작이 불안정한데, 도와주세요.
- 설비 종류는 다른데 작업조건이 동일해요.
- 치공구를 사용하고 나면 제자리에 가져다 놓았으면 해요
- 여러 개의 부품 조립 순서가 불편해서 억지 조립하고 있어요.
- 커버 box의 크기가 맞지 않아 작업이 불편해요.
- Box부족으로 패킹을 반복 작업하면서 다른 업무에 소홀하게 됩니다.
- 조립시 작업자 손목에 힘이 많이 들어 작업자 팔이 아파 작업시 불량 발생률 높아요.
- 열 용접 컨베이어의 이송 속도가 불안정해요.

3) 검사 관점

- 제품에 대한 검사시 가성불량이 너무 많아 시간도 지연되고 작업이 힘들어요.
- 생산량에 비해 검사범위가 너무 많아 검사를 제대로 못합니다.
- 검사 지그 수량이 부족해요.

부록) Minitab Solution Center 주요기능 소개 (품질이슈를 효율적으로 전개하기 위한 맵 포함)

1. Minitab Solution Center 주요 기능
2. 품질문제해결 맵 예시

Appendix ◇◇◇

1.0

Minitab Solution Center 주요기능

Minitab Solution Center는 팀이 데이터를 실행 가능한 인사이트로 전환할 수 있도록 지원하며, 직관적인 시각화와 고급 분석 기능을 통해 복잡한 프로젝트도 효과적으로 관리할 수 있도록 돕는 데이터 기반 품질 문제 해결 플랫폼입니다.

또한, 분석에 적합하도록 데이터를 자동으로 정렬·전처리하고, AI 기능을 활용해 품질 문제의 원인을 보다 신속하고 정확하게 파악할 수 있도록 지원합니다.

이를 통해 기업의 품질 문제 해결 효율을 향상시키고, 반복 학습을 통한 품질 개선 전문가 양성에도 기여합니다.

구성	내용	기대효과	output
	미니탭 분석기능	데이터 분석결과의 AI를 이용한 해석	품질문제 해결 학습활동 품질문제 해결능력 향상
	브레인스토밍을 이용한 요인 구조화	인과관계 구조화를 위한 AI기능 활용 및 인사이트 발견	
	데이터 전처리	분석을 위한 자료 분류 용이	
	데이터분석 시각화	다양한 분석을 조합한 시각화	
	다양한 품질도구 및 로드맵	품질문제 해결 가이드 제시	

1.1

MSC <분석> 주요 기능

MSC의 분석 기능은 계 분석, 품질 개선, 예측 모델nstjr링 등 다양한 목적에 맞춰 데이터를 심층적으로 해석하고 시각화 할 수 있도록 구성되어 있습니다.

전체 세부적인 기능은 www.minitab.co.kr에서 확인할 수 있습니다.

특히 AI 기능을 데이터 분석 결과와 연계하여 엔지니어, 관리자, 경영진 모두에게 이해하기 쉽도록 분석결과에 대한 해석 및 결론을 제공해주어 분석결과에 대하여 공감대 형성을 빠르게 해줍니다.

주요기능	내용
기초통계	기술통계량, 가설 검정, 상관분석, 정규성검정
회귀분석	적합선그림, 선형/비선형 회귀분석, 안정성 연구, 로지스틱 회귀분석
분산분석	일원분산분석, 일반선형모형, 등분산검정, 주효과도, 교호작용도
실험계획법	요인설계, 반응표면 설계, 혼합 설계, Taguchi 설계
관리도	계량형 관리도, 계수형 관리도, 시간 가중 관리도, 다변량 관리도
품질도구	런챠트, Pareto챠트, 공정능력분석, Gage연구, 계수형 합치도 분석, 다변량 챠트, 변동성 챠트
신뢰성/생존분석	검사계획, 분포분석, 보증분석, 가속 수명 검사, 수명데이터 회귀분석, 프로빗 분석
예측분석	CART 분류, CART 회귀
기타	시계열, 카이제곱 검정, 비모수 통계, 검정력 및 표본크기

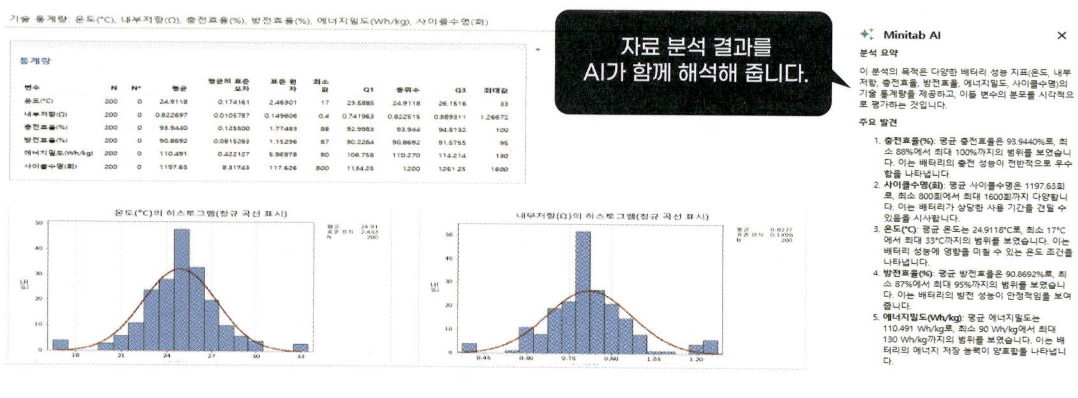

1.2 MSC <브레인스토밍> 주요 기능

MSC의 브레인스토밍 기능은 문제 해결과 아이디어 도출을 체계적으로 지원하는 도구로, 문제의 구조화와 팀 기반 품질 개선 활동에 효과적으로 활용됩니다.

특히 AI 기능과 연계하여 품질 문제와 관련된 다양한 주제를 구조적으로 정리하고, 근본 원인을 명확히 도출한 뒤 실행 가능한 개선 계획으로 연결하는 데 매우 유용한 도구로 품질문제해결 회의문화가 활성화 됩니다.

주요기능	내용
아이디어 시각화 도구 제공	자유롭게 아이디어를 입력하고, 이를 계층적으로 분류하여 시각적으로 정리할 수 있으며, 트리 구조, 마인드맵 형태로 전개 가능
문제 구조화 도구 통합	5Why, CTQ Tree, 특성요인도, 요인맵핑등 원인 분석 활동에 활용 가능
협업 기능 지원	팀 단위로 실시간 아이디어 작성 및 수정하면서, 의견 교환 및 다양한 브레인스토밍 세션의 저장, 공유 기능을 포함
우선순위 도출 도구 연계	브레인스토밍 결과를 바탕으로 Pareto 분석, Impact/Effort Matrix 등 실행 가능한 항목을 도출하는 데 활용 가능
Minitab 분석 기능과 통합	브레인스토밍 결과에서 도출된 요인을 실험계획법, 통계 분석, 공정 분석 등과 연계하여 후속 작업 가능

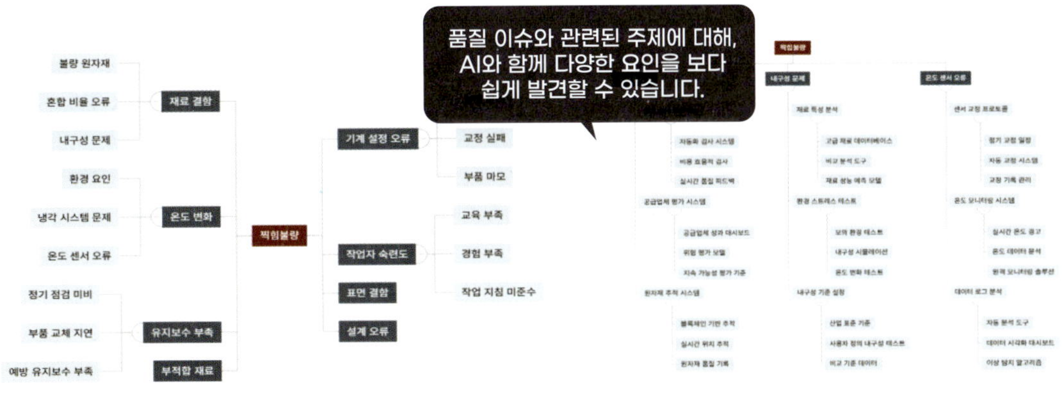

1.3

MSC <데이터 준비> 주요 기능

MSC의 데이터 준비 기능은 품질 분석과 문제 해결을 보다 정확하고 효율적으로 수행할 수 있도록, 데이터를 사전에 정제하고 구조화 하는데 중점을 둡니다.

특히 이 기능은 분석 초보자부터 전문가까지 분석의 출발점을 안정적으로 확보하는 데 핵심적인 역할을 하며, 문제정의, 분석, 개선 그리고 실행까지 이어지는 전 과정을 더 빠르고 정확하게 만들어주기 위한 사전 분석 기반을 형성해줍니다.

주요기능	내용
데이터 정리 및 형식 변환	결측값(Missing Values) 처리 및 이상치(Outliers) 탐지 및 제거 변수 형식 변경: 날짜 및 데이터 표준화/정규화 가능
데이터 필터링 및 정렬	조건에 따라 행 또는 열 필터링 및 특정 기준에 따라 데이터를 정렬해주는 기능
데이터 병합	여러 컬럼 데이터를 하나의 열로 병합해주는 기능
자동화 및 반복처리 지원	단계별로 진행한 전처리 내용을 내보내기 하거나 가져오기를 통한 자동화 기능
데이터 유효성 검사 및 오류 확인	변수별 범위 또는 패턴 검사 및 중복 데이터 탐지 및 처리하는 기능

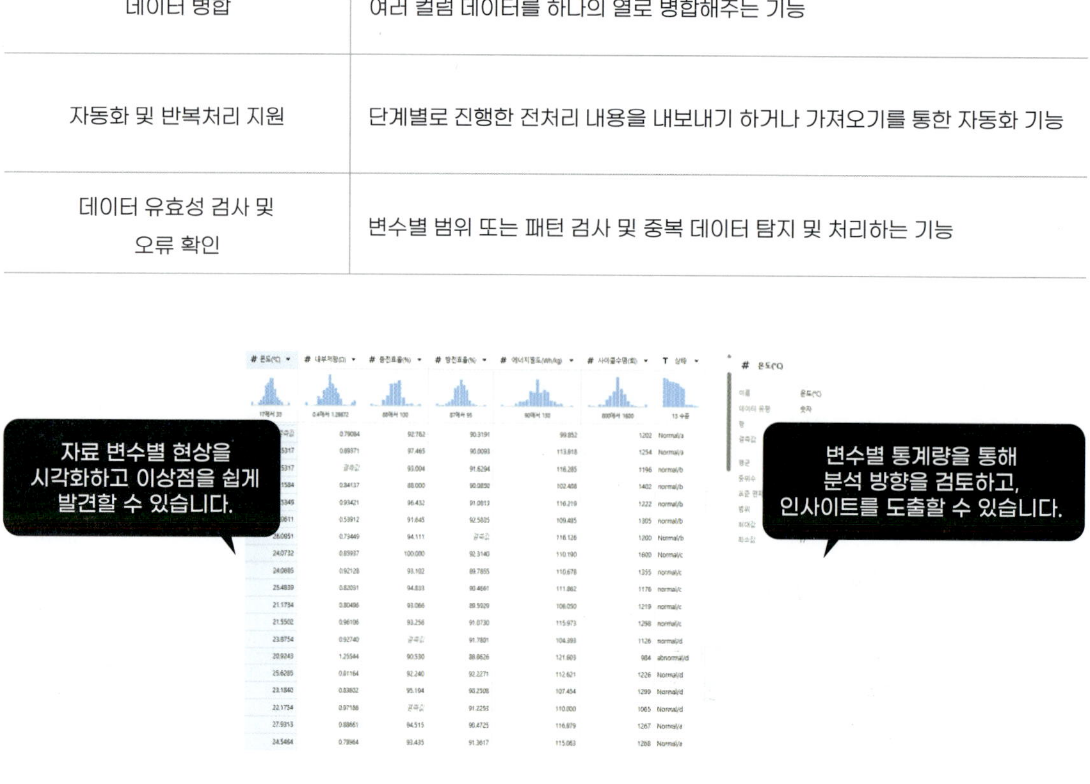

1.4

MSC <대시보드> 주요 기능

MSC의 대시보드 기능은 데이터를 시각적으로 이해하고 의사결정을 지원하기 위한 직관적이고 동적인 시각화 도구를 제공하는 것입니다.

특히 이 기능은 품질 개선, 운영 효율 향상, 경영 의사결정에 큰 도움을 주는 역할을 하며, 데이터를 쉽게 분석하도록 다양한 대화형 시각화 방법을 제공합니다.

주요기능	내용
자동화된 데이터 시각화	클라우드(구글, MS) 연결을 통한 자동화된 데이터 시각화
다양한 시각화 도구 지원	다양한 차트 유형(히스토그램, 상자그림, 선그림, 파이챠트, 산점도, 히트맵, 시계열도) 및 관리도 와 공정능력 분석
사용자 맞춤형 대시보드 구성	드래그 앤 드롭 방식으로 레이아웃 자유롭게 구성하여 다양한 사용자(관리자, 품질 엔지니어 등)에 맞춰 맞춤형 보기 제공
협업 및 공유 기능	웹 기반으로 대시보드 공유하면서 사용자 권한 설정 가능 (읽기 전용, 편집 가능 등) 및 인사이트를 기반으로 팀원 간 주석 달기 기능

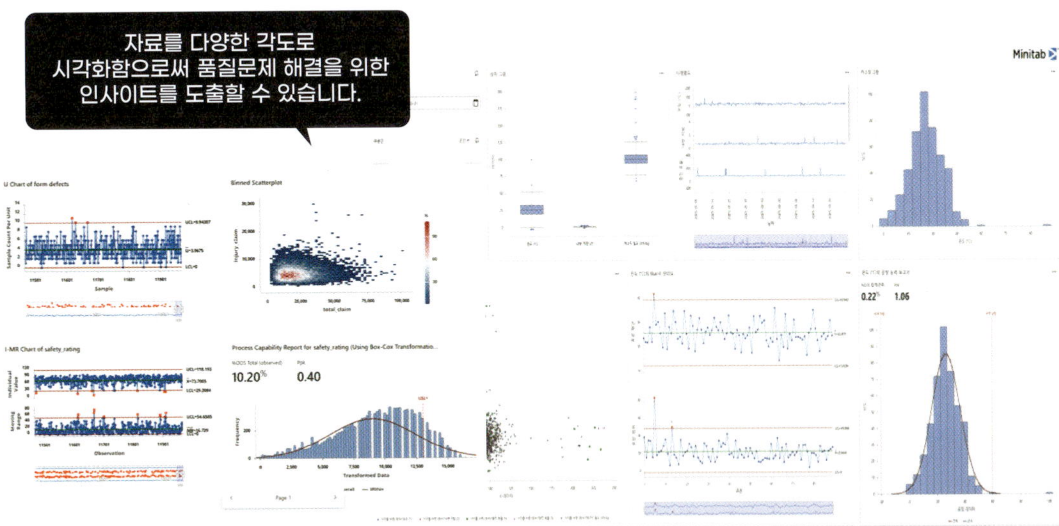

1.5

MSC <품질프로젝트> 주요 기능

MSC의 품질 프로젝트 기능은 개선 과제를 체계적으로 추진하고, 성과를 시각화 하며, 협업 중심으로 관리할 수 있도록 지원하는 플랫폼입니다.

특히 이 기능은 단순한 통계 분석을 넘어, 조직 내 품질 개선 활동을 체계화하고 성과 중심으로 이끌기 위한 통합 플랫폼 역할을 합니다.

주요기능	내용
DMAIC 및 기타 문제 해결 프레임워크 지원	6시그마 DMAIC, PDCA, CDOV, 생산부품절차, 사용자 정의 프로젝트, 8D등 문제 해결 접근법을 프로젝트 형태로 전개 기능
프로젝트 관리 기능	프로젝트별로 목표, 일정, 책임자, 팀원 지정하면서 프로젝트 단계별 진행률 트래킹 및 관리 기능
데이터 기반 문제 해결 연계	Minitab 분석결과를 체계적으로 정리하거나 분석파일을 추가하는 기능 (예: 가설검정, 실험계획법, Gage R&R 등)
시각적 보고서 및 대시보드 생성	프로젝트 진행현황, 개선 전후 비교, 통계적 인사이트 등을 시각화하여 보고서 자동 생성 및 품질지표 등을 그래픽 기반으로 표현
템플릿 및 모범 사례 제공	다양한 산업군과 유형에 맞춘 표준화된 프로젝트 템플릿 제공 (예: 제조 품질개선, 서비스 지연 해소, 불량률 저감 등)
협업 및 승인	팀원 역할 분담, 작업 등록, 프로젝트 승인 및 문서 관리 기능

2.1

데이터 분석 전개 map 예시

데이터 분석에 대한 품질 이슈가 발생했을 때, 과제의 상황에 따라 데이터를 효율적으로 분석할 수 있도록 분석 전개 방법을 맵 형태로 제시하였습니다.

또한, 분석 결과에 따른 결론이 필요한 경우 개선 활동으로 연계될 수 있도록 그 방향도 함께 제시하였습니다. 아래에 제시한 맵을 기업의 상황에 맞게 수정·보완하여 활용하면 더욱 효과적인 데이터 분석 활동이 가능합니다.

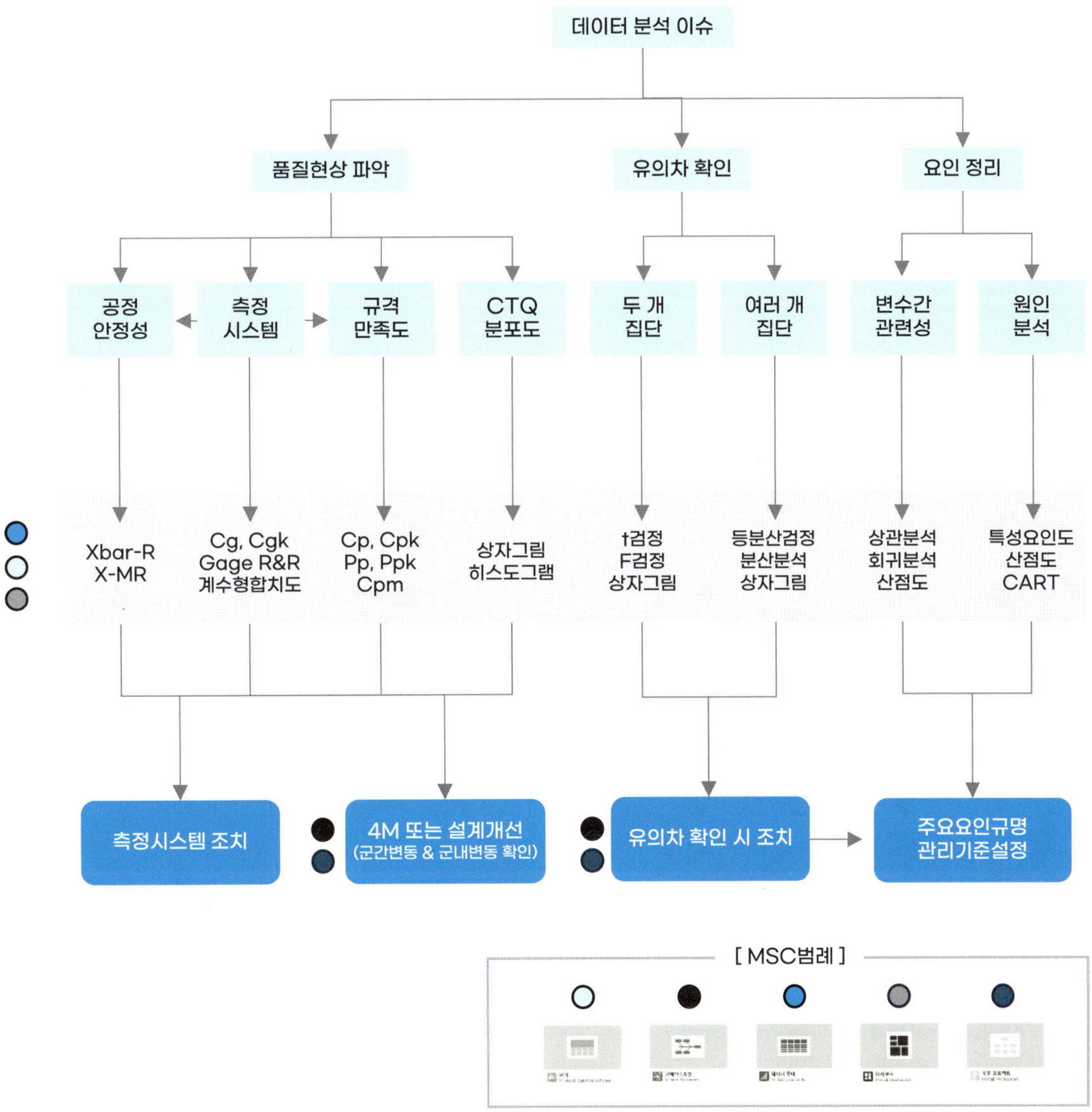

품질문제 해결 전개 map 예시

생산 또는 개발 과정에서 품질 이슈가 발생했을 때, 과제의 특성과 상황에 따라 문제를 효율적으로 해결할 수 있도록 품질 문제 해결 절차를 맵 형태로 제시하였습니다. 그리고 아래에 제시한 맵을 기업의 상황에 맞게 수정·보완하여 활용하면 더욱 효과적인 품질문제 개선 활동이 가능합니다.

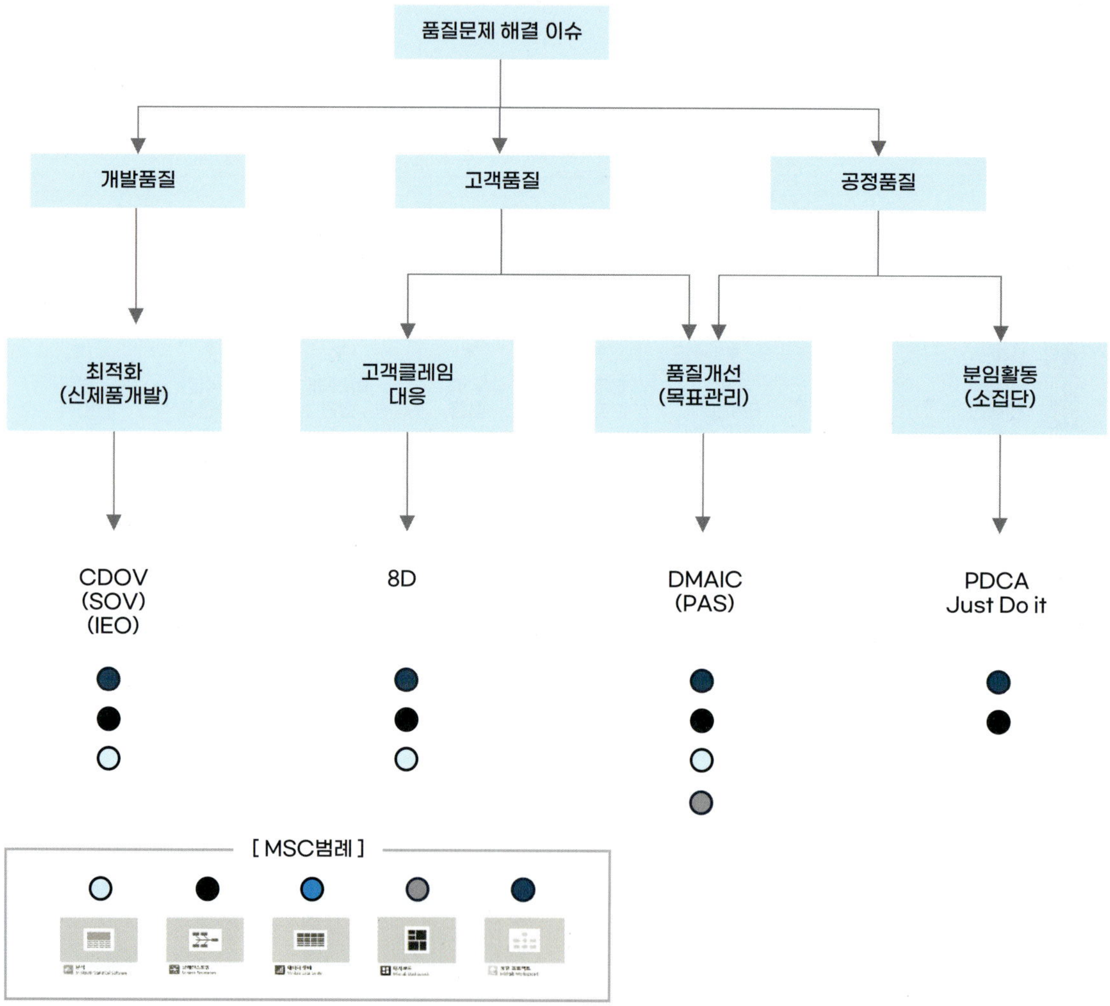

- CDOV : Concept-Design-Optimization-Validation
- SOV : Selection-Optimization-Validation
- IEO : Input- Experiment-Output
- 8D : 8Discipline
- DMAIC : Define-Measure-Analysis-Improve-Control
- PAS : Problem-Analysis-Solution
- PDCA : Plan-Do-Check-Action

품질문제 대응을 위한 **품질시스템 확인 전개 map예**

고질적인 품질 문제가 발생했을 때, 품질 시스템의 존재 여부에 따라 달라지는 대응방안을 유무에 따른 대응 방안을 맵 형태로 제시하였습니다.

또한 품질시스템이 구축되어 있는 경우, 문제해결을 신속하게 전개할 수 있으며 품질리스크를 최소화하여 품질경쟁력을 극대화 할 수 있습니다.

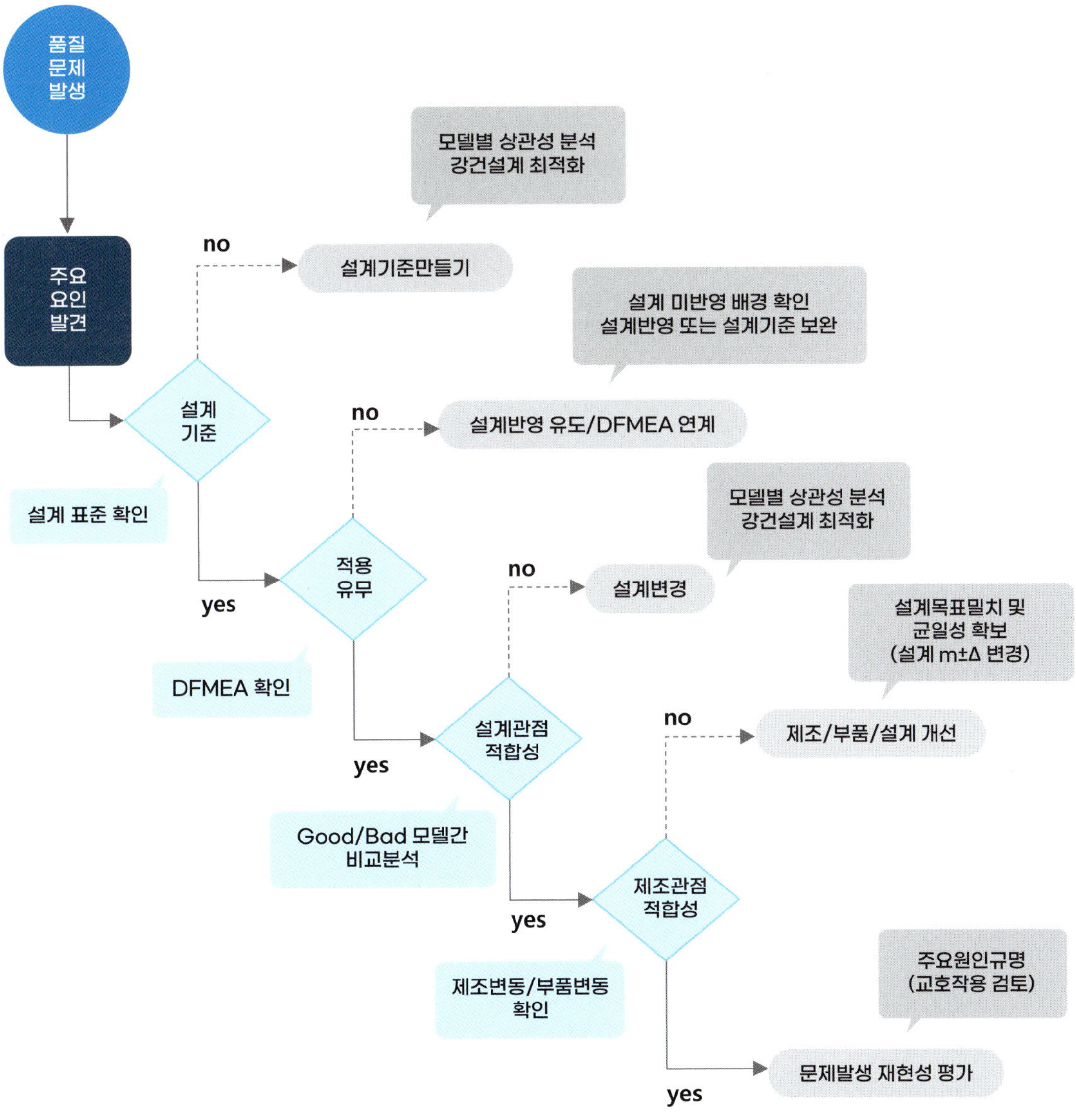

참고문헌

1) 김강희, 이상복 (2017), 현장에 적합한 샤이닌-시그마 기법 제안, 한국품질경영학회지, Vol45, No2.

2) Rajendra Khavekar, Hari Vasudevan Dr. and Bhavik Modi (2017), A Comparative Analysis of Taguchi Methodology and Shainin System DoE in the Optimization of Injection Molding Process Parameters, Materials Science and Engineering, 225

3) Stefan H.Steiner and R. Jock Mackay (2008), An Overview of the Shainin System™ for Quality Improvement, Quality Engineering, Vol20, No2.

4) Johannes Ledolter and Arthur Swersey (1997), Dorian Shainin's Variables Search Procedure: A critical assessment, Journal of Quality Technology, Vol29, No3.

5) Anupama Prashar (2016), Integration of Taguchi and Shainin DOE for Six Sigma improvement: and Indian case, International Journal of Quality & Reliability Management, Vol34, No7.

6) 신용균, 유진희 외 1명 (2015), 불량제로 (기업의 만성불량 해결하기), 한품질경영연구소

7) 신용균, 이은지 (2023), 실험계획법 중심의 최적화 실무, 이레테크

8) 신용균, 이은지 (2024), 고질적인 품질문제 해결방법, 이레테크

Minitab Solution Center 활용 기능을 포함한

데이터를 품은 품질개선 사례

인 쇄	2025년 12월 05일 초판 1쇄
저 자	신용균
발 행 인	지만영
발 행 처	㈜이레테크
홈페이지	www.datalabs.co.kr
이 메 일	minitab@minitab.co.kr
주 소	경기도 안양시 동안구 시민대로 401, 901호 (관양동, 대륭테크노타운 15차)
전 화	(031) 345-1170(대) 팩 스 | (031) 345-1199
등 록	제 1072-64 호
I S B N	978-89-90239-59-4 (93310)

정가 20,000원